Mathematik 1
für Nichtmathematiker

Grundbegriffe – Vektorrechnung – Lineare
Algebra und Matrizenrechnung – Kombinatorik –
Wahrscheinlichkeitsrechnung

von
Manfred Precht, Karl Voit und Roland Kraft

8., korrigierte Auflage

Oldenbourg Verlag München

Bibliografische Information der Deutschen Nationalbibliothek

Die Deutsche Nationalbibliothek verzeichnet diese Publikation in der Deutschen Nationalbibliografie; detaillierte bibliografische Daten sind im Internet über <http://dnb.d-nb.de> abrufbar.

© 2011 Oldenbourg Wissenschaftsverlag GmbH
Rosenheimer Straße 145, D-81671 München
Telefon: (089) 45051-0
oldenbourg.de

Lektorat: Kathrin Mönch
Herstellung: Anna Grosser
Coverentwurf: Kochan & Partner, München
Gedruckt auf säure- und chlorfreiem Papier
Gesamtherstellung: Druckhaus „Thomas Müntzer" GmbH, Bad Langensalza

ISBN 978-3-486-70519-5

Inhalt

Vorwort zur 1. Auflage

In vielen Einzelwissenschaften wie z.B. Biologie, Medizin, Soziologie, Wirtschaftswissenschaften usw. tritt mit fortschreitender Entwicklung eine immer deutlicher werdende Mathematisierung zutage. Um die neueren Methoden in seinem Fachgebiet zu beherrschen, muß sich der betreffende Wissenschaftler in zunehmendem Maße mit mathematischen und statistischen Methoden beschäftigen. Die Mathematik ist daher zu einem wichtigen Hilfsmittel dieser Disziplinen geworden, während sie diese Rolle früher fast ausschließlich für die Physik und die Ingenieurwissenschaften gespielt hat. Diese Tatsache spiegelt sich u.a. darin wider, daß Mathematik für agrarwissenschaftliche und medizinische Fachbereiche scheinpflichtig oder Prüfungsfach geworden ist.

Nun ist die Mathematikausbildung für Nichtmathematiker (gemeint sind in erster Linie Vertreter der eingangs genannten Disziplinen) in mancher Hinsicht problematisch. Viele Studienanfänger sehen nicht richtig ein, warum sie Mathematik lernen sollen. Andererseits sind einer Behandlung der Mathematik z.B. zu Beginn eines Agrarstudiums sowohl vom zeitlichen Umfang als auch von der "Einbettung" in andere, mehr anwendungsbezogene Fächer gewisse Grenzen gesetzt. Notwendige Voraussetzungen für eine Motivation der Studierenden ist unseres Erachtens die Betonung des Anwendungsaspektes und damit einhergehend eine nicht zu starke Abstraktion des Stoffes, natürlich nicht auf Kosten der mathematischen Exaktheit. Anders ausgedrückt: Das Grundsätzliche sollte nur soviel Platz haben wie unbedingt nötig, das Beispielhafte und die Anwendungsbezogenheit soviel Platz wie möglich.

Die vorliegende "Mathematik für Nichtmathematiker" entstand aus Vorlesungen und Übungen, welche die Verfasser an der TU München-Weihenstephan für Studierende der Agrarwissenschaften, des Erwerbsgartenbaues, des Brauwesens, der Lebensmitteltechnologie sowie der Ökotrophologie gehalten haben bzw. halten. Der Inhalt entspricht in etwa einer zweisemestrigen Vorlesung.

Wir haben uns bemüht, den Stoff so darzustellen, daß er auch bei geringeren Mathematik-Vorkenntnissen aus der Schule bewältigt werden kann. Natürlich verlangen die einzelnen Fachrichtungen einen unterschiedlich tiefen Einstieg in die Mathematik. Daher ist der Umfang so gewählt, daß möglichst viele Anforderungen abgedeckt werden. Je nach Bedarf kann sich der Leser seine, für ihn wichtigen Kapitel heraussuchen.

Dieses Skriptum soll den Studenten von einer eigenen Vorlesungsniederschrift weitgehend befreien und ihm somit Gelegenheit geben, dem Vortrag des Dozenten mit kritischer Aufmerksamkeit zu folgen.

Weihenstephan, im Oktober 1978   Manfred Precht
                                        Karl Voit

Vorwort zur 4. Auflage

Die 4. Auflage unterscheidet sich inhaltlich von den vorhergehenden durch die Aufnahme weiterer Beispiele und Übungsaufgaben. Dabei wurde besonderer Wert auf Anwendungen der Mathematik in den biologischen Disziplinen, in einigen Fällen auch in der Physik und der Chemie gelegt. Das Kapitel Kombinatorik wurde unmittelbar vor die Wahrscheinlichkeitsrechnung gestellt, da bei der Berechnung von Wahrscheinlichkeiten im Bereich der Glücksspiele bzw. ähnlicher Versuchsanordnungen die Zahl von Zusammenstellungen verschiedener Objekte bestimmt werden muß. Die statistische Fehlerbehandlung wurde herausgenommen und wird an anderer Stelle erscheinen.

Darüberhinaus wurde die vorliegende Auflage in druckreifer Form neu erstellt. Infolgedessen sind Fehler trotz sorgfältiger Korrekturlesung nicht völlig ausgeschlossen. Wir sind für jeden Hinweis sehr dankbar.

Die Verfasser danken Frau Petra Volke für das Tippen von Manuskriptteilen und Herrn Markus Mühlbauer für die Programmierung zur automatischen Erstellung des Sachregisters. Außerdem gilt unser Dank Herrn M. John vom Oldenbourg Verlag für die gute Zusammenarbeit, insbesondere für die Möglichkeit, die 4. Auflage in attraktiver Satzgestaltung mit dem wissenschaftlichen Textformatierungsprogramm LATEX herauszubringen.

Freising-Weihenstephan, im März 1990   Manfred Precht
                                              Karl Voit
                                              Roland Kraft

Vorwort zur 8. Auflage

Die 8. Auflage ist inhaltlich identisch mit der 7. Auflage. Bekannt gewordene Fehler wurden korrigiert.

Freising-Weihenstephan   Manfred Precht
                                              Karl Voit

Kapitel 1

Grundbegriffe der Mathematik

Das erste Kapitel soll dem Nichtmathematiker elementare Kenntnisse der Mathematik vermitteln und ihn mit der mathematischen Denkweise und Nomenklatur vertraut machen.

1.1 Mengenlehre

Die Mengenlehre ist von grundlegender Bedeutung für zahlreiche Teildisziplinen der Mathematik wie Wahrscheinlichkeitstheorie, Aufbau des Zahlensystems, Funktionsbegriff u.v.m.

Eine **Menge** ist eine Zusammenfassung von endlich oder unendlich vielen unterscheidbaren Objekten. Die einzelnen Objekte sind die **Elemente** der Menge. Die Anordnung der Elemente in der Menge ist beliebig.

Eine Menge M kann beschrieben werden, indem man innerhalb geschweifter Klammern ihre Elemente auflistet oder eine definierende Eigenschaft angibt. Im zweiten Fall ist folgende Schreibweise üblich:

$$M = \{x | \text{Eigenschaft der Elemente } x\} \tag{1.1}$$

Gehört ein Element a zu einer Menge M, so schreibt man $a \in M$. Gehört a nicht zu M, so schreibt man $a \notin M$.

Beispiele:

K = Menge aller Karten eines Skatspiels; $\clubsuit D \in K$

$I\!N$ = Menge aller natürlichen Zahlen = $\{1, 2, 3, 4, 5, \ldots\}$; $8 \in I\!N$

$I\!N_1$ = Menge aller ungeraden natürlichen Zahlen = $\{1, 3, 5, \ldots\}$ =
= $\{n | n \in I\!N, \ n \text{ ungerade}\} = \{m | m = 2n - 1, n \in I\!N\}$;
$19 \in I\!N_1$, $8 \notin I\!N_1$

S = Menge aller Bedecktsamer; Rotklee $\in S$

MK = Menge aller monokotylen (einkeimblättrigen) Pflanzenarten;
Knaulgras $\in MK$, Rotklee $\notin MK$

Zwei Mengen M_1 und M_2 sind gleich, wenn sie dieselben Elemente enthalten.

Die Menge, die kein Element enthält, ist die **leere Menge** oder **Nullmenge**, für die man meistens die Symbole $\emptyset$ oder $\{\}$ verwendet.

Beispiele:

1. Die Mengen $A_1 = \{F, A, U, L\}$ und $A_2 = \{L, A, U, F\}$ sind gleich, da jedes
   Element aus A_1 auch Element von A_2 ist und umgekehrt.
2. Die Menge aller männlichen Kühe ist leer.

Eine Menge M_1 heißt **Teilmenge** einer Menge M, wenn jedes Element von M_1
auch Element von M ist. Andere Sprechweisen sind: "M_1 ist enthalten in M"
oder "M ist **Obermenge** von M_1". Man schreibt:

$$M_1 \subseteq M \quad \text{oder} \quad M \supseteq M_1 \tag{1.2}$$

Eine Menge M_2 heißt **echte Teilmenge** einer Menge M, wenn M_2 Teilmenge
von M ist, und mindestens ein Element $m \in M$ existiert, das nicht in M_2
enthalten ist, also $m \notin M_2$. Man schreibt dann:

$$M_2 \subset M \quad \text{oder} \quad M \supset M_2 \tag{1.3}$$

Beispiele:

1. Die Menge $I\!N_1$ aller ungeraden natürlichen Zahlen ist echte Teilmenge der
   Menge der natürlichen Zahlen $I\!N$: $I\!N_1 \subset I\!N$
2. Beim Pokern ist ein Fullhouse eine Kartenkombination von drei gleichen
   und zwei gleichen Bildern, beispielsweise drei Damen und zwei Neuner. Alle
   diese Kombinationen sind echte Teilmengen der Menge aller Karten.
3. $I\!N_2 = \{k \mid k = 2n, \ n \in I\!N\} \subset I\!N$. $I\!N_2$ ist die Menge aller geraden natürlichen
   Zahlen. Diese ist echte Teilmenge der Menge der natürlichen Zahlen.
4. Die Menge aller Getreidearten ist echte Teilmenge der Menge aller Bedecktsamer S und der Menge aller Monokotylen MK.
5. Die Menge $I\!N_0$ der natürlichen Zahlen inklusive der Zahl 0 ist echte Teilmenge der Menge der ganzen Zahlen $Z\!\!Z = \{z \mid z = \pm n, \ n \in I\!N_0\}$: $I\!N_0 \subset Z\!\!Z$
6. Jede Menge M ist unechte Teilmenge von sich selbst. Es gilt: $M \subseteq M$, aber
   $M \not\subset M$.
7. Die Nullmenge $\emptyset$ ist echte Teilmenge einer jeden Menge, die von der Nullmenge verschieden ist.

Die Menge aller Teilmengen einer gegebenen Menge M heißt **Potenzmenge**
$P(M)$.

Beispiel:

*Sei M die Menge aus Kreuz-König und Herz-Dame ($M = \{\clubsuit K, \heartsuit D\}$). Man
kann davon die Teilmengen $\{\clubsuit K, \heartsuit D \}$, $\{\clubsuit K\}$, $\{\heartsuit D\}$ und $\emptyset$ bilden. Die Potenzmenge von M ist dann:*

$$P(M) = \{\emptyset, \{\clubsuit K \}, \{\heartsuit D\}, \{\clubsuit K, \heartsuit D\}\}$$

Die **Mächtigkeit** $|M|$ einer Menge M ist die Anzahl ihrer Elemente. Eine Men-
ge M von n Elementen, also eine Menge der Mächtigkeit n, hat 2^n verschiedene
Teilmengen.

Beweis:

Für $n = 0$ ist $2^n = 2^0 = 1$ und $M = \emptyset$. Die einzige Teilmenge ist $\emptyset$ selbst. Sei
$n \geq 1$ und die Elemente von M in beliebiger Reihenfolge angeordnet. Jedes
Element kann in der zu bildenden Teilmenge enthalten sein oder nicht. Es
gibt also $\underbrace{2 \cdot 2 \cdot \ldots \cdot 2}_{n} = 2^n$ Entscheidungsmöglichkeiten, um eine Teilmenge zu

bilden. □

Beispiele:

1. *Im vorhergehenden Beispiel hat die Menge $M = \{\clubsuit K, \heartsuit D\}$ die Mächtigkeit
   $|M| = 2$. Die Mächtigkeit der Potenzmenge $P(M)$ ist $|P(M)| = 2^2 = 4$.*

2. *$|I\!N| = |I\!N_0| = \infty$*

1.1.1   Verknüpfung von Mengen

Die **Schnittmenge** oder der **Durchschnitt** zweier Mengen M_1 und M_2 ($M_1 \cap
M_2$ oder $M_1 \cdot M_2$) ist die Menge aller Elemente, die sowohl in M_1 als auch in
M_2 enthalten sind (Bild 1.1 a):

$$M_1 \cap M_2 = M_1 \cdot M_2 = \{x | x \in M_1 \text{ und } x \in M_2\} \tag{1.4}$$

Zwei Mengen, deren Durchschnitt leer ist, heißen **elementfremd** oder **dis-
junkt**.

Die **Vereinigungsmenge** oder **Vereinigung** von zwei Mengen M_1 und M_2
($M_1 \cup M_2$ oder $M_1 + M_2$) ist die Menge aller Elemente, die entweder in M_1
oder in M_2 oder in beiden enthalten sind (Bild 1.1 b):

$$M_1 \cup M_2 = M_1 + M_2 = \{x | x \in M_1 \text{ oder } x \in M_2\} \tag{1.5}$$

Die **Differenzmenge** oder **Differenz** zweier Mengen M_1 und M_2 ($M_1 \setminus M_2$ oder $M_1 - M_2$) ist die Menge aller Elemente von M_1, die nicht in M_2 enthalten sind (Bild 1.1 c):

$$M_1 \setminus M_2 = M_1 - M_2 = \{x | x \in M_1 \text{ und } x \notin M_2\} \tag{1.6}$$

Sei M Teilmenge einer Grundmenge E ($M \subseteq E$). Das **Komplement** $\overline{M}$ von M in Bezug auf E ist die Menge aller Elemente, die zu E, aber nicht zu M gehören (Bild 1.1 d):

$$\overline{M}_E = E \setminus M = \{x | x \in E \text{ und } x \notin M\} \tag{1.7}$$

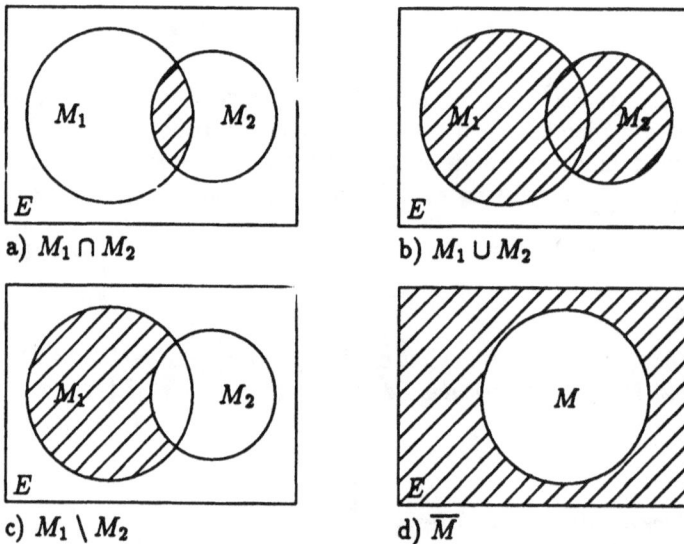

a) $M_1 \cap M_2$ \qquad b) $M_1 \cup M_2$

c) $M_1 \setminus M_2$ \qquad d) $\overline{M}$

Bild 1.1: Venn-Diagramme zur Verknüpfung von Mengen

Beispiele:

1. $E = \{1, 2, \ldots, 10\}$, $M_1 = \{1, 2, 3, 4, 5\}$, $M_2 = \{4, 5, 6, 7\}$
   $M_1 \cap M_2 = \{4, 5\}$, $M_1 \cup M_2 = \{1, 2, 3, 4, 5, 6, 7\}$, $M_1 \setminus M_2 = \{1, 2, 3\}$
   $\overline{M_1} = \{6, 7, 8, 9, 10\}$, $\overline{M_2} = \{1, 2, 3, 8, 9, 10\}$

2. $E = \mathbb{Z}$, $M_1 = \mathbb{Z}$, $M_2 = \mathbb{N}$
   $M_1 \cdot M_2 = \mathbb{Z} \cap \mathbb{N} = \mathbb{N}$, $M_1 + M_2 = \mathbb{Z} \cup \mathbb{N} = \mathbb{Z}$
   $M_1 - M_2 = \mathbb{Z} \setminus \mathbb{N} = \overline{M_2}$, $\overline{M_1} = \emptyset$

3. $E = \{x | 0 \le x \le 1\}$, $M_1 = \{x | 0 < x < 1\}$, $M_2 = \{0, 1\}$
   $M_1 \cap M_2 = \emptyset$, $M_1 \cup M_2 = E$, $M_1 \setminus M_2 = M_1$
   $\overline{M_1} = M_2$, $\overline{M_2} = M_1$

4. S = Menge aller Bedecktsamer, MK = Menge aller monokotylen Pflanzen, DK = Menge aller dikotylen Pflanzen

$MK \cap DK = \{\}$, $MK \cup DK = S$, $MK \setminus DK = MK$, $\overline{MK} = DK$, $\overline{DK} = MK$

1.1.2   Mengenalgebra

Man kann die definierten Verknüpfungen und Operationen wiederholt anwenden und somit **Mengenalgebra** betreiben. Es gelten folgende Rechenregeln:

Kommutativgesetze:

$$M_1 \cap M_2 = M_2 \cap M_1$$
$$M_1 \cup M_2 = M_2 \cup M_1$$
$$(1.8)$$

Assoziativgesetze:

$$(M_1 \cap M_2) \cap M_3 = M_1 \cap (M_2 \cap M_3) = M_1 \cap M_2 \cap M_3$$
$$(M_1 \cup M_2) \cup M_3 = M_1 \cup (M_2 \cup M_3) = M_1 \cup M_2 \cup M_3$$
$$(1.9)$$

Distributivgesetze:

$$M_1 \cup (M_2 \cap M_3) = (M_1 \cup M_2) \cap (M_1 \cup M_3)$$
$$M_1 \cap (M_2 \cup M_3) = (M_1 \cap M_2) \cup (M_1 \cap M_3)$$
$$(1.10)$$

de Morgan-Regeln:

$$\overline{M_1 \cup M_2} = \overline{M_1} \cap \overline{M_2}$$
$$\overline{M_1 \cap M_2} = \overline{M_1} \cup \overline{M_2}$$
$$(1.11)$$

Gegeben seien die Mengen $M_1, M_2, \ldots, M_n$ ($n \in I\!N$). Man bezeichnet die Menge der Elemente, die <u>allen</u> Mengen $M_1, M_2, \ldots, M_n$ angehören mit

$$M_1 \cap M_2 \cap \ldots \cap M_n = \bigcap_{i=1}^{n} M_i. \qquad (1.12)$$

Die Menge der Elemente, die <u>wenigstens</u> zu einer der Mengen $M_1, M_2, \ldots, M_n$ gehören, wird mit

$$M_1 \cup M_2 \cup \ldots \cup M_n = \bigcup_{i=1}^{n} M_i \qquad (1.13)$$

bezeichnet.

Seien $A, M_1, M_2, \ldots, M_n$ Teilmengen einer Grundgesamtheit E. Dann gilt:

$$\overline{M_1 \cup M_2 \cup \ldots \cup M_n} = \overline{M_1} \cap \overline{M_2} \cap \ldots \cap \overline{M_n}$$
$$\overline{M_1 \cap M_2 \cap \ldots \cap M_n} = \overline{M_1} \cup \overline{M_2} \cup \ldots \cup \overline{M_n} \tag{1.14}$$

$$A \cup (M_1 \cap M_2 \cap \ldots \cap M_n) = (A \cup M_1) \cap (A \cup M_2) \cap \ldots \cap (A \cup M_n)$$
$$A \cap (M_1 \cup M_2 \cup \ldots \cup M_n) = (A \cap M_1) \cup (A \cap M_2) \cup \ldots \cup (A \cap M_n) \tag{1.15}$$

(1.14) ist eine Verallgemeinerung der de Morgan-Gesetze, (1.15) eine Verallgemeinerung der Distributivgesetze.

1.1.3   Kartesische Produktmengen

Wird bei einem Paar von Objekten a, b die Reihenfolge berücksichtigt, so spricht man von einem **geordneten Paar**. Sei z.B. das erste Objekt a, das zweite b, so ist (a, b) ein geordnetes Paar. (a, b) ist also zu unterscheiden von (b, a). Bei einer Menge $\{a, b\}$ kommt es dagegen nicht auf die Reihenfolge an. Es ist egal, ob man schreibt $M = \{a, b\}$ oder $M = \{b, a\}$. Zwei geordnete Paare (a, b) und (c, d) sind gleich, wenn $a = c$ und $b = d$ ist.

Die Menge aller geordneten Paare (a, b) mit $a \in M_1$ und $b \in M_2$ heißt **kartesische Produktmenge** $M_1 \times M_2$:

$$M_1 \times M_2 = \{(a, b) | a \in M_1 \text{ und } b \in M_2\} \tag{1.16}$$

Beispiele:

1. $M_1 = \{1, 2\}$, $M_2 = \{2, 3\}$
   $M_1 \times M_2 = \{(1, 2), (1, 3), (2, 2), (2, 3)\}$
   $M_2 \times M_1 = \{(2, 1), (2, 2), (3, 1), (3, 2)\}$
   $M_1 \times M_1 = \{(1, 1), (1, 2), (2, 1), (2, 2)\}$
   Im allgemeinen gilt <u>nicht</u>: $M_1 \times M_2 = M_2 \times M_1$.

2. Wir betrachten Rinder (Fleckviehrinder), die bekanntlich in den Keimzellen einen doppelten Chromosomensatz besitzen, nämlich einen von der mütterlichen und einen von der väterlichen Keimzelle. Es existieren am Genlokus F für die Fellfarbe zwei Allele (Ausprägungen): $G =$ gescheckt, $g =$ einfarbig. Sei $F = \{Gg\}$. Die möglichen Genotypen eines diploiden Rinds können als kartesisches Produkt $F \times F$ aufgefaßt werden, wenn die erste Position die Herkunft des väterlichen und die zweite die des mütterlichen Gens bezeichnet:

   $$F \times F = \{(GG), (Gg), (gG), (gg)\}$$

Man kann den Begriff der Produktmenge auf sog. n-Tupel erweitern. Bei einem n-Tupel $(x_1, x_2, \ldots, x_n)$ kommt es ebenso auf die Reihenfolge der n Objekte $x_1, x_2, \ldots, x_n$ an wie bei einem geordneten Zahlenpaar.

Das Produkt $M_1 \times M_2 \times \ldots \times M_n$ der Mengen $M_1, M_2, \ldots, M_n$ ist die Menge aller n-Tupel $(x_1, x_2, \ldots, x_n)$ von Elementen mit $x_1 \in M_1, x_2 \in M_2, \ldots, x_n \in M_n$.

Beispiel:

Sei $M = \{K, W\}$ (Kopf und Wappen) die Menge aller möglichen Bilder beim Werfen einer Münze. $M \times M \times M$ ist die Menge der Ergebnisse bei einem dreimaligen Münzwurf, also die Menge von geordneten Tripeln:

$$M \times M \times M = \{(KKK), (KKW), (KWK), (KWW), (WKK), (WKW), (WWK), (WWW)\}$$

1.1.4   Relationen und Funktionen

Im folgenden werden Teilmengen der Produktmenge $M_1 \times M_2$ betrachtet.

Jede Teilmenge A von $M_1 \times M_2$ heißt eine **Relation** zwischen den Elementen von M_1 und den Elementen von M_2. Ist insbesondere $M_1 = M_2 = M$, d.h. $A \subseteq M \times M$, so spricht man von einer Relation in M.

Für ein Elementpaar $(x, y) \in A \subseteq M_1 \times M_2$ sagt man auch x und y stehen in der Relation A und schreibt xAy (z.B. $x \leq y$).

Beispiel:

Sei $M = \{1, 2, 3\}$, dann ist

$M \times M = \{(1,1), (1,2), (1,3), (2,1), (2,2), (2,3), (3,1), (3,2), (3,3)\}$.

$A = \{(1,1), (2,2), (3,3)\}$ ist eine Relation in M und entspricht der Gleichheits-beziehung $x = y$.

Eine Relation A in M heißt **reflexiv**, wenn $(x, x) \in A \; \forall$ (für alle) $x \in M$, **symmetrisch**, wenn aus $(x, y) \in A$ folgt $(y, x) \in A \; \forall x, y \in M$ und **transitiv**, wenn aus $(x, y) \in A$ und $(y, z) \in A$ folgt $(x, z) \in A \; \forall x, y, z \in M$. Eine Relation mit diesen drei Eigenschaften heißt **Äquivalenzrelation**.

Beispiele:

1. *Sei M die Menge der Geraden in einer euklidischen Ebene und*

   $A = \{(g, h)| g \text{ parallel zu } h\}.$

   A ist Äquivalenzrelation.

2. *Sei M die Menge aller Menschen und*

   $A = \{(x, y)|x \text{ ist Vater von } y\}.$

   Hier ist A keine Äquivalenzrelation, da A weder reflexiv, noch symmetrisch, noch transitiv ist.

Spezielle Relationen sind die Abbildungen oder Funktionen.

Eine Relation $f \subseteq M_1 \times M_2$ heißt **Abbildung** oder **Funktion**, wenn sie jedem Element $x \in M_1$ genau ein Element $y \in M_2$ zuordnet. Man spricht auch von einer Abbildung f von M_1 in M_2. Statt $(x, y) \in f$ schreibt man:

$$f : M_1 \rightarrow M_2, \; y = f(x) \tag{1.17}$$

y wird als **Bild** von x, bzw. x als **Urbild** von y bezeichnet. M_1 heißt **Definitionsmenge** oder **Definitionsbereich**, M_2 **Zielmenge** und $\{f(x)|x \in M_1\}$ **Bildmenge** oder **Wertebereich**.

Beispiel:

$M_1 = \mathbb{N}, M_2 = \mathbb{Z}. \; f = \{(x, y)|y = -x, x \in \mathbb{N}, y \in \mathbb{Z}\}.$
Oder: $f : \mathbb{N} \rightarrow \mathbb{Z}, y = f(x) = -x$. Definitionsbereich ist $\mathbb{N}$, Zielmenge ist $\mathbb{Z}$ und Wertebereich ist $\mathbb{Z} \setminus \mathbb{N}_0$.

Aufgaben

1. $M = \{L,O,S\}$. Bestimmen Sie alle echten Teilmengen von M und die Potenzmenge $P(M)$, die Mächtigkeiten $|M|$ und $|P(M)|$, das Komplement $\overline{M}_E$ in Bezug auf $E = \{A,L,S,O\}$, sowie $M \cap E$, $M \cup E$, $E \setminus M$.

2. In einer Blutgruppenstudie wurden 6000 Personen untersucht. 2527 hatten das Antigen A, 2234 Antigen B und 1846 kein Antigen.

   a) Stellen Sie diese Beziehungen in einem Venn-Diagramm dar.

   b) Wieviele Personen hatten beide Antigene?

   c) Von den 6000 Personen waren 4816 Rhesus negativ. Wieviele können höchstens den Typ 0 Rhesus negativ haben?

3. In einer Gruppe von 200 Studenten sind 156 Autofahrer, 60 Ökotrophologen, 124 aus Bayern, 46 Autofahrer und Ökotrophologen, 100 Autofahrer und aus Bayern, 40 Ökotrophologen und aus Bayern und 36 Autofahrer, Ökotrophologen und aus Bayern.

   a) Stellen Sie diese Beziehungen durch ein Venn-Diagramm dar.
   b) Wieviele der Studenten sind weder Autofahrer, noch Ökotrophologen, noch aus Bayern?
   c) Wieviele der Studenten sind aus Bayern, die weder Ökotrophologie studieren, noch Auto fahren?
   d) Wieviele der Studenten sind Autofahrer aus Bayern, die nicht Ökotrophologie studieren?

4. Bei Erbsen sind am Genlocus S für die Schotenform die Allele G = glatt und g = gerunzelt, am Locus BF für die Blütenfarbe die Allele R = rot und r = weiß, und am Locus SF für die Schotenfarbe die Allele B = grün und b = gelb vorhanden.

   a) Bilden Sie alle 3-Tupel (Tripel) aus $S \times BF \times SF$.
   b) Zeigen Sie, daß die Relation $f = \{(\text{Rb}), (\text{rB})\} \subset BF \times SF$ eine Funktion ist und bestimmen Sie Definitionsbereich, Zielmenge und Wertebereich.
   c) Ist f eine Äquivalenzrelation?

Lösungen

1. Die echten Teilmengen von M sind:

   $\emptyset, \{L\}, \{O\}, \{S\}, \{L,O\}, \{L,S\}, \{O,S\}$

   Die Potenzmenge ist die Menge obiger Mengen inklusive der Menge M selbst, da sie ebenfalls Teilmenge (unechte) von sich selbst ist.

   $|M| = 3$, $|P(M)| = 2^3 = 8$, $\overline{M}_E = \{A\}$, $M \cap E = M$, $M \cup E = E$, $E \setminus M = \{A\}$.

2. A: Antigen A, B: Antigen B, AB: Antigen A und B, O: kein Antigen

   a) $|E| = 6000$, $|A| = 2527$, $|B| = 2234$, $|O| = 1846$, $|A + B| = |E| - |O| = 4154$ (vgl. Bild 1.2)
   b) $|A + B| = |A| + |B| - |A \cdot B|$, $|A \cdot B| = 2527 + 2234 - 4154 = 607$
   c) Da $|O| = 1846$, können auch nur höchstens so viele die Blutgruppe 0 Rhesus negativ haben.

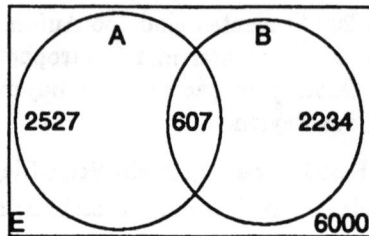

Bild 1.2: Venn-Diagramm für die Blutgruppen

3. A: Autofahrer, B: Bayern, $\ddot{O}$: Ökotrophologen

    a) $|A \cdot B \cdot \ddot{O}| = 36$, $|B \cdot \ddot{O}| = 40$, $|A \cdot B| = 100$, $|A \cdot \ddot{O}| = 46$, $|A| = 156$, $|B| = 124$, $|\ddot{O}| = 60$ (vgl. Bild 1.3)

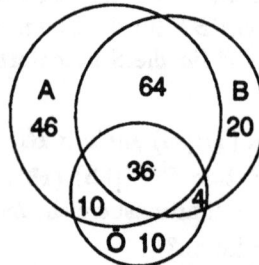

Bild 1.3: Venn-Diagramm für die Studenten

    b) $|\overline{A} \cdot \overline{B} \cdot \overline{\ddot{O}}| = |\overline{A + B + \ddot{O}}| = 10$

    c) $|B \cdot \overline{\ddot{O}} \cdot \overline{A}| = 20$

    d) $|A \cdot B \cdot \overline{\ddot{O}}| = 64$

4. a) (GRB),(GRb),(GrB),(Grb),(gRB), (gRb),(grB),(grb)

    b) $f(\text{R}) = \text{b}$ und $f(\text{r}) = \text{B}$. f ordnet also jedem Element aus BF genau ein Element aus SF zu. Definitionsbereich ist BF, Zielmenge SF und Wertebereich SF.

    c) f ist keine Äquivalenzrelation, da Definitions- und Zielmenge verschieden sind.

1.2   Verknüpfung von Aussagen

Viele mathematische Sätze werden als **Verknüpfungen logischer Aussagen** geschrieben. Jede logische Aussage ist entweder wahr oder falsch. Eine dritte Möglichkeit gibt es nicht. Wenn eine logische Aussage A wahr ist, sagt man: A ist richtig oder A gilt.

Beispiele:

Wahre logische Aussagen:

Alle Säugetiere sind lebendgebärend
Alle Pferde sind Säugetiere
Freising ist eine Stadt in Bayern
16 ist eine Quadratzahl

Falsche logische Aussagen:

Alle lebendgebärenden Tiere sind Säugetiere
Es gibt ein Pferd, das kein Säugetier ist
Kiel ist eine Stadt in Hessen
5 ist eine gerade Zahl

Logische Aussagen, die Variablen enthalten:

C : x ist eine Quadratzahl
D : Die Quadratwurzel aus x existiert und ist eine ganze Zahl
E : x ist eine positive ganze Zahl
F : $y = z$
G : $y^2 = z^2$
H : Die Person N ist Vater
I : Die Person N ist männlich

Aussagen mit Variablen kann erst ein Wahrheitswert zugewiesen werden, wenn der Wert der Variablen bekannt ist. C ist beispielsweise richtig für $x = 9$ und falsch für $x = 5$.

Sprachliche Gebilde, bei denen es nicht sinnvoll ist zu fragen, ob sie wahr oder falsch sind, stellen keine logischen Aussagen dar, z.B. "Nachts ist es kälter als draußen".

Ist A eine Aussage, so ist die Aussage $\overline{A}$ (oder $\neg A$, i.W. nicht A) diejenige Aussage, die wahr ist, wenn A falsch ist, und falsch ist, wenn A wahr ist. Für die logischen Aussagen A und B werden die Verknüpfungen $A \vee B$ (A oder B), $A \wedge B$ (A und B), $A \Rightarrow B$ (aus A folgt B) und $A \Leftrightarrow B$ (A äquivalent B) gemäß folgender Wahrheitswertetafel (w = wahr, f = falsch) erklärt:

A	B	$A \vee B$	$A \wedge B$	$A \Rightarrow B$	$A \Leftrightarrow B$
w	w	w	w	w	w
w	f	w	f	f	f
f	w	w	f	w	f
f	f	f	f	w	w

Die Verknüpfung $A \Rightarrow B$ wird als **logische Implikation** (Folgerung) bezeichnet. Es sind folgende Sprechweisen üblich: "aus A folgt B", "A impliziert B", "wenn A gilt, dann gilt auch B", "A ist eine **hinreichende Bedingung** für B", "B ist eine **notwendige Bedingung** für A". Aus obiger Tabelle ist ersichtlich, daß $A \Rightarrow B$ nur dann falsch ist, wenn A wahr und B falsch ist (aus etwas Wahrem kann nichts Falsches folgen).

Es gilt folgender Satz:

Wenn $A \Rightarrow B$ und $B \Rightarrow C$, so gilt $A \Rightarrow C$
$A \Rightarrow B$ ist gleichwertig mit $\neg B \Rightarrow \neg A$ (1.18)

Satz (1.18) ist mittels einer **Wahrheitstafel** leicht zu verifizieren.

In den Sätzen der Mathematik kommt die Implikation nur zwischen Aussagen vor, die eine oder mehrere Variable enthalten. Dabei kann eine zusammengesetzte Aussage wahr sein, obwohl der Wahrheitswert der einzelnen Aussagen wegen der Variablen nicht bekannt zu sein braucht.

Beispiel:

Mit den auf Seite 13 angeführten Aussagen sind folgende Implikationen richtig bzw. falsch:

richtig	falsch
$C \Rightarrow D$	
$C \Rightarrow E$	$E \Rightarrow C$
$D \Rightarrow C$	
$D \Rightarrow E$	$E \Rightarrow D$
$F \Rightarrow G$	$G \Rightarrow F$
$H \Rightarrow I$	$I \Rightarrow H$

Die Richtigkeit einer Folgerung muß bewiesen werden, indem man zeigt, daß für alle Werte der Variablen, bei denen die linksstehende Aussage richtig ist, auch die rechtsstehende Aussage richtig ist. Für die Falschheit einer Folgerung genügt es, ein Gegenbeispiel anzugeben.

Beispiel:

$E \Rightarrow C$ ist falsch, da für $x = 5$ gilt: x ist eine ganze positive Zahl, d.h. E ist richtig, aber x ist keine Quadratzahl, d.h. C ist falsch.

Die Verknüpfung $A \Leftrightarrow B$ ist eine abgekürzte Schreibweise für $A \Rightarrow B$ <u>und</u> $B \Rightarrow A$. Sprechweisen für äquivalente Aussagen sind: "B gilt genau dann, wenn A gilt", "B gilt dann und nur dann, wenn A gilt", "B ist notwendige und hinreichende Bedingung für A". Dabei kann A und B auch vertauscht werden.

Beispiel:

Mit den Aussagen im Beispiel auf Seite 13 gilt $C \Rightarrow D$ und $D \Rightarrow C$, also $C \Leftrightarrow D$.

1.3   Beweisverfahren in der Mathematik

1.3.1   Der direkte Beweis

Es soll bewiesen werden, daß aufgrund einer Voraussetzung A eine Aussage B folgt. Man geht davon aus, daß A wahr ist (ist A falsch, dann ist $A \Rightarrow B$ immer wahr) und zieht der Reihe nach richtige Schlüsse, bis schließlich B gefolgert ist: $A \Rightarrow C_1 \Rightarrow C_2 \Rightarrow \ldots \Rightarrow C_n \Rightarrow B$. Nach Gleichung (1.18) gilt dann nämlich $A \Rightarrow B$.

Beispiele:

1. *Behauptung:*
   p gerade $\Rightarrow p^2$ ist auch gerade.

   Beweis:
   $p = 2x$ mit $x \in \mathbb{Z} \Rightarrow p^2 = 4x^2 = 2(2x^2)$, d.h. p^2 ist gerade.

2. *Behauptung:*
   p ungerade $\Rightarrow p^2$ ist auch ungerade.

   Beweis:
   $p = 2x + 1$ mit $x \in \mathbb{Z} \Rightarrow p^2 = (2x+1)^2 = 4x^2 + 4x + 1 = 2(2x^2 + 2x) + 1$, d.h. p^2 ist ungerade.

3. *Behauptung:*
   Zu jeder endlichen Menge von Primzahlen kann man eine weitere Primzahl hinzufügen.
   Beweis:
   p_1, p_2, ..., p_n *sei eine endliche Menge von Primzahlen. Man bilde* $q = p_1 \cdot p_2 \cdot \ldots \cdot p_n + 1$. *Die Zahl q ist durch keine der Primzahlen p_i teilbar, da immer ein Rest 1 übrigbleibt. q ist nun entweder selber eine Primzahl oder läßt sich in Primfaktoren zerlegen, die nicht in der Ausgangsmenge enthalten sind. Also hat man durch die Konstruktion auf jeden Fall eine weitere Primzahl gefunden.*

1.3.2   Der indirekte Beweis

Es soll die Aussage A bewiesen werden. Man nimmt an, A gilt nicht, d.h. $\overline{A}$ gilt, und versucht, durch eine Reihe richtiger Schlüsse zu einem Widerspruch zu kommen. Der Widerspruch ist dann eine Folge der Annahme von $\overline{A}$, d.h. $\overline{A}$ ist falsch oder A ist richtig.

Beispiele:

1. *Behauptung:*
   p^2 ist gerade $\Rightarrow p$ ist auch gerade.

   Annahme:
   p ist ungerade. Nach obigem Beispiel ist dann auch p^2 ungerade. Dies ist ein Widerspruch zur Voraussetzung.

2. *Behauptung:*
   $\sqrt{2}$ *ist keine rationale Zahl.*

   Annahme:

   $\sqrt{2} = \frac{p}{q}$ *(p, q ganze, teilerfremde Zahlen).* $2 = \frac{p^2}{q^2} \Rightarrow 2q^2 = p^2$, *also* p^2
   gerade $\Rightarrow$ *p gerade, d.h.* $p = 2p'$. $2q^2 = p^2 = 4p'^2 \Rightarrow q^2 = 2p'^2$, *also* q^2
   gerade $\Rightarrow$ *q gerade, d.h.* $q = 2q'$. *p und q sind also nicht teilerfremd* $\Rightarrow$
   Widerspruch!

1.3.3 Die vollständige Induktion

Eine wichtige Eigenschaft der natürlichen Zahlen ist der Satz von der **vollständigen Induktion**:

Eine Aussage A enthalte eine allgemeine natürliche Zahl n und sei richtig für ein bestimmtes $n_0 \in I\!N$. Folgt aus der Annahme, A gilt für n, daß A dann auch für $n + 1$ zutrifft, so gilt A für alle natürlichen Zahlen $\geq n_0$. Wenn man die Gültigkeit des Satzes in Bezug auf eine bestimmte Aussage nachgewiesen hat, dann heißt das: Die Aussage gilt für n_0, also auch für $n_0 + 1$, für $n_0 + 2$, $n_0 + 3$, usw., denn die Aussage ist, wenn sie für n gilt, auch für $n + 1$ richtig.

Beispiel:

Die Summe der Quadrate der ersten n natürlichen Zahlen ist:

$$1^2 + 2^2 + \ldots + n^2 = 1 + 4 + \ldots + n^2 = \frac{n(n+1)(2n+1)}{6}$$

Induktionsanfang $n_0 = 1$:
$$1^2 = 1 = \frac{1(1+1)(2+1)}{6} = 1$$

Induktionsannahme:
$$1 + 4 + \ldots + n^2 = \frac{n(n+1)(2n+1)}{6}$$

Induktionsschluß $n \to n + 1$:
$$1 + 4 + \ldots + n^2 + (n+1)^2 = \frac{n(n+1)(2n+1)}{6} + (n+1)^2 =$$
$$= \frac{n(n+1)(2n+1) + 6(n+1)^2}{6} =$$
$$= \frac{(n+1)(n(2n+1) + 6(n+1))}{6} =$$
$$= \frac{(n+1)(2n^2 + 7n + 6)}{6} =$$
$$= \frac{(n+1)(n+2)(2n+3)}{6} =$$
$$= \frac{(n+1)((n+1)+1)(2(n+1)+1)}{6}$$

Auf der rechten Seite der Induktionsannahme ist nun n durch $n+1$ ersetzt. Die Aussage gilt für $n=1$ und alle folgenden n, also für alle $n \in I\!N$.

Der Beweis einer Aussage durch vollständige Induktion ist nur dann zwingend, wenn <u>beide</u> Beweisschritte erfolgreich durchgeführt werden. Andernfalls ergeben sich falsche Schlußfolgerungen:

Beispiele:

1. *Die Aussage $1 + 2 + \ldots + n = n$ ist offensichtlich falsch. Der Induktionsanfang mit $n_0 = 1$ liefert zwar das richtige Ergebnis, der Induktionsschluß von $n \to n+1$ gelingt jedoch nicht:*

   $$1 + 2 + \ldots + n + n + 1 \neq n + 1$$

2. *Für die Aussage $n = n + 1$ kann zwar der Induktionsschluß*

   $$n + 1 = n + 1 + 1 = (n+1) + 1$$

   erfolgreich vollzogen werden, man findet jedoch kein n_0, für das die Aussage richtig ist.

Aufgaben

1. Man zeige:
   Sind a und b rationale Zahlen $\Rightarrow a + b$ ist rational.

2. Zeigen Sie:
   p^2 ist ungerade $\Rightarrow p$ ist auch ungerade.

3. Beweisen Sie:
   Die Summe der ersten n natürlichen Zahlen ist:

   $$1 + 2 + \ldots + n = \frac{n(n+1)}{2}$$

Lösungen

1. $a = \dfrac{p}{q}, b = \dfrac{r}{s}, p, q, r, s \in Z\!\!\!Z. \; a + b = \dfrac{p}{q} + \dfrac{r}{s} = \dfrac{ps + rq}{qs}$.
   Da $ps + rq \in Z\!\!\!Z$ und $qs \in Z\!\!\!Z \Rightarrow a + b$ rational.

2. Annahme: p ist gerade.
   Dann ist auch p^2 gerade, wie schon bewiesen wurde. Dies ist ein Widerspruch zur Voraussetzung.

3. Induktionsanfang $n_0 = 1$:

$$1 = \frac{1(1+1)}{2} = 1$$

Induktionsannahme;

$$1 + 2 + \ldots + n = \frac{n(n+1)}{2}$$

Induktionsschluß $n \rightarrow n+1$:

$$1 + 2 + \ldots + n + (n+1) = \frac{n(n+1)}{2} + (n+1) =$$

$$= \frac{n(n+1) + 2(n+1)}{2} =$$

$$= \frac{(n+1)(n+2)}{2} =$$

$$= \frac{(n+1)((n+1)+1)}{2}$$

1.4   Summen- und Produktzeichen

1.4.1   Das Summenzeichen

Für die Summe von n Summanden $a_1, a_2, \ldots, a_n$ führt man folgende Abkürzung ein:

$$\sum_{i=1}^{n} a_i = a_1 + a_2 + \ldots + a_n \tag{1.19}$$

Das Summenzeichen $\sum$ bedeutet "summiere", und $\displaystyle\sum_{i=1}^{n} a_i$ heißt dann: Summiere die einzelnen Summanden a_i auf, indem für i der Reihe nach die Zahlen $1, 2, \ldots, n$ gesetzt werden. Der Index i heißt **Summationsindex**. Die Wahl des für den Summationsindex verwendeten Buchstabens ist beliebig, man kann also anstatt $\displaystyle\sum_{i=1}^{n}$ auch $\displaystyle\sum_{k=1}^{n}$ schreiben. Im vorliegenden Fall ist 1 die untere, n die obere **Summationsgrenze**. Als Summationsgrenzen können beliebige Zahlen n_1 und n_2 gesetzt werden. Die allgemeine Form für eine Summe mit Summenzeichen lautet:

$$\sum_{i=n_1}^{n_2} a_i \tag{1.20}$$

Üblicherweise ist $n_1 < n_2$. Ist $n_1 = n_2$, so besteht die Summe aus einem einzigen Summanden a_{n_1}. Für $n_1 > n_2$ ist nichts zu summieren, d.h. die Summe hat den Wert 0.

Beispiele:

1. $\displaystyle 3 + 6 + 9 + 12 + 15 + 18 + 21 = \sum_{j=1}^{7} 3j$

2. $\displaystyle \frac{1}{2} + \frac{3}{4} + \frac{5}{6} + \frac{7}{8} + \ldots + \frac{33}{34} = \sum_{i=1}^{17} \frac{2i-1}{2i}$

3. $\displaystyle 1 - \frac{2}{9} + \frac{3}{25} - \frac{4}{49} + \frac{5}{81} = \sum_{k=1}^{5} (-1)^{k+1} \frac{k}{(2k-1)^2}$

4. $\displaystyle \sum_{i=3}^{5} i = 3 + 4 + 5 = 12, \quad \sum_{i=4}^{4} i = 4, \quad \sum_{i=3}^{1} i = 0.$

Aufspaltung von Summen

Eine Summe $\sum\limits_{i=n_1}^{n_2}$ kann in zwei Summen aufgespaltet werden, indem man ein k mit $n_1 < k < n_2$ wählt und zunächst von n_1 bis k und dann von $k+1$ bis n_2 summiert:

$$\sum_{i=n_1}^{n_2} a_i = \sum_{i=n_1}^{k} a_i + \sum_{i=k+1}^{n_2} a_i \tag{1.21}$$

Ein Spezialfall einer solchen Aufspaltung ist die Abtrennung des ersten oder letzten Summanden:

$$\sum_{i=1}^{n+1} a_i = \sum_{i=1}^{n} a_i + a_{n+1} \quad \text{oder} \quad \sum_{k=0}^{n} b_k = b_0 + \sum_{k=1}^{n} b_k \tag{1.22}$$

Beispiele:

1. $\displaystyle\sum_{i=1}^{4} i^2 = \sum_{i=1}^{3} i^2 + 4^2 = (1 + 4 + 9) + 16 = 30$

2. $\displaystyle\sum_{k=0}^{2}(k+1) = (0+1) + \sum_{k=1}^{2}(k+1) = 1 + (2+3) = 6$

3. $\displaystyle\sum_{j=0}^{4} 2j = \sum_{j=0}^{2} 2j + \sum_{j=3}^{4} 2j = (0+2+4) + (6+8) = 20$

Veränderung der Summationsgrenzen

Man kann eine Summe durch Veränderung ihrer Summationsgrenzen "künstlich" erweitern. Da jedoch der Summenwert gleich bleiben muß, sind die hinzugefügten Summanden explizit wieder abzuziehen:

$$\sum_{i=1}^{n} a_i = \sum_{i=0}^{n+1} a_i - a_0 - a_{n+1} \tag{1.23}$$

Ein solches Vorgehen dient dazu, gleichartige Summen zu erhalten, die dann zusammengefaßt werden können.

Beispiel:

$$S = \sum_{k=1}^{n} k^2 + \sum_{k=0}^{n+1} k^2 = \sum_{k=1}^{n} k^2 + \sum_{k=1}^{n} k^2 + 0^2 + (n+1)^2 = 2\sum_{k=1}^{n} k^2 + (n+1)^2$$

Indexverschiebung

Um Ausdrücke mit Summen zu vereinfachen, ist oft die **Index-** bzw. **Summationsgrenzenverschiebung** hilfreich. Darunter versteht man eine Transformation von n_1 und n_2 in $n_1 + k$ und $n_2 + k$, wobei gleichzeitig der Index der Summanden von i in $i - k$ transformiert wird, also:

$$\sum_{i=n_1}^{n_2} a_i = \sum_{i=n_1+k}^{n_2+k} a_{i-k} \quad \text{bzw.} \quad \sum_{i=n_1}^{n_2} a_{i+k} = \sum_{i=n_1+k}^{n_2+k} a_i \tag{1.24}$$

Beispiele:

1. $\displaystyle\sum_{i=0}^{3} \frac{2(i+2)}{i+3} + \sum_{i=3}^{7} \frac{2}{i-1} = \sum_{i=2}^{5} \frac{2i}{i+1} + \sum_{i=1}^{5} \frac{2}{i+1} =$

   $\displaystyle = \sum_{i=2}^{5} \left(\frac{2i}{i+1} + \frac{2}{i+1} \right) + 1 = \sum_{i=2}^{5} \frac{2(i+1)}{i+1} + 1 =$

   $\displaystyle = \sum_{i=2}^{5} 2 + 1 = 4 \cdot 2 + 1 = 9$

2. $\displaystyle\sum_{k=2}^{n+1} x_k - \sum_{k=0}^{n-1} x_k = \sum_{k=2}^{n+1} x_k - \sum_{k=2}^{n+1} x_{k-2} = \sum_{k=2}^{n+1} (x_k - x_{k-2}) =$

   $\displaystyle = \sum_{k=1}^{n} (x_{k+1} - x_{k-1}) = x_{n+1} + x_n - x_1 - x_0$

Rechenregeln

Für Summen gelten folgende Rechenregeln:

$$\sum_{i=1}^{n} k \cdot a_i = k \cdot \sum_{i=1}^{n} a_i \tag{1.25}$$

$$\sum_{i=1}^{n} (a_i \pm b_i) = \sum_{i=1}^{n} a_i \pm \sum_{i=1}^{n} b_i \tag{1.26}$$

$$\sum_{i=1}^{n} c = n \cdot c \quad\quad c \text{ unabhängig von } i \tag{1.27}$$

Beispiele:

1. *Die folgende Summe soll vereinfacht werden:*

$$\sum_{i=1}^{n+1}(2i-4) + \sum_{i=0}^{n}(3-i) - n = 2\sum_{i=1}^{n+1}i - \sum_{i=1}^{n+1}4 + \sum_{i=0}^{n}3 - \sum_{i=0}^{n}i - n =$$

$$= 2\sum_{i=1}^{n}i + 2\cdot(n+1) - (n+1)\cdot 4 + (n+1)\cdot 3 - \sum_{i=1}^{n}i - n =$$

$$= \sum_{i=1}^{n}i + 1 = \frac{n(n+1)}{2} + 1 \quad \text{(vgl. Aufgabe 3 von Kap. 1.3)}$$

2. *Die folgende Summe soll vereinfacht werden:*

$$\sum_{i=1}^{n+1}(2-10x_i) + \sum_{k=0}^{n}(x_k - 3) + 9\sum_{j=0}^{n}(x_j + \frac{1}{9}) =$$

$$= \sum_{i=1}^{n+1}2 - 10\sum_{i=1}^{n+1}x_i + \sum_{i=0}^{n}x_i - \sum_{i=0}^{n}3 + 9\sum_{i=0}^{n}x_i + \sum_{i=0}^{n}1 =$$

$$= (n+1)\cdot 2 - 10\sum_{i=0}^{n}x_i + 10x_0 - 10x_{n+1} + 10\sum_{i=0}^{n}x_i -$$

$$-(n+1)\cdot 3 + (n+1)\cdot 1 =$$

$$= 10(x_0 - x_{n+1})$$

Doppelsummen

Häufig will man die Elemente eines rechteckigen Schemas aufsummieren. Es ergibt sich eine Anordnung der Elemente in m Zeilen und n Spalten. Solche Elemente haben einen doppelten Index, den **Zeilenindex** und den **Spalten-index**:

a_{11}	a_{12}	$\cdots$	a_{1k}	$\cdots$	a_{1n}
a_{21}	a_{22}	$\cdots$	a_{2k}	$\cdots$	a_{2n}
$\vdots$	$\vdots$	$\ddots$	$\vdots$		$\vdots$
a_{i1}	a_{i2}	$\cdots$	a_{ik}	$\cdots$	a_{in}
$\vdots$	$\vdots$		$\vdots$	$\ddots$	$\vdots$
a_{m1}	a_{m2}	$\cdots$	a_{mk}	$\cdots$	a_{mn}

Das Element a_{ik} steht dabei in der i-ten Zeile und in der k-ten Spalte. Die Gesamtsumme aller Elemente ist:

$$\sum_{i=1}^{m}\left(\sum_{k=1}^{n} a_{ik}\right) = \sum_{k=1}^{n}\left(\sum_{i=1}^{m} a_{ik}\right) = \sum_{k=1}^{n}\sum_{i=1}^{m} a_{ik} \qquad (1.28)$$

Eine solche Summe nennt man **Doppelsumme**.

Beispiel:

$n = 3$ Gruppen von Mastschweinen werden jeweils mit einem anderen Futtermittel gefüttert. In jeder Gruppe befinden sich $m = 5$ Tiere. Die täglichen Gewichtszunahmen in g/d sind in der folgenden Tabelle zusammengestellt:

	1. Gruppe	2. Gruppe	3. Gruppe	Zeilensummen
1. Tier	600	450	750	1800
2. Tier	750	500	700	1950
3. Tier	650	550	850	2050
4. Tier	700	400	800	1900
5. Tier	600	350	700	1650
Spaltensummen	3300	2250	3800	9350

Um alle $m \cdot n = 5 \cdot 3 = 15$ Gewichtszunahmen aufzusummieren, kann man entweder zunächst zeilenweise summieren und diese Zeilensummen addieren oder zuerst spaltenweise summieren und anschließend die Spaltensummen zusammenzählen. Als Gesamtsumme ergibt sich jeweils derselbe Wert von 9350. Die Zeilen- bzw. Spaltensummen sind in obiger Tabelle in der letzten Spalte bzw. Zeile angeführt.

Für den Fall, daß $m = n$ ist, genügt es, ein Summenzeichen unter Angabe beider Indizes zu schreiben:

$$\sum_{i,k=1}^{n} a_{ik} = \sum_{i=1}^{n}\sum_{k=1}^{n} a_{ik} \qquad (1.29)$$

Es kann vorkommen, daß in einer Doppelsumme nicht über alle Indexpaare i, k summiert werden soll, sondern nur über einen Teil von ihnen. Dann schreibt man die Bedingungen für die Indizes mit unter das Summenzeichen.

Beispiel:

In der folgenden Doppelsumme soll nur über solche Indexpaare summiert werden, bei denen $i < k$, also der erste Index von a_{ik} kleiner als der zweite ist:

$$\sum_{\substack{i,k=1 \\ i<k}}^{3} a_{ik} = a_{12} + a_{13} + a_{23}$$

Analog ist: $\displaystyle\sum_{\substack{i,k=1 \\ i\geq k}}^{3} a_{ik} = a_{11} + a_{21} + a_{31} + a_{22} + a_{32} + a_{33}$

1.4.2 Das Produktzeichen

Auch für das Produkt von n Faktoren gibt es eine abkürzende Schreibweise:

$$\prod_{i=1}^{n} a_i = a_1 \cdot a_2 \cdot \ldots \cdot a_n \tag{1.30}$$

Es gelten folgende Regeln:

$$\prod_{i=1}^{n} k \cdot a_i = k^n \cdot \prod_{i=1}^{n} a_i \tag{1.31}$$

$$\prod_{i=1}^{n} a_i \cdot b_i = \prod_{i=1}^{n} a_i \cdot \prod_{i=1}^{n} b_i \tag{1.32}$$

Beispiel:

$$\prod_{i=1}^{3}(2i \cdot 2^i) = \prod_{i=1}^{3} 2i \cdot \prod_{i=1}^{3} 2^i = 2^3 \prod_{i=1}^{3} i \cdot \prod_{i=1}^{3} 2^i =$$
$$= 8 \cdot (1 \cdot 2 \cdot 3) \cdot (2^1 \cdot 2^2 \cdot 2^3) = 3072$$

Das Produkt aller natürlichen Zahlen von 1 bis n bezeichnet man kurz mit $n!$, gesprochen: "n-Fakultät":

$$n! = \prod_{i=1}^{n} i = 1 \cdot 2 \cdot \ldots \cdot n \tag{1.33}$$

Es ist zweckmäßig, $0! = 1$ zu setzen. Es gilt: $(n+1)! = n!(n+1)$.

Die Zahlen 1!, 2! usw. werden sehr schnell groß. Es ist $1! = 1$, $2! = 2$, $3! = 6$, $4! = 24$, $5! = 120$, $6! = 720$, $7! = 5040$, $8! = 40320$ usw. Die Berechnung von $n!$ bei großen Werten von n ist aufwendig. Es gibt jedoch einen geeigneten Näherungsausdruck, die sog. **Stirlingsche Formel**:

$$n! \approx n^n \cdot e^{-n} \cdot \sqrt{2\pi n} \cdot \left(1 + \frac{1}{12n} + \frac{1}{288n^2}\right) \qquad (1.34)$$

Aufgaben

1. Schreiben Sie mit dem Summenzeichen:

   a) $\dfrac{x^2}{5} + \dfrac{x^4}{7} + \dfrac{x^6}{9} + \dfrac{x^8}{11} + \dfrac{x^{10}}{13}$

   b) $3x_1 + y^2 + 5x_2^2 + y^3 + 7x_3^3 + y^4$

2. Vereinfachen Sie folgende Ausdrücke so weit wie möglich:

   a) $\dfrac{1}{3}\sum_{i=1}^{3}(3a_i^2 - 18a_i + 27) - \dfrac{1}{9}\sum_{i=1}^{3}(9a_i^2 + 81)$

   Berechnen Sie den Wert des Ausdrucks für $a_1 = 5$, $a_2 = -3$ und $a_3 = -4$.

   b) $\displaystyle\sum_{k=1}^{m}k + \sum_{j=1}^{m}2j - \sum_{i=0}^{m-1}(3i+1) + \sum_{k=1}^{n}k$

   Berechnen Sie den Wert des Ausdrucks für $m = 6$ und $n = 3$.

3. Berechnen Sie:

   a) $\displaystyle\sum_{i=1}^{2}\sum_{j=1}^{3}(i \cdot j)$ b) $\displaystyle\prod_{i=1}^{3}2i^2$ c) $\displaystyle\sum_{i=1}^{2}\prod_{j=0}^{3}(i \cdot j)$

4. Bei einem Stickstoffsteigerungsversuch der Stufen $j = 1, 2, 3$ mit verschiedenen Weizensorten $i = 1, 2, 3$ wurden folgende Kornerträge E_{ij} in dt/ha erzielt:

		kg N/ha		
		50	100	150
	Kanzler	41	55	62
Sorte	Vuka	42	50	53
	Götz	51	62	70

   Wie groß ist $\displaystyle\sum_{j=1}^{3}E_{1j}$, $\displaystyle\sum_{i=1}^{3}E_{i2}$, $\displaystyle\sum_{i,j=1}^{3}E_{ij}$, $\displaystyle\sum_{\substack{i,j=1\\i\neq3}}^{3}E_{ij}$?

5. Zeigen Sie:

$$\sum_{i=1}^{n}(x_i - \overline{x})^2 = \sum_{i=1}^{n}x_i^2 - \frac{1}{n}\left(\sum_{i=1}^{n}x_i\right)^2 \quad \text{mit } \overline{x} = \frac{1}{n}\cdot\sum_{i=1}^{n}x_i$$

Lösungen

1. a) $\displaystyle\sum_{i=1}^{5}\frac{x^{2i}}{2i+3}$

   b) $\displaystyle\sum_{i=1}^{3}((2i+1)x_i^i + y^{i+1})$

2. a) $\displaystyle\sum_{i=1}^{3}(a_i^2 - 6a_i + 9) - \sum_{i=1}^{3}(a_i^2 + 9) = -6\sum_{i=1}^{3}a_i$
   $-6\cdot(5 - 3 - 4) = 12$

   b) $\displaystyle\sum_{k=1}^{m}3k - \sum_{k=1}^{m}(3k - 2) + \sum_{k=1}^{n}k = 2m + \frac{n(n+1)}{2}$
   $2\cdot 6 + \dfrac{3\cdot 4}{2} = 18$

3. a) $\displaystyle\sum_{i=1}^{2}\left(i\cdot\sum_{j=1}^{3}j\right) = \sum_{i=1}^{2}\left(i\cdot\frac{3\cdot 4}{2}\right) = 6\cdot\sum_{i=1}^{2}i = 6\cdot 3 = 18$

   b) $\displaystyle 2^3\prod_{i=1}^{3}i^2 = 8\cdot 1^2\cdot 2^2\cdot 3^2 = 8\cdot 4\cdot 8 = 256$

   c) $\displaystyle\sum_{i=1}^{2}\prod_{j=0}^{3}(i\cdot j) = 0$, da in jedem Summanden der Faktor 0 auftritt.

4. $\displaystyle\sum_{j=1}^{3}E_{1j} = 158, \sum_{i=1}^{3}E_{i2} = 167, \sum_{i,j=1}^{3}E_{ij} = 486, \sum_{\substack{i,j=1\\i\neq 3}}^{3}E_{ij} = 303$

5. $\displaystyle\sum_{i=1}^{n}(x_i - \overline{x})^2 = \sum_{i=1}^{n}(x_i^2 - 2x_i\overline{x} + \overline{x}^2) = \sum_{i=1}^{n}x_i^2 - 2\overline{x}\sum_{i=1}^{n}x_i + \sum_{i=1}^{n}\overline{x}^2 =$

   $\displaystyle = \sum_{i=1}^{n}x_i^2 - 2\overline{x}\cdot n\overline{x} + n\cdot\overline{x}^2 = \sum_{i=1}^{n}x_i^2 - n\cdot\overline{x}^2 =$

   $\displaystyle = \sum_{i=1}^{n}x_i^2 - \frac{1}{n}\left(\sum_{i=1}^{n}x_i\right)^2$

1.5   Binomialkoeffizienten

Binomialkoeffizienten kommen in der Kombinatorik und in anderen Bereichen der Mathematik häufig vor. Sie sollen hier näher betrachtet werden:

Der **Binomialkoeffizient** $\binom{n}{k}$ (sprich: n über k) wird für nichtnegative ganze n und k erklärt durch:

$$\binom{n}{k} = \frac{n!}{k! \cdot (n-k)!} \qquad \text{mit } k \leq n, \text{ wobei } n! = \prod_{i=1}^{n} i \tag{1.35}$$

Für $k > n$ wird $\binom{n}{k} = 0$ gesetzt.

Kürzt man in Gleichung (1.35) durch $(n-k)!$, so erhält man:

$$\binom{n}{k} = \frac{n \cdot (n-1) \cdot \ldots \cdot (n-k+1)}{1 \cdot 2 \cdot \ldots \cdot k} \tag{1.36}$$

Insbesondere gilt:

$$\binom{n}{n-k} = \frac{n!}{(n-k)! \cdot (n-(n-k))!} = \frac{n!}{(n-k)! \cdot k!} = \binom{n}{k} \tag{1.37}$$

$$\binom{n}{0} = \binom{n}{n} = \frac{n!}{0! \cdot n!} = 1, \quad \text{da } 0! = 1 \tag{1.38}$$

$$\binom{n}{1} = \frac{n!}{1! \cdot (n-1)!} = n \tag{1.39}$$

Der Name "Binomialkoeffizienten" kommt daher, weil sie bei der Entwicklung der Potenzen eines Binoms $a + b$ auftreten. Es ist nämlich:

$$(a+b)^1 = a + b = \binom{1}{0}a + \binom{1}{1}b$$

$$(a+b)^2 = a^2 + 2ab + b^2 = \binom{2}{0}a^2 + \binom{2}{1}ab + \binom{2}{2}b^2$$

$$(a+b)^3 = a^3 + 3a^2b + 3ab^2 + b^3 = \binom{3}{0}a^3 + \binom{3}{1}a^2b + \binom{3}{2}ab^2 + \binom{3}{3}b^3$$

$$(a+b)^4 = a^4 + 4a^3b + 6a^2b^2 + 4ab^3 + b^4 =$$
$$= \binom{4}{0}a^4 + \binom{4}{1}a^3b + \binom{4}{2}a^2b^2 + \binom{4}{3}ab^3 + \binom{4}{4}b^4$$

usw.

Allgemein gilt für beliebiges $n \in I\!N$ der **Binomische Lehrsatz**:

$$(a+b)^n = \binom{n}{0}a^n + \binom{n}{1}a^{n-1}b + \ldots + \binom{n}{i}a^{n-i}b^i + \ldots + \binom{n}{n}b^n =$$

$$= \sum_{i=0}^{n} \binom{n}{i}a^{n-i}b^i \qquad (1.40)$$

Der Beweis erfolgt durch vollständige Induktion.

Die Binomialkoeffizienten können als sog. **Pascalsches Dreieck** zusammengestellt werden:

```
n = 0                             1

n = 1                         1       1

n = 2                     1       2       1

n = 3                 1       3       3       1
                                  ╲     ╱
n = 4             1       4       6       4       1
                                      ╲     ╱
n = 5         1       5      10      10       5       1
      ⋮
```

Dabei ergibt sich ein Binomialkoeffizient in einer Zeile als Summe der unmittelbar links und rechts davon stehenden Zahlen in der vorhergehenden Zeile (vgl. in obigem Schema die Pfeile):

$$\binom{4}{2} = 6 = 3+3, \qquad \binom{5}{4} = 5 = 4+1$$

Auf diese Weise kann das Pascalsche Dreieck bis zu jeder beliebigen Tiefe aufgebaut werden. Allgemein kann dieser Sachverhalt folgendermaßen ausgedrückt werden:

$$\binom{n+1}{k} = \binom{n}{k-1} + \binom{n}{k} \qquad (1.41)$$

Beweis:

$$\binom{n}{k-1} + \binom{n}{k} = \frac{n!}{(k-1)! \cdot (n-(k-1))!} + \frac{n!}{k! \cdot (n-k)!} =$$

$$= \frac{n! \cdot k + n! \cdot (n-k+1)}{k! \cdot (n-k+1)!} = \frac{n! \cdot (n+1)}{k! \cdot (n+1-k)!} =$$

$$= \frac{(n+1)!}{k! \cdot ((n+1)-k)!} = \binom{n+1}{k} \quad \square$$

1.6 Aufbau des reellen Zahlensystems

Die Menge der **natürlichen Zahlen** $I\!N$ sind die Zahlen $1, 2, 3, 4, \ldots$ Addition und Multiplikation natürlicher Zahlen ergibt wieder eine natürliche Zahl. Die Subtraktion ist in der Menge der natürlichen Zahlen nicht uneingeschränkt durchführbar, z.B. ergibt $5 - 7$ keine natürliche Zahl. Deshalb erweitert man die natürlichen Zahlen um die Zahl 0 und die negativen ganzen Zahlen zur Menge der **ganzen Zahlen** $Z = \{0, \pm 1, \pm 2, \ldots\}$, die als Punkte einer Zahlengeraden dargestellt werden können:

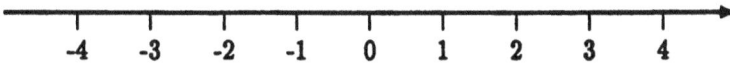

Bild 1.4: Die ganzen Zahlen

Mit ganzen Zahlen kann man beliebig addieren, subtrahieren und multiplizieren, so daß das Ergebnis wieder eine ganze Zahl ist. Die Division zweier ganzer Zahlen ist jedoch nicht beliebig durchführbar. Daher erweitert man die ganzen Zahlen zur Menge der **rationalen Zahlen** Q. Die Menge der rationalen Zahlen ist die Menge der Quotienten zweier ganzer Zahlen. Die Division durch 0 ist jedoch verboten. In der Menge der rationalen Zahlen sind die vier Grundrechnungsoperationen uneingeschränkt durchführbar, sofern man nicht durch 0 dividiert. Das Ergebnis dieser Operationen ist wieder eine rationale Zahl. Rationale Zahlen a/b bezeichnet man auch als **gemeine Brüche**. a heißt **Zähler** und b **Nenner**. Man kann rationale Zahlen auch als **Dezimalbrüche** darstellen, z.B.:

$$1.234 = 1 + 2 \cdot \frac{1}{10} + 3 \cdot \frac{1}{100} + 4 \cdot \frac{1}{1000}$$

Rationale Zahlen sind entweder eine ganze Zahl, ein endlicher Dezimalbruch oder ein unendlicher periodischer Dezimalbruch.

Die rationalen Zahlen füllen die Zahlengerade noch nicht vollständig aus, d.h. es gibt Punkte auf der Zahlengeraden, denen keine rationale Zahl entspricht. Trägt man z.B. die Diagonale des Einheitsquadrats vom Nullpunkt aus auf der Zahlengeraden ab, so erhält man den nichtrationalen Punkt $\sqrt{2}$ (vgl. Beisp. in Kap. 1.3). Solche Punkte entsprechen unendlichen, nichtperiodischen Dezimalbrüchen. Man nennt solche Zahlen **irrationale Zahlen**. Die Menge der irrationalen Zahlen bildet in gewisser Weise den Hauptanteil der Zahlen. Man kann die irrationalen Zahlen nochmals unterteilen in algebraische und transzendente Zahlen. Die Wurzeln beispielsweise gehören zu den algebraischen Zahlen. Zahlen wie e oder π gehören zu den transzendenten Zahlen. Die Menge der rationalen und irrationalen Zahlen bildet zusammen die Menge der **reellen Zahlen** $I\!R$. Diese füllt die Zahlengerade lückenlos aus. Mit anderen Worten: Die Menge <u>aller</u> Dezimalbrüche ist die Menge der reellen Zahlen.

Für die reellen Zahlen gelten folgende Rechengesetze:

Kommutativgesetze:

$$a + b = b + a$$
$$a \cdot b = b \cdot a \qquad\qquad\qquad\qquad\qquad\qquad (1.42)$$

Assoziativgesetze:

$$(a + b) + c = a + (b + c)$$
$$(a \cdot b) \cdot c = a \cdot (b \cdot c) \qquad\qquad\qquad\qquad (1.43)$$

Distributivgesetz:

$$(a + b) \cdot c = a \cdot c + b \cdot c \qquad\qquad\qquad\qquad (1.44)$$

Vorzeichenregeln:

$$-(-a) = a, \quad +(-a) = -a, \quad -(+a) = -a, \quad +(+a) = a \qquad (1.45)$$

Außerdem gilt:

$$0 \cdot a = a \cdot 0 = 0 \qquad\qquad\qquad\qquad\qquad\qquad (1.46)$$

1.7   Ungleichungen und Absolutbetrag

1.7.1   Ungleichungen

Zwischen zwei reellen Zahlen a und b besteht genau eine der folgenden drei Relationen: a kleiner b, a gleich b oder a größer b, in Zeichen:

$$a < b, \quad a = b, \quad a > b \tag{1.47}$$

Die Relation $a < b$ läßt sich anschaulich interpretieren als: a liegt links von b auf der Zahlengeraden. $a < b$ ist gleichwertig mit $b - a$ ist positiv. Außerdem ist $a < b$ äquivalent zu $b > a$. Für den Fall, daß a kleiner oder gleich b ist, schreibt man: $a \leq b$, analog $a \geq b$ für a größer oder gleich b. Man beachte, daß die Negation von $a < b$ nicht $a > b$ lautet, sondern $a \geq b$.

Eine wichtige Eigenschaft der Ungleichheitszeichen ist ihre **Transitivität**:

$$\text{Für } a, b, c \in \mathbb{R} \text{ gilt: } \begin{array}{l} a < b \text{ und } b < c \Rightarrow a < c \\ a \leq b \text{ und } b \leq c \Rightarrow a \leq c \\ a \leq b \text{ und } b < c \Rightarrow a < c \\ a < b \text{ und } b \leq c \Rightarrow a < c \end{array} \tag{1.48}$$

Beweis:

$b - a$ ist positiv und $c - b$ ist positiv $\Rightarrow (c - b) + (b - a) = c - a$ ist positiv $\Leftrightarrow a < c$. Der Beweis für die anderen Beziehungen verläuft analog.   □

Für das Rechnen mit Ungleichungen gibt es folgende Regeln:

Für $a, b, c, d \in \mathbb{R}$ gilt:

1. Die Ungleichung bleibt erhalten, wenn man auf beiden Seiten eine beliebige Zahl addiert.

$$a < b \Rightarrow a + c < b + c \quad \forall c \in \mathbb{R} \quad (\forall \text{ bedeutet "für alle"}) \tag{1.49}$$

2. Die Ungleichung bleibt bei der Multiplikation oder Division beider Gleichungsseiten mit einer positiven Zahl erhalten.

$$a < b \Rightarrow \begin{cases} a \cdot c < b \cdot c \\ \dfrac{a}{c} < \dfrac{b}{c} \end{cases} \text{ für } c > 0 \tag{1.50}$$

Das Ungleichheitszeichen dreht sich bei der Multiplikation oder Division beider Gleichungsseiten mit einer negativen Zahl um.

$$a < b \Rightarrow \begin{cases} a \cdot c > b \cdot c \\ \dfrac{a}{c} > \dfrac{b}{c} \end{cases} \text{ für } c < 0 \tag{1.51}$$

3. $a < b \Rightarrow -a > -b$ (1.52)

4. $0 < a < b \Rightarrow 0 < \dfrac{1}{b} < \dfrac{1}{a}$ (1.53)

5. Ungleichungen kann man addieren:

   $a < b \text{ und } c < d \Rightarrow a + c < b + d$ (1.54)

6. $0 < a < b \text{ und } 0 < c < d \Rightarrow a \cdot c < b \cdot d$ (1.55)

7. $0 < a < b \Rightarrow \sqrt{a} < \sqrt{b}$ (1.56)

Beweis:

1. $b - a$ ist positiv $\Rightarrow (b + c) - (a + c)$ ist positiv $\Rightarrow a + c < b + c$

2. $c > 0$: $b - a$ positiv $\Rightarrow (b - a) \cdot c$ positiv $\Rightarrow b \cdot c - a \cdot c$ positiv $\Rightarrow a \cdot c < b \cdot c$
   $c < 0$: $b - a$ positiv $\Rightarrow (b - a) \cdot c$ negativ $\Rightarrow a \cdot c - b \cdot c$ positiv $\Rightarrow a \cdot c > b \cdot c$

3. nach (1.51) für $c = -1$

4. $0 < a < b \Rightarrow$ mit $c = (a \cdot b)^{-1} > 0 \overset{(1.50)}{\Longrightarrow} \dfrac{a}{ab} < \dfrac{b}{ab} \Rightarrow \dfrac{1}{b} < \dfrac{1}{a}$

5. nach (1.49): $a + c < b + c$ und $b + c < b + d \overset{(1.48)}{\Longrightarrow} a + c < b + d$

6. analog zu 5.

7. Annahme: $\sqrt{a} > \sqrt{b} \overset{(1.55)}{\Longrightarrow} \sqrt{a} \cdot \sqrt{a} > \sqrt{b} \cdot \sqrt{b} \Rightarrow a > b$ im Widerspruch zur
   Voraussetzung. $\square$

Beispiel:

Man bestimme die Lösungsmenge $\mathbb{L}$ *aller x-Werte, die folgende Ungleichung erfüllen:*

$$\frac{1}{x} + \frac{3}{2x} \geq 5 \qquad (x \neq 0)$$

$\dfrac{1}{x} + \dfrac{3}{2x} = \dfrac{5}{2x} \geq 5$. *Beidseitige Multiplikation mit* $\dfrac{2}{5}$ *ergibt* $\dfrac{1}{x} \geq 2$.

Es sind zwei Fälle zu unterscheiden:

<u>*1. Fall:*</u> *$x > 0$ ($x = 0$ ist ausgeschlossen)*

In diesem Fall kann man auf beiden Seiten mit x ohne Vorzeichenänderung multiplizieren.

$1 \geq 2x \Rightarrow x \leq \dfrac{1}{2}$.

Da dies nach Voraussetzung ausschließlich für $x > 0$ gilt, ist die Lösungsmenge im 1. Fall: $\mathbb{L}_1 = \left\{ x \mid 0 < x \leq \frac{1}{2} \right\}$.

2. Fall: $x < 0$

Da der Nenner nun kleiner als Null ist, dreht sich das Ungleichheitszeichen bei der Multiplikation beider Gleichungsseiten mit x um.

$1 \leq 2x$. Dies ist für kein negatives x erfüllbar. Die Lösungsmenge im 2. Fall ist also leer: $\mathbb{L}_2 = \emptyset$.

Die Gesamtlösungsmenge ist die Vereinigungsmenge der Teillösungsmengen aller behandelten Fälle: $\mathbb{L} = \mathbb{L}_1 \cup \mathbb{L}_2 = \left\{ x \mid 0 < x \leq \frac{1}{2} \right\}$.

1.7.2 Intervalle

Zusammenhängende Bereiche auf der Zahlengeraden lassen sich mit Hilfe von Ungleichungen charakterisieren. Solche Bereiche heißen **Intervalle**.

Man unterscheidet folgende Typen:

1. **Endliche Intervalle** (vgl. Bild 1.5)

   a) Abgeschlossenes Intervall $[a, b] = \{x \mid a \leq x \leq b\}$. Die Endpunkte a und b gehören zum Intervall.

   b) Offenes Intervall $(a, b) = \{x \mid a < x < b\}$, andere Schreibweise: $]a, b[$. Die Endpunkte a und b gehören nicht zum Intervall.

   c) Halboffene Intervalle
   rechts offen: $[a, b) = [a, b[= \{x \mid a \leq x < b\}$. Der linke Endpunkt a gehört zum Intervall, der rechte b nicht.
   links offen: $(a, b] =]a, b] = \{x \mid a < x \leq b\}$. Hier ist der rechte Endpunkt b im Intervall enthalten, der linke nicht.

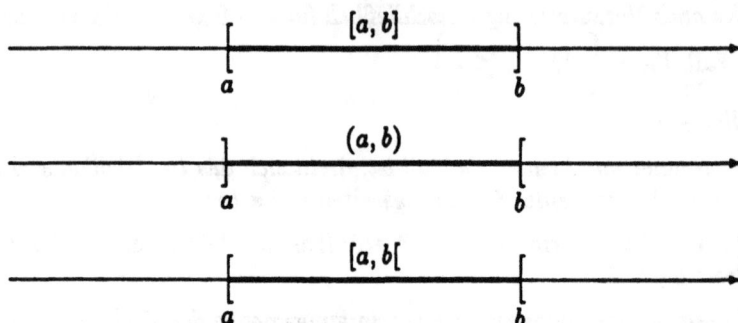

Bild 1.5: Endliche Intervalle auf der Zahlengeraden

2. **Unendliche Intervalle** (vgl. Bild 1.6)

   a) Rechts-offene Halbgerade $[a, \infty) = \{x | a \leq x < \infty\}$ oder auch $(a, \infty) = \{x | a < x < \infty\}$.

   b) Links-offene Halbgerade $(-\infty, b] = \{x | -\infty < x \leq b\}$ bzw. $(-\infty, b) = \{x | -\infty < x < b\}$.

   c) Die ganze Zahlengerade $\mathbb{R} = \{x | -\infty < x < \infty\}$.

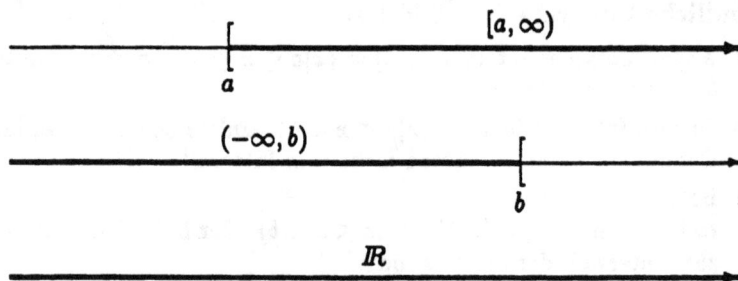

Bild 1.6: Unendliche Intervalle auf der Zahlengeraden

1.7.3   Vorzeichen und Absolutbetrag

Man bezeichnet das Vorzeichen einer reellen Zahl x mit $\operatorname{sign} x$ (Signum von x). Es ist definiert als:

$$\operatorname{sign} x = \begin{cases} +1 & \text{für } x > 0 \\ -1 & \text{für } x < 0 \\ 0 & \text{für } x = 0 \end{cases} \tag{1.57}$$

Beispiel:

$\text{sign}\, 0.5 = +1$, $\text{sign}(-3) = -1$, $\text{sign}\, y = +1 \;\forall y = x^2 \;(x \in I\!R)$

Man bezeichnet den **absoluten Betrag** oder **Absolutbetrag** einer reellen
Zahl x mit $|x|$ und definiert:

$$|x| = \begin{cases} x & \text{für } x \geq 0 \\ -x & \text{für } x < 0 \end{cases} \tag{1.58}$$

Anschaulich ist der absolute Betrag einer Zahl gleich ihrem Abstand vom Nullpunkt.

Beispiel:

$|5| = 5$, $|-0.7| = -(-0.7) = 0.7$, $|0| = 0$, $|y| = y \;\forall y = x^2 \;(x \in I\!R)$

Jede reelle Zahl x kann man als Produkt aus Vorzeichen und absolutem Betrag
darstellen:

$$x = \text{sign}\, x \cdot |x| \tag{1.59}$$

Es gelten folgende Regeln:

1. $|-x| = |x|$ $\hspace{8.5cm}$ (1.60)

2.   Ist $|x| = a$ $(a > 0)$, so ist entweder $x = a$ oder $x = -a$, d.h.

   $$|x| = a \Leftrightarrow x^2 = a^2 \tag{1.61}$$

3. $|x| < a \;(a > 0) \Leftrightarrow -a < x < a$

   $$|x| \leq a \;(a > 0) \Leftrightarrow -a \leq x \leq a \tag{1.62}$$

   $$|x - a| \leq c \;(c > 0) \Leftrightarrow -c \leq x - a \leq c \text{ bzw. } a - c \leq x \leq a + c$$

4. Der Absolutbetrag einer Summe ist nicht größer als die Summe der absoluten Beträge der Summanden:

   $$|a + b| \leq |a| + |b| \quad \textbf{(Dreiecksungleichung)} \tag{1.63}$$

5. Es gelten folgende Ungleichungen:

   $$|a - b| \leq |a| + |b|$$
   $$|a - b| \geq \big||a| - |b|\big| \tag{1.64}$$
   $$|a + b| \geq \big||a| - |b|\big|$$

6. Für das Produkt $a \cdot b$ und den Quotienten $\dfrac{a}{b}$ zweier beliebiger reeller Zahlen a und b $(b \neq 0)$ gilt:

$$|a \cdot b| = |a| \cdot |b|$$

$$\left|\frac{a}{b}\right| = \frac{|a|}{|b|} \tag{1.65}$$

Beispiele:

1. $a = 3,\ b = -5,\ |a| = 3,\ |b| = 5$
   $|a + b| = |3 - 5| = |-2| = 2 \leq 8 = 3 + 5 = |3| + |-5| = |a| + |b| = 8$
   $|a - b| = |3 + 5| = |8| = 8 \geq 2 = |-2| = |3 - 5| = ||a| - |b||$

2. $(x - 1)^2 \geq 2x + 6$

   $x^2 - 2x + 1 - 2x - 6 \geq 0$
   $x^2 - 4x \geq 5$
   $x^2 - 4x + 2^2 \geq 9$
   $(x - 2)^2 \geq 9$
   $|x - 2| \geq 3 \Rightarrow x_1 \geq 5 \text{ oder } x_2 \leq -1$
   $\mathbb{L} = \{x | x \leq -1 \lor x \geq 5\}$

3. $|x + 2| < |x - 5|$

   Es sind 4 Fälle zu unterscheiden:

   1. Fall: $x + 2 \geq 0 \Leftrightarrow x \geq -2 \land x - 5 \geq 0 \Leftrightarrow x \geq 5$, also $x \geq 5$
   $x + 2 < x - 5 \Leftrightarrow 2 < -5$. Dies ist nicht möglich $\Rightarrow \mathbb{L}_1 = \emptyset$

   2. Fall: $x + 2 \geq 0 \Leftrightarrow x \geq -2 \land x - 5 < 0 \Leftrightarrow x < 5$, also $-2 \leq x < 5$
   $x + 2 < -(x - 5) \Leftrightarrow x + 2 < -x + 5 \Leftrightarrow x < 1.5$
   Daraus und aus der Voraussetzung, daß x zwischen -2 und 5 liegen muß, ergibt sich die Lösungsmenge für den 2. Fall zu $\mathbb{L}_2 = \{x | -2 \leq x < 1.5\}$

   3. Fall: $x + 2 < 0 \Leftrightarrow x < -2 \land x - 5 \geq 0 \Leftrightarrow x \geq 5$
   Nicht möglich $\Rightarrow \mathbb{L}_3 = \emptyset$

   4. Fall: $x + 2 < 0 \Leftrightarrow x < -2 \land x - 5 < 0 \Leftrightarrow x < 5$, also $x < -2$
   $-(x + 2) < -(x - 5) \Leftrightarrow -x - 2 < -x + 5 \Leftrightarrow -2 < 5$
   Dies ist immer richtig. Die einzige Bedingung für die Lösungsmenge im 4. Fall ist deshalb die Voraussetzung $x < -2 \Rightarrow \mathbb{L}_4 = \{x | x < -2\}$

   Die Gesamtlösungsmenge $\mathbb{L}$ ist die Vereinigung der Lösungsmengen der vier unterschiedenen Fälle also:

   $\mathbb{L} = \mathbb{L}_1 \cup \mathbb{L}_2 \cup \mathbb{L}_3 \cup \mathbb{L}_4 =$
   $\quad = \emptyset \cup \{x | -2 \leq x < 1.5\} \cup \emptyset \cup \{x | x < -2\} =$
   $\quad = \{x | x < 1.5\} = (-\infty, 1.5)$

Der **Abstand** zweier Zahlen a und b auf der Zahlengeraden ist der absolute Betrag $|a - b|$ der Differenz von a und b.

Beispiel:

Der Abstand der Zahlen 1 und −3 ist gleich $|1 - (-3)| = |1 + 3| = |4| = 4$ *oder* $|-3 - 1| = |-4| = 4.$

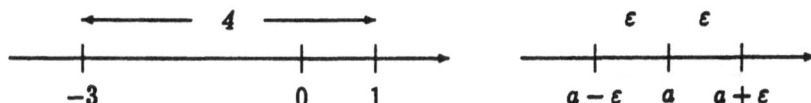

ε *sei eine positive Zahl. Die Zahlen mit einem Abstand* ε *von* a *sind die Zahlen* $a - \varepsilon$ *und* $a + \varepsilon$, *denn es ist* $|a - (a - \varepsilon)| = \varepsilon$ *und* $|a - (a + \varepsilon)| = \varepsilon.$

Aufgaben

1. Für welche Werte von x gilt?

   a) $\dfrac{4}{7} - 3x < 4x + 3$

   b) $\dfrac{1}{x - 1} < \dfrac{3}{4x - 7}$

   c) $x^2 - x > 0$

   Sind die jeweiligen Lösungsmengen Intervalle?

2. Für welche Zahlen x sind folgende Ungleichungen erfüllt?

   a) $\left| \dfrac{x - 1}{1 + x} \right| < 1.5$

   b) $\dfrac{1 + |x|}{1 - |x|} < 2$

   c) $\left| \dfrac{2}{x} + 3 \right| < \dfrac{5}{x}$

3. Bestimmen Sie alle Zahlen, die

   a) von der Zahl 1 höchstens einen Abstand von 5 haben,

   b) von der Zahl −3 weiter als 2.5 entfernt sind.

Lösungen

1. a) $\dfrac{4}{7} - 3x < 4x + 3 \Rightarrow 4 - 21x < 28x + 21 \Rightarrow -17 < 49x \Rightarrow x > -\dfrac{17}{49}$

$\mathbb{L} = \left(-\dfrac{17}{49}, +\infty\right)$, links-offenes unendliches Intervall

b) 1. Fall: $x > \dfrac{7}{4}$

$\dfrac{1}{x-1} < \dfrac{3}{4x-7} \Rightarrow 4x - 7 < 3x - 3 \Rightarrow x < 4$

2. Fall: $1 < x < \dfrac{7}{4}$

$4x - 7 > 3x - 3 \Rightarrow x > 4$

Widerspruch zur Voraussetzung

3. Fall: $x < 1$

$4x - 7 < 3x - 3 \Rightarrow x < 4$

$\mathbb{L} = \{x | x < 1\} \cup \left\{x | \dfrac{7}{4} < x < 4\right\}$, nicht zusammenhängend, also kein Intervall.

c) $x^2 - x > 0 \Rightarrow x^2 - x + \dfrac{1}{4} = \left(x - \dfrac{1}{2}\right)^2 > \dfrac{1}{4} \Rightarrow \left|x - \dfrac{1}{2}\right| > \dfrac{1}{2}$

1. Fall: $x \geq \dfrac{1}{2}$

$x - \dfrac{1}{2} > \dfrac{1}{2} \Rightarrow x > 1$

2. Fall: $x < \dfrac{1}{2}$

$-x + \dfrac{1}{2} > \dfrac{1}{2} \Rightarrow x < 0$

$\mathbb{L} = (-\infty, 0) \cup (1, +\infty)$, nicht zusammenhängend, also kein Intervall.

2. a) $-1.5 < \dfrac{x-1}{1+x} < 1.5$

1. Fall: $1 + x > 0 \Rightarrow x > -1$

$-1.5 - 1.5x < x - 1 < 1.5 + 1.5x$

$-2.5x < 0.5 \wedge -0.5x < 2.5 \Rightarrow x > -0.2 \wedge x > -5 \Rightarrow x > -0.2$

2. Fall: $1 + x < 0 \Rightarrow x < -1$

$-1.5 - 1.5x > x - 1 > 1.5 + 1.5x$

$-2.5x > 0.5 \wedge -0.5x > 2.5 \Rightarrow x < -0.2 \wedge x < -5 \Rightarrow x < -5$

$\mathbb{L} = \mathbb{R} \setminus [-5, -0.2]$

b) 1. Fall: $1 - |x| > 0 \Rightarrow -1 < x < 1$

$1 + |x| < 2 - 2|x| \Rightarrow 3|x| < 1 \Rightarrow |x| < \dfrac{1}{3} \Rightarrow -\dfrac{1}{3} < x < \dfrac{1}{3}$

2. Fall: $1 - |x| < 0 \Rightarrow x < -1 \vee x > 1$

$1 + |x| > 2 - 2|x| \Rightarrow 3|x| > 1 \Rightarrow |x| > \frac{1}{3} \Rightarrow x < -\frac{1}{3} \vee x > \frac{1}{3}$

$L = (-\infty, -1) \cup \left(-\frac{1}{3}, \frac{1}{3}\right) \cup (1, \infty)$

c) Wegen $0 \leq \left|\frac{2}{x} + 3\right| \Rightarrow 0 < \frac{5}{x} \Rightarrow x > 0$

1. Fall: $\frac{2}{x} + 3 \geq 0 \Rightarrow \frac{2}{x} + 3 < \frac{5}{x} \Rightarrow 2 + 3x < 5 \Rightarrow x < 1$

2. Fall: $\frac{2}{x} + 3 < 0 \Rightarrow 2 + 3x < 0 \Rightarrow 3x < -2 \Rightarrow x < -\frac{2}{3}$

Widerspruch zur Voraussetzung $x > 0$

$L = \{x | 0 < x < 1\}$

3. a) $|x - 1| \leq 5 \Rightarrow -5 \leq x - 1 \leq 5 \Rightarrow -4 \leq x \leq 6$

b) $|x - (-3)| > 2.5 \Rightarrow -2.5 > x + 3 \vee x + 3 > 2.5 \Rightarrow x < -5.5 \vee x > -0.5$

1.8   Potenzen, Wurzeln und Logarithmen

1.8.1   Potenzen mit ganzzahligen Exponenten

Das Produkt aus n gleichen Faktoren a ($a \in I\!R$) wird als n-te Potenz von a, i.Z. a^n, bezeichnet.

$$a^n = \underbrace{a \cdot a \cdot \ldots \cdot a}_{n\text{-mal}} \qquad (1.66)$$

a heißt die **Basis** und n ist der **Exponent** oder die **Hochzahl**.

Beispiele:

1. $3^5 = 3 \cdot 3 \cdot 3 \cdot 3 \cdot 3 = 243$
2. $(-1.5)^3 = (-1.5) \cdot (-1.5) \cdot (-1.5) = -3.375$

Es gilt speziell für alle a: $a^1 = a$

Es gelten folgende Rechenregeln für diese Potenzen:

$$(a \cdot b)^n = a^n \cdot b^n \qquad (1.67)$$

$$\left(\frac{a}{b}\right)^n = \frac{a^n}{b^n} \qquad (1.68)$$

$$a^n \cdot a^m = a^{n+m} \qquad (1.69)$$

$$(a^n)^m = a^{n \cdot m} \qquad (1.70)$$

Beispiele:

1. $(5b)^2 = 5^2 \cdot b^2 = 25b^2$
2. $(4 \text{ cm})^3 = 4^3 \text{ cm}^3 = 64 \text{ cm}^3$
3. $\left(\dfrac{3}{4}\right)^3 = \dfrac{3^3}{4^3} = \dfrac{27}{64}$
4. $\left(\dfrac{1}{a}\right)^5 = \dfrac{1^5}{a^5} = \dfrac{1}{a^5}$
5. $a^3 \cdot a^5 = (a \cdot a \cdot a) \cdot (a \cdot a \cdot a \cdot a \cdot a) = a^8 = a^{3+5}$
6. $(a^4)^2 = a^4 \cdot a^4 = a^8 = a^{4 \cdot 2}$

Bisher wurden als Exponenten nur natürliche Zahlen n zugelassen. Man kann jedoch Potenzen mit beliebigen ganzen Zahlen n als Exponenten erklären, so daß alle Rechenregeln (1.67) – (1.70) Gültigkeit haben. Man erweitert den Potenzbegriff um die folgende Definition:

$$a^{-n} = \frac{1}{a^n} \quad (a > 0) \tag{1.71}$$

Damit bekommt man insbesondere ein einheitliches Rechengesetz für die Division von Potenzen mit gleichen Basen. Es gilt nämlich für beliebiges ganzes n und m:

$$\frac{a^n}{a^m} = a^{n-m} \tag{1.72}$$

Beispiele:

1. $\dfrac{3^2}{3^6} = 3^{2-6} = 3^{-4} = \dfrac{1}{3^4} = \dfrac{1}{81}$

2. $\dfrac{10^4}{10^{10}} = 10^{4-10} = 10^{-6} = 0.000001$

3. $\dfrac{5^2 \cdot 5^7}{5^{10}} = 5^{2+7-10} = 5^{-1} = \dfrac{1}{5} = 0.2$

4. $(xy)^{-3} = \dfrac{1}{(xy)^3} = \dfrac{1}{x^3 y^3} = x^{-3} y^{-3}$

5. $10^{-2} \cdot 10^{-4} = 10^{-6}$

6. $\dfrac{10^{-2}}{10^{-5}} = 10^{-2-(-5)} = 10^{5-2} = 10^3$

7. $(10^{-2})^3 = 10^{-6}$

Gilt speziell $m = n$ so ergibt sich aus Regel (1.72) die Potenz mit dem Exponenten 0, also z.B. $\dfrac{a^3}{a^3} = a^{3-3} = a^0 = 1$

Daher fügt man folgende Definition hinzu:

$$a^0 = 1 \quad (a > 0) \tag{1.73}$$

Zahlen verschiedener Größenordnungen schreibt man häufig mit Hilfe von Zehnerpotenzen. Anstatt $x = 3752000$ schreibt man $x = 3.752 \cdot 10^6$ oder auch $x = 0.3752 \cdot 10^7$, weil dies übersichtlicher ist. Anstatt $x = 0.000000123$ schreibt man ebenfalls übersichtlicher $x = 1.23 \cdot 10^{-7}$ oder $x = 0.123 \cdot 10^{-6}$. Dies ist die sog. **Gleitpunktdarstellung**.

Beispiele:

1. $x_1 = 0.000004355 = 0.4355 \cdot 10^{-5}$
2. $x_2 = 13.35 = 0.1335 \cdot 10^2$
3. $x_1 \cdot x_2 = 0.000004355 \cdot 13.35 \approx 5.81 \cdot 10^{-5}$

1.8.2 Potenzen mit rationalen Exponenten, Wurzeln

Man kann nun den Potenzbegriff nochmals erweitern und zwar auf rationale Exponenten, so daß die Rechenregeln (1.67) – (1.72) weiterhin gültig bleiben.

Unter der *n*-ten **Wurzel** $\sqrt[n]{a}$ der reellen Zahl a $(a > 0,\ n \in \mathbb{N})$ versteht man diejenige reelle Zahl b, deren *n*-te Potenz gerade gleich der Zahl a ist, also:

$$b = \sqrt[n]{a} \quad \text{bzw.} \quad b^n = a \tag{1.74}$$

Eine andere Schreibweise ist:

$$a^{\frac{1}{n}} = \sqrt[n]{a} \tag{1.75}$$

Geht man beispielsweise von der Beziehung

$$\sqrt[3]{a} \cdot \sqrt[3]{a} \cdot \sqrt[3]{a} = (\sqrt[3]{a})^3 = a$$

aus und schreibt darunter formal entsprechende Potenzen mit Brüchen als Exponenten unter Beibehaltung der bisherigen Rechenregeln,

$$a^{\frac{1}{3}} \cdot a^{\frac{1}{3}} \cdot a^{\frac{1}{3}} = (a^{\frac{1}{3}})^3 = a,$$

so sieht man, daß die Zuordnung $a^{\frac{1}{3}} = \sqrt[3]{a}$ und allgemein die Schreibweise $a^{\frac{1}{n}} = \sqrt[n]{a}$ sinnvoll ist.

Man vereinbart außerdem, daß der Wert der Wurzel $a^{\frac{1}{n}}$ immer positiv ist. Alle Rechenregeln (1.67) – (1.72) bleiben auch bei rationalen Exponenten gültig.

Beispiel:

$$(3^2)^{\frac{1}{3}} = 3^{2 \cdot \frac{1}{3}} = 3^{\frac{2}{3}} = \sqrt[3]{3^2} = \sqrt[3]{9}$$

Man kommt daher allgemein zu folgender Definition:

Sind m und n beliebige natürliche Zahlen, dann gilt:

$$a^{\frac{m}{n}} = \sqrt[n]{a^m} = (\sqrt[n]{a})^m$$
$$a^{-\frac{m}{n}} = \frac{1}{\sqrt[n]{a^m}} = \frac{1}{(\sqrt[n]{a})^m} \tag{1.76}$$

Beispiele:

1. $9^{\frac{5}{2}} = (9^{\frac{1}{2}})^5 = 3^5 = 243$

2. $9^{\frac{5}{2}} = (9^5)^{\frac{1}{2}} = \sqrt{59049} = 243$

3. $5^{\frac{1}{3}} = \sqrt[3]{5} \approx 1.71$

4. $\left(\dfrac{1}{5}\right)^{\frac{3}{2}} = \dfrac{1}{5^{\frac{3}{2}}} \approx 0.089$

5. $\left(\dfrac{1}{5}\right)^{-\frac{3}{2}} = \dfrac{1}{\left(\dfrac{1}{5}\right)^{\frac{3}{2}}} = 5^{\frac{3}{2}} = 5 \cdot \sqrt{5} \approx 11.18$

6. $\sqrt{10^{-8}\ \mathrm{m}^2} = (10^{-8}\ \mathrm{m}^2)^{\frac{1}{2}} = 10^{-4}\ \mathrm{m}$

7. $\sqrt[3]{10^6\ \mathrm{cm}^3} = (10^6\ \mathrm{cm}^3)^{\frac{1}{3}} = 10^2\ \mathrm{cm} = 100\ \mathrm{cm}$

Ergänzende Bemerkungen zu den Wurzeln

1. Alle Rechenregeln (1.67) – (1.72) gelten uneingeschränkt für beliebige Exponenten, wenn $a > 0$ vorausgesetzt wird. Unter $\sqrt[n]{a}$ versteht man stets eine positive Zahl. Ist n eine gerade Zahl, dann besitzt die Gleichung $x^n = a$ zwei Lösungen $x_1 = \sqrt[n]{a}$ und $x_2 = -\sqrt[n]{a}$. $\sqrt[n]{a}$ bzw. $a^{1/n}$ soll in diesem Fall immer als positive Zahl aufgefaßt und üblicherweise als **Hauptwert** bezeichnet werden. Doppeldeutigkeiten (wie oben $x_1 = \sqrt[n]{a}$ und $x_2 = -\sqrt[n]{a}$) entstehen bei der Auflösung von algebraischen Gleichungen, bei denen n eine gerade Zahl ist.

2. Das Ziehen von geraden Wurzeln aus negativen **Radikanden**, also $a < 0$, ist im Bereich der reellen Zahlen nicht erlaubt. Es führt auf komplexe Zahlen, z.B. ist $\sqrt{-1}$ keine reelle Zahl!

3. Das Ziehen von ungeraden Wurzeln aus negativen Radikanden, $a < 0$, ist erlaubt und liefert eindeutige Werte. Alle Rechenregeln (1.67) – (1.72) gelten auch für $a < 0$. Es ist also, falls $n \in I\!N$ und $a > 0$:

$$\sqrt[2n-1]{-a} = -\sqrt[2n-1]{a} \tag{1.77}$$

4. Betrachtet man beliebige rationale Exponenten $\dfrac{m}{n}$, wobei m und n teilerfremd sein müssen (der Quotient $\dfrac{m}{n}$ ist also so weit wie möglich gekürzt), so muß man ebenfalls zwei Fälle unterscheiden:

   a) Wenn der Nenner n im Exponent gerade ist, muß der Radikand $a > 0$ sein. Es ist also z.B. $(-3)^{\frac{3}{2}}$ nicht definiert.

b) Wenn der Nenner n im Exponent ungerade ist, dann sind für alle reellen Radikanden a die Wurzeln eindeutig. Also die Potenz- und Wurzelrechenregeln sind auch für $a < 0$ gültig.

Beispiele:

1. $(-8)^{\frac{1}{3}} = -2$

2. $(-8)^{\frac{2}{6}} = (-8)^{\frac{1}{3}} = -2.$
   Man muß hier den Exponenten zuerst teilerfremd machen, ansonsten würde man durch unerlaubtes Quadrieren eine falsche Lösung einschleppen:
   $(-8)^{\frac{2}{6}} = \sqrt[6]{64} = 2$ *ist falsch.*

3. $(-8)^{-\frac{2}{3}} = \dfrac{1}{(-8)^{\frac{2}{3}}} = \dfrac{1}{\sqrt[3]{(-8)^2}} = \dfrac{1}{\sqrt[3]{64}} = \dfrac{1}{4}$

4. $(-8)^{\frac{2}{3}} = 4$

5. $(-8)^{\frac{1}{6}}$ *ist nicht definiert.*

1.8.3   Potenzen mit reellen Exponenten

Was soll man unter Potenzen mit beliebigen reellen Exponenten verstehen, z.B. unter $2^{\pi} = 2^{3.14159...}$? Zunächst sei daran erinnert, daß man reelle Zahlen wie z.B. $\pi = 3.14159...$ durch rationale Zahlen 3.14, 3.141, 3.1415, 3.14159 usw. beliebig genau approximieren kann. Mit rationalen Exponenten kann man rechnen und es gelten die bekannten Regeln. Die Folge der Potenzen $2^{3.14}$, $2^{3.141}$, $2^{3.145}$ usw. approximiert die gesuchte Potenz 2^{π} immer besser, je näher der rationale Exponent dem Exponenten π kommt. Im Grenzfall strebt die Folge gegen die Potenz 2^{π}. Man kann zeigen, daß alle bisherigen Potenzrechenregeln auch für Potenzen mit beliebigen reellen Zahlen als Exponenten gelten. Solche Potenzen sind numerisch entweder mit Hilfe von Logarithmen oder mit dem Taschenrechner berechenbar, vorausgesetzt die verfügbare Stellenanzahl des Rechners reicht aus.

Beispiele:

1. $2^{\pi} \approx 2^{3.14159} \approx 8.825$

2. $3^{e} \cdot \sqrt{3} = 3^{e+1/2} \approx 3^{3.21828} \approx 34.317$

3. $(4^{\sqrt{2}})^{\sqrt{3}} = 4^{\sqrt{6}} \approx 4^{2.4495} \approx 29.836$

1.8.4   Logarithmen, Logarithmensysteme

Durch die Einführung der Wurzel hat man eine Möglichkeit zur Umkehrung des Potenzierens. Eine andere Umkehrungsmöglichkeit ist das Logarithmieren. Zur gegebenen Basis a und gegebenem Potenzwert b soll ein Exponent x gesucht werden, so daß gilt $a^x = b$. Der Exponent x wird als **Logarithmus** von b zur Basis a bezeichnet. b heißt auch **Numerus**. Unter der Voraussetzung, daß $a > 0$, $a \neq 1$ und $b > 0$ schreibt man:

$$x = {}^a\log b \tag{1.78}$$

Der Logarithmus einer Zahl b ist also der Exponent, mit dem man a potenzieren muß, um b zu erhalten.

Beispiel:

$$
\begin{aligned}
x &= {}^{10}\log 100 &\Leftrightarrow&& 10^x &= 100 && x = 2 \\
x &= {}^{10}\log 10 &\Leftrightarrow&& 10^x &= 10 && x = 1 \\
x &= {}^{10}\log 0.01 &\Leftrightarrow&& 10^x &= \frac{1}{100} && x = -2 \\
x &= {}^{2}\log 0.25 &\Leftrightarrow&& 2^x &= 0.25 && x = -2 \\
x &= {}^{9}\log 3 &\Leftrightarrow&& 9^x &= 3 && x = \frac{1}{2} \\
x &= {}^{\frac{2}{3}}\log \frac{27}{8} &\Leftrightarrow&& \left(\frac{2}{3}\right)^x &= \frac{27}{8} && x = -3
\end{aligned}
$$

Für jede Basis a ist der Logarithmus der Basis immer gleich Eins:

$$^a\log a = 1 \tag{1.79}$$

Der Logarithmus von 1 ist für jede Basis gleich Null:

$$^a\log 1 = 0 \tag{1.80}$$

Alle auf eine bestimmte Basis bezogenen Logarithmen bilden das **Logarithmensystem** dieser Basis. Es gibt unendlich viele Systeme, da unendlich viele Zahlen als Basis verwendet werden können. Die Zahl 1 eignet sich nicht, da alle Potenzen gleich 1 sind. Die Zahl 0 ist ebenfalls unbrauchbar. Bei negativen Basen kann man nicht für jede Zahl einen Logarithmus finden. Die Logarithmen der Basis 10 (**dekadische** oder **Briggsche Logarithmen** genannt) sind besonders praktisch. Sie werden ohne ausdrückliche Basisangabe mit lg oder log bezeichnet. Für allgemeine Untersuchungen besonders in der Differential-

und Integralrechnung empfiehlt sich als Basis die Zahl e $\approx$ 2.71828. Die Logarithmen dieses Systems werden also **natürliche Logarithmen** bezeichnet und gewöhnlich mit ln abgekürzt.

Beispiel:

Einige einfache dekadische Logarithmen:

lg 10 = 1   lg 100 = 2   lg 1000 = 3
lg 0.1 = −1   lg 0.01 = −2   lg 0.001 = −3

Rechenregeln für Logarithmen

Wenn $b_1 = a^{x_1}$ und $b_2 = a^{x_2}$, dann gilt:

$$b_1 \cdot b_2 = a^{x_1} \cdot a^{x_2} = a^{x_1 + x_2} = a^{{}^a\log b_1 + {}^a\log b_2}$$

$$\frac{b_1}{b_2} = \frac{a^{x_1}}{a^{x_2}} = a^{x_1 - x_2} = a^{{}^a\log b_1 - {}^a\log b_2}$$

Daraus folgt:

$$^a\log(b_1 \cdot b_2) = {}^a\log b_1 + {}^a\log b_2 \tag{1.81}$$

$$^a\log \frac{b_1}{b_2} = {}^a\log b_1 - {}^a\log b_2 \tag{1.82}$$

Wenn $b = a^x$, dann gilt:

$$b^n = (a^x)^n = \left(a^{{}^a\log b}\right)^n = a^{n \cdot {}^a\log b}$$

$$\sqrt[n]{b} = \sqrt[n]{a^x} = \sqrt[n]{a^{{}^a\log b}} = \left(a^{{}^a\log b}\right)^{\frac{1}{n}} = a^{\frac{1}{n} \cdot {}^a\log b}$$

Daraus folgt:

$$^a\log b^n = n \cdot {}^a\log b \tag{1.83}$$

$$^a\log \sqrt[n]{b} = \frac{1}{n} \cdot {}^a\log b \tag{1.84}$$

Mit diesen Rechenregeln kann man die Multiplikation bzw. Division von Zahlen auf die Addition bzw. Subtraktion der Logarithmen dieser Zahlen zurückführen. Entsprechend läßt sich das Potenzieren bzw. Radizieren auf die Multiplikation $n \cdot {}^a\log b$ bzw. Division $\frac{1}{n} \cdot {}^a\log b$ zurückführen. Nach der Berechnung des Logarithmus auf der rechten Seite, muß man selbstverständlich wieder den dazugehörigen Numerus aufsuchen.

Früher, als man Rechenhilfsmittel wie beispielsweise einen Rechenschieber benutzte, hatte man das Gesetz $\lg b_1 + \lg b_2 = \lg(b_1 \cdot b_2)$ angewandt, indem man mit b_1 bzw. b_2 markierte Strecken der Länge $\lg b_1$ und $\lg b_2$ addierte, um die mit $b_1 \cdot b_2$ markierte Strecke der Länge $\lg(b_1 \cdot b_2)$ zu erhalten. Selbst wenn diese Anwendung des Logarithmus durch die Verbreitung leistungsfähiger Taschenrechner überflüssig erscheint, gibt es Fälle, in denen man auf den Umgang mit Logarithmen nicht verzichten kann, insbesondere bei der Auflösung von Exponentialgleichungen.

1.8.5   Umrechnung von Potenzen und Logarithmen

Häufig ist es zweckmäßig, einen Ausdruck der Form a^x auf eine andere Basis b umzurechnen. Es stellt sich also folgendes Problem: Wie groß muß k sein, damit $a^x = b^{k \cdot x}$?

Logarithmiert man beide Seiten mit $^b\!\log$, so gilt:

$$^b\!\log a^x = {}^b\!\log b^{k \cdot x} \Rightarrow x \cdot {}^b\!\log a = k \cdot x \cdot \underbrace{{}^b\!\log b}_{1} \Rightarrow k = {}^b\!\log a$$

Logarithmiert man beide Seiten mit $^a\!\log$, so gilt:

$$^a\!\log a^x = {}^a\!\log b^{k \cdot x} \Rightarrow x \cdot \underbrace{{}^a\!\log a}_{1} = k \cdot x \cdot {}^a\!\log b \Rightarrow 1 = k \cdot {}^a\!\log b \Rightarrow k = \frac{1}{{}^a\!\log b}$$

Daraus folgt:

$$a^x = b^{{}^b\!\log a \cdot x} = b^{\frac{1}{{}^a\!\log b} \cdot x} \tag{1.85}$$

Es ist also:

$$^b\!\log a = \frac{1}{{}^a\!\log b} \qquad \text{bzw.} \qquad {}^b\!\log a \cdot {}^a\!\log b = 1 \tag{1.86}$$

Wie kann man Logarithmen von einem System in ein anderes Logarithmensystem umrechnen? Es sei $x = {}^a\!\log c$ gegeben und gesucht ist der Logarithmus von c zur Basis b, also $y = {}^b\!\log c = ?$ Es muß dann gelten: $a^x = b^y = c$.

Man logarithmiert die ganze letzte Gleichung in Bezug auf die Basis a:

$$x \cdot \underbrace{{}^a\!\log a}_{1} = y \cdot {}^a\!\log b \Rightarrow y = \frac{x}{{}^a\!\log b} = \frac{{}^a\!\log c}{{}^a\!\log b}, \text{ also:}$$

$$^b\!\log c = \frac{{}^a\!\log c}{{}^a\!\log b} \tag{1.87}$$

Setzt man $a = 10$ und $b = $ e, so erhält man die Umrechnungsformel zwischen dekadischen und natürlichen Logarithmen:

$$\ln c = 2.3025... \cdot \lg c$$
$$\lg c = 0.4342... \cdot \ln c \qquad\qquad (1.88)$$

Beispiele:

1. *Man rechne 3^x auf die Basis 10 um.*

$$3^x = 10^{kx} \Rightarrow x \lg 3 = kx \lg 10 \Rightarrow k = \lg 3$$
$$3^x = 10^{\lg 3 \cdot x} \approx 10^{0.48 \cdot x}$$

2. *Man rechne 2^{2x} auf die Basis e um.*

$$2^{2x} = e^{kx} \Rightarrow 2x \ln 2 = kx \ln e \Rightarrow k = 2 \ln 2$$
$$2^{2x} = e^{2 \ln 2 \cdot x} \approx e^{1.39 \cdot x}$$

3. *Für die Basen e und 10 gelten folgende Beziehungen:*

$$e^x = 10^{\lg e \cdot x} = 10^{(1/\ln 10) \cdot x}$$

Somit ist $\lg e = \dfrac{1}{\ln 10}$.

4. *Man löse die Gleichung $5^x = 1000$ nach x auf.*

$$x = {}^5\log 1000 = \frac{\lg 1000}{\lg 5} \approx 4.292$$

5. *Man rechne $x = 2^{400}$ in eine Dezimalzahl um:*

$$\lg x = 400 \cdot \lg 2 \approx 400 \cdot 0.30103 = 120.412 \Rightarrow x \approx 2.582 \cdot 10^{120}$$

Dieses Beispiel läßt sich mit dem Taschenrechner meist nicht mehr lösen, weil der Exponent in der Regel nur zwei Stellen hat und die Anzeige des Rechners also "überläuft" bzw. eine Fehlermeldung bringt.

Aufgaben

1. a) Ein Quadrat hat die Seitenlänge 100 mm. Man berechne die Fläche in mm^2, cm^2 und m^2.

   b) Ein zylinderförmiges Faß Bier hat einen Grundflächenradius von 0.2 m und eine Höhe von 0.8 m. Wieviele Maß Bier kann man von diesem Faß einschenken, wenn die Maß nur zu 80% gefüllt wird?

   c) Welchen Radius hat eine Kugel mit dem Volumen 0.5 m³?

2. a) Wie groß ist die Gravitationskraft zwischen Erde und Mond? Die Gravitationskraft läßt sich nach folgender Gleichung berechnen:

$$F = \gamma \cdot \frac{m_E \cdot m_M}{r^2}$$

Gravitationskonstante $\gamma = 6.67 \cdot 10^{-11} \; \frac{m^3}{kg\, s^2}$, Erdmasse $m_E = 5.98 \cdot 10^{24}$ kg, Mondmasse $m_M = 7.33 \cdot 10^{22}$ kg, mittlere Entfernung $r = 3.84 \cdot 10^5$ km.

b) Die Geschwindigkeit in Bewegungsrichtung eines Körpers beim waagrechten Wurf berechnet sich nach folgender Gleichung:

$$v = \sqrt{v_0^2 + (g \cdot t)^2}$$

$$v_0 = 30 \frac{km}{h}, \; g = 9.81 \frac{m}{s^2}.$$

Wie groß ist die Geschwindigkeit des Körpers 5 s nach dem Abwurf?

3. Wie lauten 0.000000000838, 30005000000 und 1.0000000001 in Gleitpunktdarstellung? Schätzen Sie ungefähr den Wert der dekadischen Logarithmen dieser Zahlen, ohne einen Taschenrechner zu benutzen.

4. Man rechne $y = 10^{3x}$ auf die Basen e, 2, 1000 und 100 um.

5. Im atmosphärischen CO_2 kommt in einem konstanten Verhältnis das radioaktive Kohlenstoffisotop C_6^{14} vor. In diesem Verhältnis wird es auch in lebendes biologisches Gewebe eingebaut. Nach dem Absterben des Gewebes wird der Anteil an C_6^{14} durch radioaktiven Zerfall geringer. Die Aktivität nimmt exponentiell ab nach der Gleichung:

$$A = A_0 \cdot e^{-0.000124a^{-1} \cdot t}$$

Wie groß ist die Halbwertszeit des radioaktiven Isotops C_6^{14}? Wie alt ist ein Gewebe, dessen Aktivität noch 10% der ursprünglichen Aktivität beträgt?

6. Essigsäure dissoziiert in wässriger Lösung in das Acetatanion und ein Proton:

$$H_3C - COOH \rightleftharpoons H_3C - COO^- + H^+$$

Nach dem **Massenwirkungsgesetz** ist das Produkt der Konzentrationen der rechten Seite dividiert durch die Produkte der Konzentrationen der linken Seite im Gleichgewicht konstant:

$$\frac{[H_3C - COO^-][H^+]}{[H_3C - COOH]} = K_S$$

Da aus einem Teilchen Essigsäure jeweils ein Acetatanion und ein Proton entsteht, gilt:

$$[H_3C - COO^-] = [H^+]$$

Essigsäure ist eine schwache Säure, die in wässriger Lösung kaum dissoziiert, d.h. die Konzentration der undissoziierten Säure in der Lösung ist ungefähr gleich der Säurezugabe c_S:

$$[H_3C - COOH] \approx c_S$$

Der pK_S-Wert ist der negative dekadische Logarithmus der Gleichgewichts-konstanten K_S. Für Essigsäure ist $pK_S = 4.85$.

Der pH-Wert ist der negative dekadische Logarithmus der Konzentration der H^+-Ionen.

Pufferlösungen enthalten neben der Säure zusätzlich Salze dieser Säure. Bei Zugabe von Säuren erfolgt deshalb eine vergleichsweise geringe pH-Änderung. Da in wässriger Lösung das Salz praktisch vollständig disso-ziiert, entspricht im Puffer die Konzentration des Anions annähernd der Konzentration des betreffenden Salzes. Die Anionen von der Säure können vernachlässigt werden:

$$[H_3C - COO^-] \approx c_{Salz}$$

a) Berechnen Sie den pH-Wert einer Essigsäurelösung in Abhängigkeit von der Säurezugabe c_S.

b) Welchen pH-Wert hat eine 0.001-molare Essigsäure?

c) Berechnen Sie den pH-Wert eines Essigsäure/Acetatpuffers in Abhäng-igkeit der Säure- und Salzkonzentration.

d) In welchem pH-Bereich puffert eine jeweils 10^{-3}-molare Essigsäure/Ace-tat-Lösung?

Lösungen

1. a) $F = (100 \text{ mm})^2 = (10^2)^2 \text{ mm}^2 = 10^4 \text{ mm}^2 = 10^4(10^{-1} \text{ cm})^2 = 10^4 \cdot 10^{-2} \text{ cm}^2 = 10^2 \text{ cm}^2 = 10^2(10^{-2} \text{ m})^2 = 10^2 \cdot 10^{-4} \text{ m}^2 = 10^{-2} \text{ m}^2$

   b) $V = (0.2 \text{ m})^2 \cdot \pi \cdot 0.8 \text{ m} = 0.04 \, \pi \text{ m}^2 \cdot 0.8 \text{ m} = 0.10053 \text{ m}^3 \approx 0.1 \text{ m}^3$

   $1 \, l = 1 \text{ dm}^3$, also $V = 0.1 \, (10 \text{ dm})^3 = 10^{-1} \cdot 10^3 \text{ dm}^3 = 10^2 \text{ dm}^3 = 100 \, l$

   Es können $\dfrac{100}{0.8} = 125$ Maß Bier eingeschenkt werden.

   c) $V = \dfrac{4}{3} r^3 \pi \Rightarrow r = \sqrt[3]{\dfrac{3V}{4\pi}} = \left(\dfrac{3V}{4\pi}\right)^{1/3} = \left(\dfrac{3 \cdot 0.5 \text{ m}^3}{4\pi}\right)^{1/3} \approx$

   $\approx (0.12 \text{ m}^3)^{1/3} \approx 0.49 \text{ m}$

2. a) $F = 6.67 \cdot 10^{-11} \, \dfrac{\text{m}^3}{\text{kg s}^2} \cdot \dfrac{5.98 \cdot 10^{24} \text{ kg} \cdot 7.33 \cdot 10^{22} \text{ kg}}{(3.84 \cdot 10^8 \text{ m})^2} \approx$

   $\approx 6.67 \cdot 10^{-11} \, \dfrac{\text{m}^3}{\text{kg s}^2} \cdot \dfrac{5.98 \cdot 10^{24} \text{ kg} \cdot 7.33 \cdot 10^{22} \text{ kg}}{14.75 \cdot 10^{16} \text{ m}^2} \approx$

   $\approx 19.82 \cdot 10^{-11+24+22-16} \, \dfrac{\text{kg m}}{\text{s}^2} =$

   $= 19.82 \cdot 10^{19} \, \dfrac{\text{kg m}}{\text{s}^2} \approx 2 \cdot 10^{20} \text{ N}$

b) $v = \sqrt{\left(30\ \frac{\mathrm{km}}{\mathrm{h}}\right)^2 + \left(9.81\ \frac{\mathrm{m}}{\mathrm{s}^2}\cdot 5\ \mathrm{s}\right)^2} =$

$= \sqrt{30^2\ \frac{(10^3\ \mathrm{m})^2}{(3600\ \mathrm{s})^2} + 9.81^2\ \frac{\mathrm{m}^2}{\mathrm{s}^4}\cdot 25\ \mathrm{s}^2} \approx$

$\approx \sqrt{0.69\cdot 10^2\ \frac{\mathrm{m}^2}{\mathrm{s}^2} + 96.24\cdot 25\ \frac{\mathrm{m}^2}{\mathrm{s}^2}} \approx$

$\approx \sqrt{0.69\cdot 10^2\ \frac{\mathrm{m}^2}{\mathrm{s}^2} + 24.06\cdot 10^2\ \frac{\mathrm{m}^2}{\mathrm{s}^2}} =$

$= \sqrt{24.75\cdot 10^2\ \frac{\mathrm{m}^2}{\mathrm{s}^2}} \approx$

$\approx 4.97\cdot 10^1\ \frac{\mathrm{m}}{\mathrm{s}} \approx 50\ \frac{\mathrm{m}}{\mathrm{s}}$

3. $8.38\cdot 10^{-10}$, $3.0005\cdot 10^{10}$, 1.0000000001.

Zwischen -10 und -9, zwischen 10 und 11, ziemlich genau 0.

4. $10^{3x} = e^{k\cdot x} \Rightarrow 3x\ln 10 = k\cdot x\underbrace{\ln e}_{1} \Rightarrow k = 3\ln 10$

$10^{3x} = e^{3\ln 10\cdot x} \approx e^{6.9\cdot x}$

$10^{3x} = 2^{c\cdot x} \Rightarrow 3x\underbrace{\lg 10}_{1} = c\cdot x\lg 2 \Rightarrow 3 = c\cdot\lg 2 \Rightarrow c = \frac{3}{\lg 2}$

$10^{3x} = 2^{\frac{3}{\lg 2}\cdot x} \approx 2^{10x}$

$10^{3x} = (10^3)^x = 1000^x$

$10^{3x} = (10^2)^{1.5x} = 100^{1.5x}$

5. Die Aktivität ist nach der Halbwertszeit t_H nur noch halb so groß:

$\frac{A_0}{2} = A_0\cdot e^{-1.24\cdot 10^{-4}\ \mathrm{a}^{-1}\cdot t_H}$

$\frac{1}{2} = e^{-1.24\cdot 10^{-4}\ \mathrm{a}^{-1}\cdot t_H}$

$\underbrace{\ln 1}_{0} - \ln 2 = -1.24\cdot 10^{-4}\ \mathrm{a}^{-1}\cdot t_H$

$t_H = \frac{\ln 2}{1.24}\cdot 10^4\ \mathrm{a} \approx 5590\ \mathrm{a}$

Gesucht ist die Zeit t, nach der die Aktivität $0.1\cdot A_0$ ist:

$0.1\cdot A_0 = A_0\cdot e^{-1.24\cdot 10^{-4}\ \mathrm{a}^{-1}\cdot t}$

$0.1 = e^{-1.24\cdot 10^{-4}\ \mathrm{a}^{-1}\cdot t}$

$\ln 0.1 = -1.24\cdot 10^{-4}\ \mathrm{a}^{-1}\cdot t$

$t = \frac{\ln 0.1}{-1.24}\cdot 10^4\ \mathrm{a} \approx 18570\ \mathrm{a}$

6. a) $\dfrac{[H^+]^2}{c_S} = K_S \Rightarrow [H^+]^2 = K_S \cdot c_S \Rightarrow 2\lg[H^+] = \lg K_S + \lg c_S \Rightarrow$

$-\lg[H^+] = \dfrac{1}{2}(-\lg K_S - \lg c_S) \Rightarrow pH = \dfrac{1}{2}(pK_S - \lg c_S)$

b) Man braucht die Konzentration 0.001 mol/l nur in die Formel einzu-
setzen und erhält den gesuchten *pH*. Eine andere Möglichkeit ist die
Auflösung des Massenwirkungsgesetzes nach $[H^+]$:

$[H^+]^2 = K_S \cdot c_S = 10^{-4.85} \cdot 10^{-3} = 10^{-7.85}$

$[H^+] = (10^{-7.85})^{1/2} = 10^{-3.93}$

Man nimmt nun auf beiden Seiten den negativen dekadischen Logarithmus:

$pH = -\lg[H^+] = -\lg 10^{-3.93} = 3.93 \approx 4$

c) $\dfrac{c_{Salz} \cdot [H^+]}{c_S} = K_S \Rightarrow [H^+] = K_S \cdot \dfrac{c_S}{c_{Salz}}$

Von beiden Seiten der negative lg:

$pH = pK_S + \lg \dfrac{c_{Salz}}{c_S}$

d) Eine äquimolare Säure/Salz-Lösung puffert beim pK_S:

$pH = pK_S + \underbrace{\lg 1}_{0} = pK_S = 4.85$

1.9 Die komplexen Zahlen

Die durch wiederholte Erweiterung des Systems der natürlichen Zahlen erhaltenen reellen Zahlen erfüllen dieselben Rechengesetze wie die zuvor betrachteten Zahlensysteme, die als Teilmengen darin enthalten sind. Insbesondere gelten auch die Vorzeichenregeln. Demnach kann das Quadrat einer reellen Zahl niemals negativ sein. Es kann daher keine reelle Zahl x geben, so daß z.B. $x^2 = -1$, also $x^2 + 1 = 0$ ist. Dasselbe gilt allgemeiner für eine quadratische Gleichung $ax^2 + 2bx + c = 0$ $(a \neq 0)$, falls $b^2 - ac < 0$ ist, wie man durch Umformung der linken Seite der Gleichung mittels **quadratischer Ergänzung**
$ax^2 + 2bx + c = a \left(x + \dfrac{b}{a} \right)^2 - \dfrac{b^2 - ac}{a}$ unmittelbar erkennt. Es lassen sich also mit den bisher eingeführten Rechenoperationen Aufgaben formulieren, die im Bereich der reellen Zahlen nicht lösbar sind. In diesem Sinne ist dieses Zahlensystem noch "unvollständig". Es ist daher naheliegend, das System der reellen Zahlen nochmals zu erweitern, sodaß in dem erweiterten Zahlensystem jede quadratische Gleichung lösbar ist, und zudem die reellen Zahlen darin als Teilmenge enthalten sind. Dadurch ist die Art der Erweiterung festgelegt, denn man wird versuchen, sie so vorzunehmen, daß man in dem erweiterten Zahlensystem nach denselben Gesetzen rechnen kann, wie im System der reellen Zahlen.

1.9.1 Definition und Rechenregeln der komplexen Zahlen

Die Gleichung $x^2 + 1 = 0$ habe im erweiterten System zwei Lösungen, die man mit $\pm$i bezeichnet. Es gilt also:

$$\mathrm{i}^2 = -1 \tag{1.89}$$

Mit Hilfe des Symbols i, es wird auch **imaginäre Einheit** genannt, lassen sich die komplexen Zahlen erklären:

Es sei (a, b) ein Paar reeller Zahlen a und b. Damit wird die **komplexe Zahl** z definiert als:

$$z = a + \mathrm{i}b \tag{1.90}$$

a heißt **Realteil** von z, b **Imaginärteil** von z, i.Z.: $a = \mathrm{Re}(z)$, $b = \mathrm{Im}(z)$

Als die zu z **konjugiert komplexe Zahl** bezeichnet man die komplexe Zahl:

$$\overline{z} = a - \mathrm{i}b \tag{1.91}$$

Komplexe Zahlen mit verschwindendem Imaginärteil sind reelle Zahlen, solche mit verschwindendem Realteil heißen **reinimaginär**. Für komplexe Zahlen gelten dieselben Rechengesetze wie für reelle Zahlen (ausgenommen die Gesetze über Ungleichungen). Man kann also mit komplexen Zahlen $a + ib$, $(a, b$ reell) so rechnen, als wäre i eine reelle Zahl, wenn man dabei $i^2 = -1$ berücksichtigt, d.h.:

$$z_1 \pm z_2 = (a_1 \pm a_2) + i(b_1 \pm b_2) \tag{1.92}$$

$$z_1 \cdot z_2 = (a_1 + ib_1)(a_2 + ib_2) = (a_1 a_2 - b_1 b_2) + i(a_1 b_2 + b_1 a_2) \tag{1.93}$$

$$\frac{z_1}{z_2} = \frac{a_1 + ib_1}{a_2 + ib_2} = \frac{(a_1 + ib_1)(a_2 - ib_2)}{(a_2 + ib_2)(a_2 - ib_2)} =$$
$$= \frac{(a_1 a_2 + b_1 b_2) + i(b_1 a_2 - a_1 b_2)}{a_2^2 + b_2^2} \quad \text{(für } (a_2, b_2) \neq (0,0)) \tag{1.94}$$

1.9.2   Geometrische Veranschaulichung komplexer Zahlen

Da komplexe Zahlen Paare reeller Zahlen sind, braucht man zu ihrer geometrischen Veranschaulichung zwei Zahlengeraden, eine für den Realteil und eine für den Imaginärteil. Man wählt beide als die Achsen eines rechtwinkligen Koordinatensystems, sodaß die beiden Nullpunkte zusammenfallen und stellt eine komplexe Zahl $z = x + iy$ durch einen Punkt z dieser Ebene mit den Koordinaten x, y dar. Man bezeichnet diese Ebene als die **Gaußsche Zahlenebene** (Bild 1.7). Jeder komplexen Zahl entspricht dann genau ein Punkt der Zahlenebene und umgekehrt. Während man beim Durchlaufen einer Geraden von zwei Punkten sagen kann, welcher beim Durchlauf "vor" dem anderen kommt, ist das für zwei Punkte einer Ebene nicht möglich. Aus diesem Grunde gibt es zwischen komplexen Zahlen keine Ungleichungen. In jeder Ungleichung können also immer nur reelle Zahlen vorkommen.

Ein Punkt $z = x + iy$ der Zahlenebene hat vom Nullpunkt den Abstand $|z| = \sqrt{x^2 + y^2}$. $|z|$ heißt **Absolutbetrag** oder einfach Betrag der komplexen Zahl z. Der Betrag einer komplexen Zahl ist also selbst eine nicht negative reelle Zahl.

Es gelten folgende Rechenregeln, die sich aus der Definition ergeben:

$$|z| = |-z| \tag{1.95}$$

$$|z| = |\overline{z}| \tag{1.96}$$

$$z \cdot \overline{z} = |z^2| \tag{1.97}$$

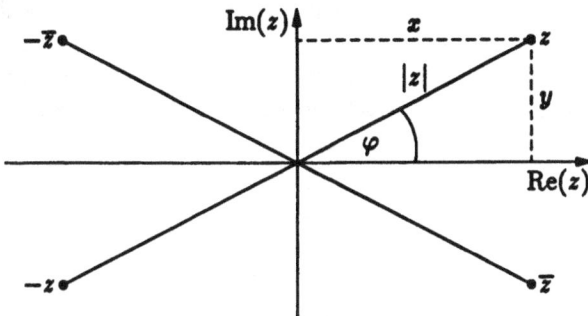

Bild 1.7: Veranschaulichung komplexer Zahlen

$$|z_1 \cdot z_2| = |z_1| \cdot |z_2| \qquad\qquad (1.98)$$

$$\left|\frac{z_1}{z_2}\right| = \frac{|z_1|}{|z_2|} \qquad\qquad (1.99)$$

$$\big||z_1| - |z_2|\big| \leq |z_1 + z_2| \leq |z_1| + |z_2| \quad \text{(Dreiecksungleichung)} \qquad (1.100)$$

Stellt man eine komplexe Zahl in der Zahlenebene dar, so kann man auch den Winkel φ zwischen reeller x-Achse und der Verbindungsstrecke $0z$ betrachten. Man nennt diesen Winkel den **Arcus** der komplexen Zahl z und schreibt:

$$\text{arc } z = \varphi \qquad\qquad (1.101)$$

Für die positiven reellen Zahlen ist $\varphi = 0$, für die negativen $\varphi = 180°$. Für die reinimaginären Zahlen ist $\varphi = \pm 90°$ unter Ausschluß des Nullpunkts. Für $z = 0$ ist $|z| = 0$ und φ unbestimmt. Falls $z \neq 0$, so ist $|z| > 0$ und $\varphi = \text{arc } z$ nur bis auf Vielfache von $360°$ bestimmt. Durch Angabe von $r = |z|$ und $\varphi = \text{arc } z$, den sog. **Polarkoordinaten**, läßt sich jede komplexe Zahl ($\neq 0$) eindeutig festlegen. Man erhält damit für komplexe Zahlen die beiden Darstellungen

$$z = x + \mathrm{i}y = r(\cos\varphi + \mathrm{i}\sin\varphi) \qquad\qquad (1.102)$$

Beispiele:

1. $|\mathrm{i}| = 1$, $|1 + \mathrm{i}| = \sqrt{2}$, $|\cos\varphi + \mathrm{i}\sin\varphi| = 1$
2. $1 + \mathrm{i} = \sqrt{2}(\cos 45° + \mathrm{i}\sin 45°)$
3. $-\sqrt{3} - \mathrm{i} = 2(\cos 210° + \mathrm{i}\sin 210°)$

Die Addition zweier komplexer Zahlen $z_1 = a_1 + ib_1$, $z_2 = a_2 + ib_2$ liefert die komplexe Zahl $z_1 + z_2 = a_1 + a_2 + i(b_1 + b_2)$. Faßt man eine komplexe Zahl $z = x + iy$ als einen Vektor in der Ebene mit den Koordinaten x und y auf, so ist die Addition $z_1 + z_2$ geometrisch die Addition der Vektoren z_1 und z_2 (vgl. Bild 1.8).

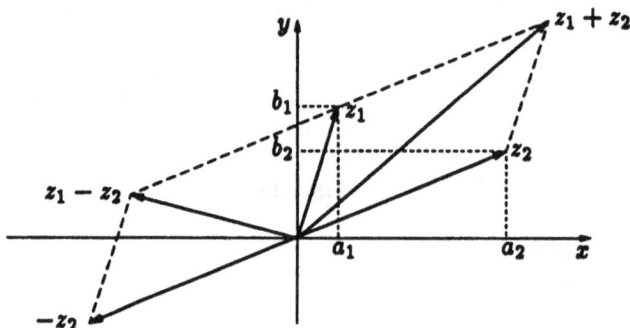

Bild 1.8: Addition und Subtraktion komplexer Zahlen

Die Zahl $z_1 + z_2$ erhält man, indem man den entsprechenden Summenvektor nach der Parallelogrammregel konstruiert. Die Subtraktion $z_1 - z_2$ ist die Addition der Vektoren z_1 und $-z_2$.

Die Multiplikation der komplexen Zahlen $z_1 = r_1(\cos\varphi_1 + i\sin\varphi_1)$ und $z_2 = r_2(\cos\varphi_2 + i\sin\varphi_2)$ liefert in Polarkoordinaten:

$$z_1 \cdot z_2 = r_1 r_2(\cos(\varphi_1 + \varphi_2) + i\sin(\varphi_1 + \varphi_2)) \tag{1.103}$$

Man erhält dieses Ergebnis durch Ausmultiplizieren unter Berücksichtigung der Additionstheoreme für die Winkelfunktionen sin und cos:

$$\begin{aligned} \cos\varphi_1 \cdot \cos\varphi_2 \mp \sin\varphi_1 \cdot \sin\varphi_2 &= \cos(\varphi_1 \pm \varphi_2) \\ \sin\varphi_1 \cdot \cos\varphi_2 \pm \sin\varphi_2 \cdot \cos\varphi_1 &= \sin(\varphi_1 \pm \varphi_2) \end{aligned} \tag{1.104}$$

In der Praxis, besonders in der Elektrotechnik, verwendet man komplexe Zahlen, um zwei reelle Größen oder reelle Funktionen übersichtlich in einer Größe darzustellen. Zwei entsprechende Gleichungen zwischen je zwei reellen Größen faßt man dabei zu einer Gleichung zwischen zwei komplexen Größen zusammen. Eine Gleichung zwischen zwei komplexen Zahlen ist also äquivalent zu zwei Gleichungen zwischen zwei reellen Zahlen. Es sei bereits hier erwähnt, dass man komplexe Zahlen z mit Hilfe der Exponentialfunktion in einer anderen Form darstellen kann, in der sog. Exponentialform. Es gilt (vgl. Mathematik 2 für Nichtmathematiker, Kap. 10.3 – Beispiel 4: „Eulersche Formel"):

$$e^{ix} = \cos x + i \cdot \sin x \quad bzw.$$

$$r \cdot e^{ix} = r \cdot (\cos x + i \cdot \sin x) = a + ib = z$$

Der absolute Betrag $|z|$ von z läßt sich in der Exponentialform unmittelbar als r ablesen, der Arcus oder das Argument von z als x.

Aufgaben

1. Man ermittle den Absolutbetrag und Arcus der komplexen Zahlen
   $$(1 + 2i)(1 - i) \text{ und } \frac{1 + 2i}{1 - i}$$
   und zerlege sie in Real- und Imaginärteil.

2. Man berechne die Lösungen der Gleichungen
   a) $7z^2 - 4z + 3 = 0$
   b) $7z^2 - 4iz + 3 = 0$

Lösungen

1. $z_1 = (1 + 2i)(1 - i) = 1 - i + 2i + 2 = 3 + i$

   $|z_1| = |3 + i| = \sqrt{9 + 1} = \sqrt{10}$

   $\text{arc } z_1 = \arctan \dfrac{1}{3} \approx 18°26'6''$

   $z_2 = \dfrac{1 + 2i}{1 - i} = \dfrac{(1 + 2i)(1 + i)}{(1 - i)(1 + i)} = -\dfrac{1}{2} + \dfrac{3i}{2}$

   $|z_2| = \left| -\dfrac{1}{2} + \dfrac{3i}{2} \right| = \sqrt{\dfrac{1}{4} + \dfrac{9}{4}} = \dfrac{\sqrt{10}}{2}$

   $\text{arc } z_2 = 180° - \text{actan } 3 = 180° - 71°33'54'' \approx 108°26'6''$

2. a) $z = \dfrac{4 \pm \sqrt{16 - 84}}{14}$, $z_1 = \dfrac{2}{7} + i\dfrac{\sqrt{17}}{7}$, $z_2 = \dfrac{2}{7} - i\dfrac{\sqrt{17}}{7}$

   b) $z = \dfrac{4i \pm \sqrt{-16 - 84}}{14}$, $z_1 = i$, $z_2 = \dfrac{3i}{7}$

1.10   Darstellung von Zahlen in Rechnern

Beim numerischen Rechnen mit der Hand und bei Taschenrechnern wird das
geläufige **Dezimalsystem** (Zahlenbasis 10) verwendet. Programmierbare Re-
chenautomaten arbeiten meistens im **Dualsystem** (Zahlenbasis 2), weil für die
Realisierung der beiden Ziffern 0 und 1 nur zwei technische Zustände benötigt
werden und die Arithmetik mit Dualzahlen besonders einfach ist.

Bei Computern steht für die interne Darstellung einer Zahl nur eine feste
Anzahl n (**Wortlänge**) von Dezimal- bzw. Dualstellen zur Verfügung. Die
Wortlänge von n Stellen kann auf verschiedene Weise zur Darstellung einer
Zahl benutzt werden. Man unterscheidet (unabhängig vom verwendeten Zah-
lensystem) **Festpunkt-** und **Gleitpunktzahlen**.

1.10.1   Festpunktdarstellung

Bei der **Festpunktdarstellung** sind zusätzlich zur Wortlänge n auch die
Zahlen n_1 und n_2 der Stellen vor bzw. nach dem Dezimalpunkt (oder Du-
alpunkt) festgelegt. Es ist $n = n_1 + n_2$ (häufig $n_1 = 0$ oder $n_1 = n$). Damit
ist natürlich der Bereich der Zahlen, die dargestellt werden können, aufgrund
der Wortlänge n begrenzt. Mit $n = 6$ erfaßt man beispielsweise die Bereiche
$\pm 0.000000 \ldots 0.999999$ ($n_1 = 0$) oder $\pm 000000 \ldots 999999$ ($n_1 = 6$). Bei dieser
Art der Zahldarstellung ist also die Lage des Dezimalpunkts fix. Die allgemeine
Form einer Festpunktzahl lautet somit ($n_1 = 0$):

$$\pm.d_1 d_2 d_3 \ldots d_n \tag{1.105}$$

Die grundsätzliche Problematik des Rechnens mit endlich vielen Stellen sollen
folgende Beispiele zeigen.

Beispiel:

Man berechne $\dfrac{2}{3} \cdot \dfrac{6}{7} \cdot \dfrac{14}{25} = \dfrac{8}{25}$ *mit 3-ziffrigen Festpunktzahlen. Dabei werde
wie üblich gerundet: Abrunden, falls die erste überschüssige Ziffer (($n+1$)-te
Stelle) gleich* $0, 1, 2, 3$ *oder* 4, *ansonsten aufrunden.*

$\dfrac{2}{3}$ *wird ersetzt durch* 0.667, $\dfrac{6}{7}$ *durch* 0.857 *und* $\dfrac{14}{25}$ *durch* 0.560.

a) $\dfrac{2}{3} \cdot \dfrac{6}{7} \rightarrow 0.667 \cdot 0.857 \rightarrow 0.572$

$\dfrac{2}{3} \cdot \dfrac{6}{7} \cdot \dfrac{14}{25} \rightarrow 0.572 \cdot 0.560 \rightarrow 0.320$

b) $\dfrac{2}{3}\cdot\dfrac{14}{25} \to 0.667\cdot 0.560 \to 0.374$

$\dfrac{2}{3}\cdot\dfrac{14}{25}\cdot\dfrac{6}{7} \to 0.374\cdot 0.857 \to 0.321$

Die Assoziativgesetze müssen also beim numerischen Rechnen nicht unbedingt gültig sein!

Beispiel:

$a=\dfrac{1}{8}$, $b=\dfrac{2}{3}$ in 3-ziffriger Festpunktdarstellung: $a=0.125$, $b=0.667$.

Es ist $\dfrac{a\cdot b}{b}=a$. Maschinenrechnung ergibt:

a) $a\cdot b \to 0.125\cdot 0.667 \to 0.083$

$\dfrac{a\cdot b}{b} \to \dfrac{0.083}{0.667} \to 0.124$

b) $\dfrac{a}{b} \to \dfrac{0.125}{0.667} \to 0.187$

$\dfrac{a}{b}\cdot b \to 0.187\cdot 0.667 \to 0.125$

1.10.2   Gleitpunktdarstellung

Die **Gleitpunktdarstellung** überdeckt einen wesentlich größeren Bereich von Zahlen. Sie ist deshalb besonders in der wissenschaftlichen Anwendung von Bedeutung. Die Lage des Punktes ist nicht für alle Zahlen fest. Man muß sich "merken", an welcher Stelle der Punkt jeweils liegt. Dies geschieht durch die Darstellung einer Zahl z in **Mantissen-Exponenten-Schreibweise**:

$$z = m\cdot B^e, \quad |m|<1, \ B,e\in\mathbb{Z} \tag{1.106}$$

mit **Mantisse** m und **Exponent** e zur **Basis** B.

Beispiel:

30.421 hat die Darstellung $0.30421\cdot 10^2$ oder $0.030421\cdot 10^3$.

Die Gleitpunktdarstellung ist i.a. nicht eindeutig, wie aus dem Beispiel ersichtlich ist. Deswegen legt man fest, daß alle Ziffern vor dem Punkt gleich 0, und die erste Ziffer nach dem Punkt einer Mantisse von 0 verschieden sein soll (außer $m=0$ für die Null). Man nennt eine solche Darstellung **normalisiert**.

In einer Rechenanlage stehen zur Gleitpunktdarstellung einer Zahl nur eine feste Anzahl t bzw. q von Stellen für Mantisse bzw. Exponent zur Verfügung, $n = t + q$. Das bedeutet:

$$m = \pm.d_1 d_2 d_3 \ldots d_t \qquad\qquad\qquad (1.107)$$

Für eine normalisierte Gleitpunktzahl gilt dann:

$$1 \leq d_1 \leq B - 1 \quad \text{und} \quad 0 \leq d_i \leq B - 1 \quad \text{für } i = 2, 3, \ldots, t \qquad (1.108)$$

Beispiel:

$B = 10, t = 3$

$$\underbrace{0.809 \cdot 10^0}_{I} + \underbrace{0.104 \cdot 10^0}_{II} + \underbrace{0.203 \cdot 10^0}_{III} = 1.166$$

a) *Maschinenrechnung ergibt für* $(I + II) + III$:

$$0.809 \cdot 10^0 + 0.104 \cdot 10^0 \quad \rightarrow \quad 0.913 \cdot 10^0$$
$$0.913 \cdot 10^0 + 0.203 \cdot 10^0 \quad \rightarrow \quad 0.112 \cdot 10^1$$

b) *Maschinenrechnung ergibt für* $(I + III) + II$:

$$0.809 \cdot 10^0 + 0.203 \cdot 10^0 \quad \rightarrow \quad 0.101 \cdot 10^1$$
$$0.101 \cdot 10^1 + 0.104 \cdot 10^0 \quad \rightarrow \quad 0.101 \cdot 10^1 + 0.010 \cdot 10^1$$
$$\rightarrow \quad 0.111 \cdot 10^1$$

Im letzten Fall des vorherigen Beispiels muß vor der letzten Addition eine sog. **Exponentenangleichung** erfolgen, um die beiden Mantissen addieren zu können. Die Exponentenangleichung erfolgt sinnvollerweise in Richtung des größeren Exponenten. Eine Folge der Exponentenerhöhung bei einer festen Anzahl von Mantissenstellen (hier $t = 3$) bedeutet natürlich einen Verlust von Ziffern: $0.104 \cdot 10^0 \rightarrow 0.010 \cdot 10^1$

Der Bereich der Exponenten e ist wegen der endlichen Anzahl q zur Verfügung stehender Stellen natürlich beschränkt. Es gibt also Zahlen $a, b \in \mathbb{Z}$ mit $a \leq e \leq b$. Durch die Werte von B und t sowie von a und b wird die Menge M aller in einer Rechenanlage exakt darstellbaren Zahlen festgelegt. Diese ist eine echte Teilmenge der reellen Zahlen. Ihre Elemente heißen **Maschinenzahlen**.

Beispiel:

$B = 2, t = 3, a = -1, b = 2$
Dies ergibt 1 $(m = 0)$ $+ 2 \cdot 2^2$ *verschiedene Mantissenwerte mit 4 verschiedenen Exponenten, also insgesamt 33 Maschinenzahlen, die in Bild 1.9 auf der Zahlengeraden dargestellt sind.*

Bild 1.9: Maschinenzahlen

Man sieht an diesem Beispiel, daß die Maschinenzahlen nicht äquidistant sind. Beim Rechnen mit einem Computer muß jede reelle Zahl durch eine Zahl aus der Menge der Maschinenzahlen approximiert werden, meistens durch die nächstgelegene (gerundete) Zahl aus M. Dies gilt für den "kleinen Computer" im obigen Beispiel genauso wie für große Rechner. Natürlich ist bei großen Computern die Menge M aufgrund eines größeren Exponentenbereichs sehr umfangreich. Auch die Abstände sind geringer, da die Anzahl t der Mantissenstellen größer ist. Es gilt jedoch immer: Maschinenzahlen sind nicht äquidistant.

Liegt der Exponent e einer Zahl x außerhalb des Intervalls $a \leq e \leq b$, dann hat man keine Möglichkeit, x vernünftig darzustellen.

Weitere Probleme beim Rechnen mit endlich vielen Stellen sollen an folgendem Beispiel gezeigt werden.

Beispiel:

Man löse mit einer Gleitpunktarithmetik mit 3 Dezimalstellen folgendes Gleichungssystem:

$$0.0001\, x_1 + 1.00\, x_2 = 1.00 \quad (I)$$
$$1.00\, x_1 + 1.00\, x_2 = 2.00 \quad (II)$$

Die wahre Lösung lautet (auf 5 Dezimalstellen):

$$x_1 = \frac{10000}{9999} = 1.00010, \quad x_2 = \frac{9998}{9999} = 0.99990$$

Eliminiert man zunächst x_1, indem man $(II) - 10000 \cdot (I)$ rechnet, so ergibt sich:

$$0.0001 x_1 + 1.00 x_2 = 1.00$$
$$-10000 x_2 = -10000$$
$$x_2 = 1.00$$
$$x_1 = 0 \quad \textit{(ziemlich falsch!)}$$

Vertauscht man dagegen vorher die Zeilen (I) und (II), so erhält man:

$$1.00 x_1 + 1.00 x_2 = 2.00$$
$$1.00 x_2 = 1.00$$
$$x_2 = 1.00$$
$$x_1 = 1.00 \quad \textit{(ziemlich richtig!)}$$

Die kurz angedeuteten Probleme numerischen Rechnens mit einer fiktiven 3-stelligen Festpunktarithmetik bzw. einer 3-stelligen Gleitpunktarithmetik sind prinzipielle Eigenheiten des "finiten Rechnens" und können natürlich auch bei Rechnern mit wesentlich mehr Stellen auftreten.

Aufgabe

Man berechne jeweils mit 8 Stellen die Abweichungsquadratsumme

$$SQ_x = \sum_{i=1}^{n}(x_i - \overline{x})^2 = \sum_{i=1}^{n} x_i^2 - \frac{1}{n}\left(\sum_{i=1}^{n} x_i\right)^2 \quad \text{mit } \overline{x} = \frac{1}{n}\sum_{i=1}^{n} x_i$$

nach beiden Formeln mit folgenden x_i-Werten und vergleiche die Ergebnisse. Die benötigten Werte sind in der Tabelle mit angeführt. Als Mittelwert $\overline{x}$ ergibt sich 90.0045.

i	x_i	$|x_i - \overline{x}|$	$(x_i - \overline{x})^2$	x_i^2 (8-stellig)
1	90.001	0.0035	$1.225 \cdot 10^{-5}$	8100.1800
2	90.002	0.0025	$0.625 \cdot 10^{-5}$	8100.3600
3	90.003	0.0015	$0.225 \cdot 10^{-5}$	8100.5400
4	90.004	0.0005	$0.025 \cdot 10^{-5}$	8100.7200
5	90.005	0.0005	$0.025 \cdot 10^{-5}$	8100.9000
6	90.006	0.0015	$0.225 \cdot 10^{-5}$	8101.0800
7	90.007	0.0025	$0.625 \cdot 10^{-5}$	8101.2600
8	90.008	0.0035	$1.225 \cdot 10^{-5}$	8101.4401
$\sum$	720.036		$4.200 \cdot 10^{-5}$	64806.480

Lösung

Es ist mit 8-stelliger Rechnung:

$$\sum_{i=1}^{8}(x_i - \overline{x})^2 = 0.00004200$$

Für die andere Formel erhält man (wieder mit 8 Stellen):

$$\sum_{i=1}^{8} x_i^2 - \frac{1}{n}\left(\sum_{i=1}^{8} x_i\right)^2 = 64806.480 - \frac{1}{8} \cdot 720.036^2 =$$

$$= 64806.480 - \frac{1}{8} \cdot 518451.84 =$$

$$= 64806.480 - 64806.480 =$$

$$= 0$$

Dies ist sicher ein unbrauchbares Ergebnis. Die zweite Formel ist also bei den gegebenen, relativ nahe beieinander liegenden Werten und mit 8-stelliger Rechnung nicht geeignet.

1.11 Rechnen mit Näherungswerten

Bei Messungen und beim numerischen Rechnen unterscheidet man drei Fehler-
arten:

1. Meßvorgänge sind i.a. fehlerbehaftet, weil z.B. das Meßgerät nicht völlig
   exakt arbeitet (**Garantiefehler**) oder die Ablesegenauigkeit beschränkt ist
   (**Ablesefehler**). Gehen solche Meßwerte in eine Rechnung ein, so haben
   sie als Eingabedaten bereits einen gewissen Fehler. In solchen Situationen
   spricht man von **Eingangsfehlern**.

2. Die Problematik numerischen Rechnens besteht in der begrenzten endlichen Stellenzahl von Rechnern (vgl. Abschnitt 1.10). Daraus ergibt sich
   zwangsläufig eine begrenzte Rechengenauigkeit. Die dadurch entstehenden
   Fehler sind die **Rundungsfehler**.

3. Verwendet man Näherungsverfahren zur Bestimmung einer Größe (z.B.
   stromrichtige Schaltung eines Mehrfachmeßinstruments zur Spannungsmessung oder numerische Verfahren zur Lösung eines Integrals), so tritt ein
   Verfahrensfehler oder ein **systematischer Fehler** auf.

Beim praktischen Rechnen, insbesondere auch bei der Verwendung von elek-
tronischen Rechnern, sind die vorkommenden Zahlen also i.a. nicht exakt. Sie
stellen mehr oder weniger gute Näherungswerte dar. Das Problem der Fehler
und deren Fortpflanzung soll kurz beleuchtet werden.

1.11.1 Absoluter und relativer Fehler

Man bezeichnet die Differenz zwischen Approximation x und exaktem, meist
unbekanntem Wert x_0 als absoluten Fehler Δx:

$$\Delta x = x - x_0 \qquad\qquad (1.109)$$

Häufig kann man nur eine Schranke g für den Betrag des absoluten Fehlers
angeben:

$$|x - x_0| = |\Delta x| \leq g \qquad\qquad (1.110)$$

Nimmt man beispielsweise an, daß der Ablesefehler beim Messen einer Länge
x_0 mit einem Lineal nicht größer ist als 0.5 cm, dann ist $|\Delta x| \leq$ 0.5 cm. Die
maximale Abweichung von x_0 ist dann -0.5 cm $\leq x - x_0 \leq +0.5$ cm. Der
richtige Wert für x_0 liegt also im Bereich $x - 0.5$ cm $\leq x_0 \leq x + 0.5$ cm.

Durch den Ablesefehler aufgrund der Skaleneinteilung des Meßinstruments ist
darüberhinaus die **Präzision** der Meßwerte festgelegt. Im vorliegenden Fall

kann der Meßwert nur mit 0.5 cm Genauigkeit bestimmt werden. Man kann
also nur Werte mit einer 0 oder 5 hinter dem Dezimalpunkt bestimmen, also
z.B. 59.0 cm, 59.5 cm, 60.0 cm, 60.5 cm. Werte wie 61.7 cm, 62 cm, 63.01 cm,
64.50 cm cm sind mit diesen Präzisionsangaben unzulässig.

Beispiel:

*Vor Beginn einer Messung verschafft man sich zunächst Klarheit über die Fehler
der verwendeten Meßinstrumente (vgl. Bild 1.10).*

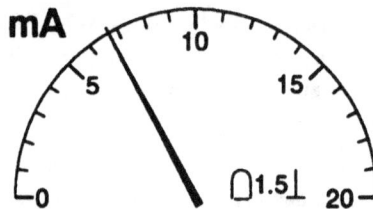

Bild 1.10: Amperemeter Klasse 1.5

Die Zahl 1.5 auf dem Meßgerät bedeutet, daß der Garantiefehler des Instruments maximal 1.5% vom Skalenendwert beträgt. Man notiert sich folgendes:

Meßbereich :	0 mA – 20 mA
Empfindlichkeit :	1 mA/Skalenteil
Garantiefehler :	$0.015 \cdot 20$ mA $= 0.3$ mA
Ablesefehler :	1/5 Skalenteil $= 0.2$ mA

*Die Größe des Ablesefehlers hängt von den persönlichen Fähigkeiten und der
Sorgfalt beim Messen ab. Der Gesamtfehler setzt sich aus Garantiefehler und
Ablesefehler zusammen, also:*

$\Delta I = 0.3$ mA $+ 0.2$ mA $= 0.5$ mA

*Die Präzision der Meßwerte ist durch den Ablesefehler auf .0, .2, .4, .6 und
.8 festgelegt. Auch ein Wert mit einer 5 nach dem Dezimalpunkt ist ablesbar,
denn eine Ablesegenauigkeit von einem halben Skalenteil ist sogar leichter zu
erreichen als die vorgegebene. Man kann also z.B. Meßwerte von 19.2 mA,
4.0 mA oder 11.5 mA ablesen, aber nicht 17.3 mA, 10 mA oder 2 mA.*

Für den Vergleich der Genauigkeit zweier Messungen oder Rechnungen ist
der absolute Fehler ungeeignet. Man kann beispielsweise nicht den Fehler einer Längenmessung $|\Delta x| = 0.5$ cm mit dem Fehler einer Spannungsmessung
$|\Delta U| = 10$ V vergleichen. Um dies zu ermöglichen, wird Δx auf den Näherungs-

wert x bezogen, also das Verhältnis von absolutem Fehler zum Näherungswert
gebildet. Der Quotient

$$\left| \frac{\Delta x}{x} \right| \tag{1.111}$$

heißt der **relative Fehler** von x. Dieser ist definitionsgemäß eine dimensions-
lose Zahl. Häufig drückt man ihn in Prozenten aus.

Beispiel:

*Die Stromstärke I in einem Stromkreis wurde zu $I = 100.4$ mA mit einem
Fehler von $|\Delta I| \leq 0.2$ mA bestimmt. Die Spannung U betrug $U = 215$ V mit
einem Fehler von $|\Delta U| \leq 5$ V.*

In der physikalischen Literatur schreibt man dafür häufig:

$I = 100.4$ mA $\pm\, 0.2$ mA   bzw. $U = (215 \pm 5)$ V

Die relativen Fehler $\left| \dfrac{\Delta I}{I} \right|$ *und* $\left| \dfrac{\Delta U}{U} \right|$ *sind:*

$$\left| \frac{\Delta I}{I} \right| = \frac{0.2 \text{ mA}}{100.4 \text{ mA}} \approx 0.002 = 0.2\%$$

$$\left| \frac{\Delta U}{U} \right| = \frac{5 \text{ V}}{215 \text{ V}} \approx 0.023 = 2.3\%$$

*Damit kann man Fehler verschiedener Messungen vergleichen. Der relative Feh-
ler der Spannungsmessung ist mit 2.3% etwa 10 mal so groß wie der relative
Fehler der Strommessung mit 0.2%. Die absoluten Fehler berechnen sich aus
den relativen Fehlern, wenn man diesen mit dem Meßwert multipliziert:*

$|\Delta I| = 0.002 \cdot 100.4$ mA ≈ 0.2 mA

$|\Delta U| = 0.023 \cdot 215$ V ≈ 5 V

In der physikalischen Literatur schreibt man daher häufig:

$I = 100.4$ mA $\pm\, 0.002$ bzw. $I = 100.4$ mA $\pm\, 2\%$

$U = 215$ V $\pm\, 0.023$ bzw. $U = 215$ V $\pm\, 2.3\%$

Eine andere Art der Genauigkeitsangabe kann mit Hilfe der **gültigen Ziffern**
erfolgen. Eine Ziffer ξ_k einer Zahl x heißt gültig, wenn der absolute Fehler
α Einheiten ($0.5 \leq \alpha \leq 1$) derjenigen Stelle, auf der die Ziffer steht, nicht
überschreitet. Der Wert von α richtet sich nach der jeweiligen Fragestellung. Bei
numerischen Problemen verwendet man meistens $\alpha = 0.5$, bei physikalischen
Messungen $\alpha = 1$. Hat also x k gültige Ziffern nach dem Dezimalpunkt (oder:

x ist auf k Stellen nach dem Dezimalpunkt genau), so gilt bei $\alpha = 0.5$ für den absoluten Fehler:

$$|\Delta x| \leq \frac{1}{2} \cdot 10^{-k} \tag{1.112}$$

Wesentliche Ziffern oder **wesentliche Stellen** einer Zahl heißen sämtliche angegebenen Ziffern eines Näherungswerts mit Ausnahme führender Nullen. Die Zahl 0.0133 hat also 3 wesentliche Stellen.

Sind von den wesentlichen Stellen einer Zahl x r gültig, so gilt für den relativen Fehler ($\alpha = 0.5$) folgende Beziehung:

$$\left|\frac{\Delta x}{x}\right| \leq 5 \cdot 10^{-r} \tag{1.113}$$

Näherungszahlen schreibt man entweder so, daß die letzte wesentliche Ziffer gültig ist, oder man gibt den Meßwert als $x \pm \Delta x$ an. Die zweite Art der Fehlerangabe wird hauptsächlich in der Physik verwendet.

Beispiele:

1. *$U = 58.43$ V ist eine richtige Angabe für $0.5 \leq \alpha \leq 1$, wenn $\Delta U = 0.5 \cdot 10^{-2}$ V ist. Der Meßwert U hat 4 gültige Ziffern. Unzulässig sind die Angaben $U = 58.430$ V und $U = 58.4$ V.*

2. *Die Angabe $I = 0.0027$ A mit $\Delta I = 0.0008$ A ist richtig für $\alpha = 1$ und nicht richtig für $\alpha = 0.5$. Sie hat 2 wesentliche Ziffern. Besser ist hier die Schreibweise $I = (2.7 \pm 0.8) \cdot 10^{-3}$ A oder $I = 2.7$ mA ± 0.8 mA. Falsch ist $I = (2.723 \pm 0.812)$ mA oder $I = (3 \pm 1)$ mA.*

3. *$y = 2500$ ist eine richtige Schreibweise bei einem absoluten Fehler von $\Delta y = 0.5 \cdot 10^0 = 0.5$ (4 gültige Ziffern).*

4. *Ist die Zahl $z = 45325$ nur auf 3 Stellen gültig, so ist diese Angabe irreführend. In einem solchen Fall ist es besser zu schreiben: $z = 453 \cdot 10^2$ oder $4.53 \cdot 10^4$. Im folgenden sollen Angaben wie $5.236 \cdot 10^3$ oder $0.5236 \cdot 10^4$ so aufgefaßt werden, daß alle angegebenen Ziffern gültig sind.*

1.11.2   Fehlerfortpflanzung

In vielen Fällen sind fehlerbehaftete Größen durch Rechenoperationen zu verknüpfen. Bei den Fehlern kann es sich um Eingangs- oder Verfahrensfehler oder auch um Rundungsfehler, die bei vorhergehenden Operationen entstanden sind, handeln. Es interessiert nun, wie sich die Fehler der Operanden auf das Ergebnis auswirken, wie sie sich also "fortpflanzen".

Addition (positiver Zahlen)

Es sei $x_1 > 0$ und $x_2 > 0$.

$$y = x_1 + x_2 \Rightarrow \Delta y = \Delta x_1 + \Delta x_2 \tag{1.114}$$

$$\frac{\Delta y}{y} = \frac{\Delta x_1}{x_1} \cdot \frac{x_1}{y} + \frac{\Delta x_2}{x_2} \cdot \frac{x_2}{y} \Rightarrow$$
$$\left|\frac{\Delta y}{y}\right| \leq \left|\frac{\Delta x_1}{x_1}\right| \cdot \frac{x_1}{y} + \left|\frac{\Delta x_2}{x_2}\right| \cdot \frac{x_2}{y} \Rightarrow \tag{1.115}$$
$$\left|\frac{\Delta y}{y}\right| \leq \max\left(\left|\frac{\Delta x_1}{x_1}\right|, \left|\frac{\Delta x_2}{x_2}\right|\right)$$

Der absolute Fehler der Summe ist also gleich der Summe der absoluten Fehler der Summanden. Der relative Fehler ist höchstens gleich dem größten relativen Fehler der einzelnen Summanden.

Beispiel:

Die Addition von zwei Stromstärken $I_1 = 35.70$ mA $\pm$ 0.05 mA und $I_2 = 28.60$ mA $\pm$ 0.05 mA ergibt $I = 64.3$ mA $\pm$ 0.1 mA. Beide Summanden haben jeweils einen absoluten Fehler von höchstens $\pm$0.05 mA. Die Summe I hat höchstens einen absoluten Fehler $\Delta I = \pm$0.1 mA. Für den relativen Fehler der Summe gilt:

$$\left|\frac{\Delta I}{I}\right| \leq \frac{0.1}{64.3} \approx 0.0016, \text{ also rund } 0.2\%.$$

Eine Abschätzung des relativen Fehlers von I ergibt sich durch den maximalen relativen Fehler der zwei Summanden:

$$\left|\frac{\Delta I}{I}\right| \leq \frac{0.05}{28.6} \approx 0.0017.$$

Faustregel:

Für die Anzahl $k(y)$ der gültigen Stellen bei der Addition gilt:

$$k(y) \geq \min\left(k(x_1), k(x_2)\right) - 1, \tag{1.116}$$

wobei $k(x_i)$ die Anzahl gültiger Stellen des Summanden x_i ist. Meistens ist $k(y)$ mindestens gleich $\min(k(x_1), k(x_2))$.

Subtraktion (von Zahlen mit gleichem Vorzeichen)

Es sei $x_1 \cdot x_2 > 0$.

$$y = x_1 - x_2 \Rightarrow \Delta y = \Delta x_1 - \Delta x_2 \quad \text{bzw.} \quad |\Delta y| \leq |\Delta x_1| + |\Delta x_2| \qquad (1.117)$$

$$\frac{\Delta y}{y} = \frac{\Delta x_1}{x_1} \cdot \frac{x_1}{y} - \frac{\Delta x_2}{x_2} \cdot \frac{x_2}{y} \Rightarrow$$

$$\left|\frac{\Delta y}{y}\right| \leq \frac{|x_1| + |x_2|}{|y|} \cdot \max\left(\left|\frac{\Delta x_1}{x_1}\right|, \left|\frac{\Delta x_2}{x_2}\right|\right) \qquad (1.118)$$

Bei der Subtraktion subtrahieren sich die absoluten Fehler. Der absolute Fehler ist dem Betrage nach höchstens gleich der Summe der Beträge der absoluten Fehler von beiden Operanden. Der relative Fehler kann jedoch sehr groß werden, wenn x_1 und x_2 nahe beieinander liegen. In diesem Fall ist $|y| = |x_1 - x_2|$ sehr klein gegenüber $|x_1| + |x_2|$ und der Quotient $\dfrac{|x_1| + |x_2|}{|y|}$ sehr groß.

Beispiele:

1. *Die Subtraktion zweier Spannungen $U_1 = 13.00$ V ± 0.05 V und $U_2 = 12.90$ V ± 0.05 V ergibt $U = 0.1$ V ± 0.1 V. Beide Operanden haben jeweils einen absoluten Fehler von höchstens ±0.05 V. Die Differenz U hat höchstens einen absoluten Fehler $\Delta U = \pm0.1$ V. Für den relativen Fehler der Differenz gilt:*

$$\left|\frac{\Delta y}{y}\right| \leq \frac{0.1}{0.1} = 1.0, \text{ also } 100\%.$$

   Als Abschätzung für den relativen Fehler von U erhält man:

$$\left|\frac{\Delta U}{U}\right| \leq \frac{|U_1| + |U_2|}{|U|} \cdot \left|\frac{\Delta U_2}{U_2}\right| = \frac{25.9}{0.1} \cdot \frac{0.05}{12.90} \approx 1.00$$

   Hier ergibt sich ein sehr großer relativer Fehler, da sich U_1 und U_2 relativ wenig unterscheiden.

2. *Manchmal kann man die Subtraktion nahe beieinander liegender Zahlen durch geeignete Umformungen umgehen. Will man das Volumen einer dünnen Kugelschale mit den beiden Radien R und $R + a$ ($a \ll R$) berechnen, so erhält man zunächst:*

$$V = \frac{4}{3}\pi \left((R+a)^3 - R^3\right)$$

   Numerisch besser ist die Formel:

$$V = \frac{4}{3}\pi(3R^2a + 3Ra^2 + a^3)$$

   Bei der zweiten Formel bleibt der relative Fehler von V in derselben Größenordnung wie der relative Fehler der einzelnen Summanden.

Multiplikation

Für beliebige x_1, x_2 gilt:

$$
\begin{aligned}
y &= x_1 \cdot x_2 \Rightarrow y + \Delta y = (x_1 + \Delta x_1) \cdot (x_2 + \Delta x_2) = \\
&= x_1 \cdot x_2 + x_1 \cdot \Delta x_2 + x_2 \cdot \Delta x_1 + \Delta x_1 \cdot \Delta x_2 \Rightarrow \\
\Delta y &= x_1 \cdot \Delta x_2 + x_2 \cdot \Delta x_1 + \Delta x_1 \cdot \Delta x_2
\end{aligned} \tag{1.119}
$$

$$
\begin{aligned}
\frac{\Delta y}{y} &= \frac{\Delta x_1}{x_1} + \frac{\Delta x_2}{x_2} + \frac{\Delta x_1}{x_1} \cdot \frac{\Delta x_2}{x_2} \Rightarrow \\
\left| \frac{\Delta y}{y} \right| &\leq \left| \frac{\Delta x_1}{x_1} \right| + \left| \frac{\Delta x_2}{x_2} \right| + \left| \frac{\Delta x_1}{x_1} \right| \cdot \left| \frac{\Delta x_2}{x_2} \right|
\end{aligned} \tag{1.120}
$$

Da der letzte Term im Vergleich zu den beiden ersten Summanden in der Regel sehr klein ist, kann er in den meisten Fällen vernachlässigt werden und es gilt folgende Approximation: Der relative Fehler eines Produkts ist ungefähr gleich der Summe der relativen Fehler der einzelnen Faktoren:

$$
y = x_1 \cdot x_2 \quad \Rightarrow \quad \left| \frac{\Delta y}{y} \right| \approx \left| \frac{\Delta x_1}{x_1} \right| + \left| \frac{\Delta x_2}{x_2} \right| \tag{1.121}
$$

Beispiel:

Das Produkt aus Stromstärke I und Spannung U ist die elektrische Leistung P. Ein Strom von $I = (100.4 \pm 0.2)$ mA leistet bei einer Spannung von $U = (215 \pm 5)$ V:

$P = U \cdot I = 215 \text{ V} \cdot 100.4 \cdot 10^{-3} \text{ A} = 21.586 \text{ VA} \approx 22 \text{ W}$

Der relative Fehler $\left| \dfrac{\Delta P}{P} \right|$ der elektrischen Leistung berechnet sich zu:

$$
\begin{aligned}
\left| \frac{\Delta P}{P} \right| &\leq \left| \frac{\Delta U}{U} \right| + \left| \frac{\Delta I}{I} \right| + \left| \frac{\Delta U}{U} \right| \cdot \left| \frac{\Delta I}{I} \right| = \\
&= \frac{5}{215} + \frac{0.2}{100.4} + \frac{5}{215} \cdot \frac{0.2}{100.4} \approx \\
&\approx 0.023 + 0.002 + 0.00005 \approx 0.025
\end{aligned}
$$

Man erkennt, daß der Summand mit dem Produkt der relativen Fehler vernachlässigt werden kann. Damit folgt für den absoluten Fehler:

$\Delta P = 0.025 \cdot 21.586 \text{ W} = 0.54 \text{ W}$

Die Angabe der elektrischen Leistung mit Fehler lautet:

$P = (21.6 \pm 0.6) \text{ W}$

Hier wurde der absolute Fehler aufgerundet, um auf der sicheren Seite zu bleiben.

Division

Für beliebige x_1, x_2 mit $x_2 \neq 0$ gilt:

$$y = \frac{x_1}{x_2} \Rightarrow y + \Delta y = \frac{x_1 + \Delta x_1}{x_2 + \Delta x_2} \Rightarrow y\left(1 + \frac{\Delta y}{y}\right) = \frac{x_1\left(1 + \frac{\Delta x_1}{x_1}\right)}{x_2\left(1 + \frac{\Delta x_2}{x_2}\right)} \Rightarrow$$

$$1 + \frac{\Delta y}{y} = \frac{1 + \frac{\Delta x_1}{x_1}}{1 + \frac{\Delta x_2}{x_2}} \Rightarrow \frac{\Delta y}{y} = \frac{\frac{\Delta x_1}{x_1} - \frac{\Delta x_2}{x_2}}{1 + \frac{\Delta x_2}{x_2}} \Rightarrow \qquad (1.122)$$

$$\left|\frac{\Delta y}{y}\right| \leq \frac{\left|\frac{\Delta x_1}{x_1}\right| + \left|\frac{\Delta x_2}{x_2}\right|}{1 - \left|\frac{\Delta x_2}{x_2}\right|}$$

Häufig wird der relative Fehler bei der Division (wie bei der Multiplikation) durch die Summe der relativen Fehler der beiden Operanden abgeschätzt, da im Normalfall $1 - \left|\frac{\Delta x_2}{x_2}\right| \approx 1$ ist:

$$y = \frac{x_1}{x_2} \quad \Rightarrow \quad \left|\frac{\Delta y}{y}\right| \approx \left|\frac{\Delta x_1}{x_1}\right| + \left|\frac{\Delta x_2}{x_2}\right| \qquad (1.123)$$

Beispiel:

Der Quotient aus Spannung U und Stromstärke I ist der Ohmsche Widerstand R. Bei einem Strom von $I = (100.4 \pm 0.2)$ mA und einer Spannung von $U = (215 \pm 5)$ V ist der Widerstand:

$$R = \frac{U}{I} = \frac{215\text{ V}}{100.4 \cdot 10^{-3}\text{ A}} = 2141\,\frac{\text{V}}{\text{A}} = 2.141\text{ k}\Omega$$

Der relative Fehler $\left|\frac{\Delta R}{R}\right|$ des Widerstandes berechnet sich zu:

$$\left|\frac{\Delta R}{R}\right| \leq \frac{\left|\frac{\Delta U}{U}\right| + \left|\frac{\Delta I}{I}\right|}{1 - \left|\frac{\Delta I}{I}\right|} = \frac{\frac{5}{215} + \frac{0.2}{100.4}}{1 - \frac{0.2}{100.4}} \approx \frac{0.023 + 0.002}{1 - 0.002} \approx 0.025$$

Man erkennt, daß die Division durch $1 - 0.002 = 0.998$ vernachlässigt werden kann. Damit folgt für den absoluten Fehler:

$\Delta R = 0.025 \cdot 2141\ \Omega = 53.5\ \Omega$

Die Angabe des Ohmschen Widerstands mit Fehler lautet:

(2.14 ± 0.06) kΩ

Hier wurde der absolute Fehler wie bei der elektrischen Leistung ebenfalls aufgerundet, um auf der sicheren Seite zu bleiben.

Faustregel:

Die Anzahl der gültigen Stellen bei Multiplikation und Division ist ungefähr die Anzahl gültiger Stellen des Operanden mit der geringsten Anzahl gültiger Stellen.

Aufgaben

1. Welche Angaben sind nicht üblich?

   $U = (2.413 \pm 0.007)$ V
   $v = (100 \pm 5)$ km/h
   $I = 14.85$ A ± 0.15 A
   $Q = (96513 \pm 2110)$ As
   $l = 61.451$ m ± 0.05 m
   $t = 10.00$ s ± 0.05 s

   Machen Sie richtige Angaben.

2. Eine Rechnung hat das Ergebnis 72/65. Um wieviel Prozent kann es falsch sein, wenn der Zähler um maximal 0.5% und der Nenner um maximal 0.3% falsch ist? Wie groß ist der absolute Fehler höchstens?

3. Der maximale Fehler jedes hier folgenden Faktors sei eine halbe Einheit der letzten Stelle. Folgende Produkte sind mit sachgemäßer Genauigkeit zu berechnen:

   a) $0.841598 \cdot 15.864$

   b) $203.876 \cdot 84.309 \cdot 21.092$

4. Sie werden innerhalb einer geschlossenen Ortschaft bei einer Radarkontrolle von der Polizei angehalten, weil Sie laut Radarmessung 65 km/h gefahren sind. Der Fehler der Radarmessung sei ±3 km/h. Der größtmögliche Fehler der Tachometermessung sei 7% der Geschwindigkeitsanzeige. In welchen Grenzen könnte Ihre Tachometeranzeige schwanken, wenn Sie die Geschwindigkeit mit einer Ablesegenauigkeit von 0.5 km/h ablesen können?

Lösungen

1. $I = (14.9 \pm 0.2)$ A
    $Q = (9.7 \pm 0.3) \cdot 10^3$ As
    $l = 61.45$ m ± 0.06 m
    $t = 10.00$ s ± 0.05 s

2. $\left|\dfrac{\Delta e}{e}\right| \leq \dfrac{\left|\dfrac{\Delta z}{z}\right| + \left|\dfrac{\Delta n}{n}\right|}{1 - \left|\dfrac{\Delta n}{n}\right|} \leq \dfrac{0.005 + 0.003}{1 - 0.003} \approx 0.8\%$

    $\Delta e \leq 0.008 \cdot \dfrac{72}{65} \approx 0.009$

3. Der relative Fehler eines Produkts wird abgeschätzt durch die Summe der relativen Fehler der Faktoren:

    a) $\dfrac{5 \cdot 10^{-7}}{0.841598} \approx 5.9 \cdot 10^{-7}$, $\dfrac{5 \cdot 10^{-4}}{15.864} \approx 3.152 \cdot 10^{-5}$
    relativer Fehler des Produkts $\approx 3.2 \cdot 10^{-5}$
    absoluter Fehler $\approx 4.3 \cdot 10^{-4}$
    $0.841598 \cdot 15.864 \approx 13.351$

    b) $\dfrac{5 \cdot 10^{-4}}{203.876} \approx 2.45 \cdot 10^{-6}$, $\dfrac{5 \cdot 10^{-4}}{84.309} \approx 5.93 \cdot 10^{-6}$, $\dfrac{5 \cdot 10^{-4}}{21.092} \approx 2.38 \cdot 10^{-5}$
    relativer Fehler des Produkts $\approx 3.2 \cdot 10^{-5}$
    absoluter Fehler $\approx 1.2 \cdot 10^1$
    $203.876 \cdot 84.309 \cdot 21.092 \approx 3.625 \cdot 10^5$

4. Durch den Fehler der Radarmessung ergibt sich eine mögliche wirkliche Geschwindigkeit zwischen $62 \ \frac{km}{h}$ und $68 \ \frac{km}{h}$. Die kleinstmögliche Tachoanzeige ist $(62 - 0.07 \cdot 62) \ \frac{km}{h} = 57.7 \ \frac{km}{h}$, die größtmögliche ist $(68 + 0.07 \cdot 68) \ \frac{km}{h} = 72.8 \ \frac{km}{h}$. Die Tachoanzeige kann dann zwischen $57.5 \ \frac{km}{h}$ und $73.0 \ \frac{km}{h}$ abgelesen werden.

    In Wirklichkeit müssen Tachometer so konstruiert sein, daß sie nie eine zu geringe Geschwindigkeit anzeigen.

Kapitel 2

Vektorrechnung

In der Physik treten häufig Größen auf, die nicht durch eine Zahl allein beschrieben werden können, sondern auch eine Richtung haben. Solche **vektoriellen Größen** sind beispielsweise Kraft, Geschwindigkeit, Beschleunigung, Drehmoment, elektrische Feldstärke u.a. Im folgenden Kapitel werden zunächst nur der zweidimensionale Vektorraum $I\!R^2$ und der dreidimensionale Vektorraum $I\!R^3$ betrachtet.

2.1 Vektoren und Koordinatensysteme

Eine Strecke ist die kürzeste Verbindung zweier Punkte P und Q. Bezeichnet man P als Anfangspunkt und Q als Endpunkt, so hat die Strecke $\overline{PQ}$ eine Richtung (Bild 2.1).

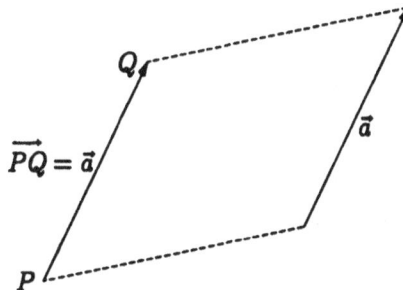

Bild 2.1: Ein Vektor $\vec{a}$

Ein **Vektor** ist eine gerichtete Strecke. Vektoren sind gleich, wenn sie durch Parallelverschiebung ineinander überführt werden können, d.h. gleiche Vektoren sind parallel, gleich lang und gleich gerichtet (Bild 2.1). Ein Vektor hat also eine bestimmte Richtung und Länge, aber keine bestimmte Lage. Man schreibt Vektoren als kleine Buchstaben mit einem Pfeil, z.B. $\vec{a}$. Ein bestimmter **Repräsentant** eines Vektors mit Anfangspunkt P und Endpunkt Q wird mit $\overrightarrow{PQ}$ bezeichnet.

Der **Betrag** $|\vec{a}|$ eines Vektors $\vec{a}$ ist seine Länge. Ein Vektor der Länge 0 heißt **Nullvektor** $\vec{o}$. Vektoren der Länge 1 heißen **Einheitsvektoren** $\vec{e}$.

Um mit Vektoren praktisch rechnen zu können, ist eine **Koordinatendarstellung** zweckmäßig. Dazu dient ein **kartesisches Koordinatensystem**. Man wählt einen Punkt O als Ursprung. Von diesem gehen im $I\!R^2$ zwei und im $I\!R^3$ drei **Koordinatenachsen** aus (Bild 2.2).

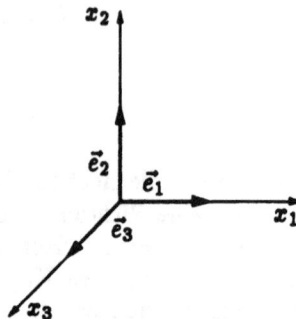

Bild 2.2: Kartesisches Koordinatensystem im $I\!R^3$

Die Achsen stehen jeweils senkrecht aufeinander. Für die Koordinatenachsen wird eine positive Richtung festgelegt. Im $I\!R^3$ bilden sie ein **Rechtssystem**, d.h. man kann Daumen, Zeigefinger und Mittelfinger der rechten Hand so halten, daß sie in Richtung der positiven x_1-, x_2- und x_3-Achse zeigen. Außerdem legt man eine Längeneinheit fest. Orientierung und Bestimmung der Einheit erfolgt durch die Anordnung der Einheitsvektoren $\vec{e}_1$ und $\vec{e}_2$ im $I\!R^2$ bzw. $\vec{e}_1$, $\vec{e}_2$ und $\vec{e}_3$ im $I\!R^3$.

Um die Koordinatendarstellung eines Vektors $\vec{a}$ zu erhalten, wählt man denjenigen Repräsentanten von $\vec{a}$, der vom Ursprung ausgeht. Dann projiziert man diesen Vektor achsenparallel auf die Koordinatenachsen und erhält die entsprechenden Achsenabschnitte (Bild 2.3). Diese sind positive oder negative reelle Zahlen, je nach Lage des Achsenabschnitts auf der positiven oder negativen Halbgeraden. Die Zahlen sind die **Koordinaten** oder **Komponenten** des Vektors. Man schreibt:

$$\vec{a} = \begin{pmatrix} a_1 \\ a_2 \end{pmatrix} \quad \text{und} \quad \vec{b} = \begin{pmatrix} b_1 \\ b_2 \\ b_3 \end{pmatrix} \tag{2.1}$$

Alle Vektoren der Ebene oder des Raums können durch solche Zahlentupel bzw. -tripel dargestellt werden. Man spricht deshalb auch vom **zweidimensionalen Raum** $I\!R^2$ und vom **dreidimensionalen Raum** $I\!R^3$.

Zwei Vektoren $\vec{a} = \begin{pmatrix} a_1 \\ a_2 \\ a_3 \end{pmatrix}$ und $\vec{b} = \begin{pmatrix} b_1 \\ b_2 \\ b_3 \end{pmatrix}$ sind genau dann gleich, wenn $a_1 = b_1$, $a_2 = b_2$ und $a_3 = b_3$ ist.

Jedem Punkt der Ebene oder des Raums läßt sich eindeutig ein Repräsentant eines Vektors zuordnen, dessen Anfangspunkt im Ursprung O und dessen Spitze im Endpunkt P liegt. Dieser Repräsentant $\overrightarrow{OP}$ eines Vektors $\vec{p}$ heißt

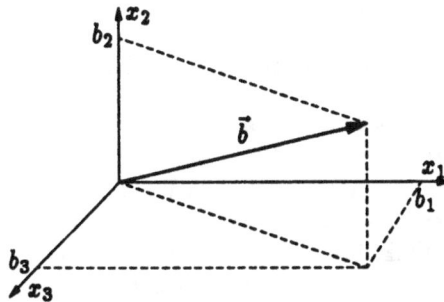

Bild 2.3: Komponenten eines Vektors $\vec{b}$ im $I\!\!R^3$

Ortsvektor des Punktes P mit den Vektorkoordinaten p_1 und p_2 bzw. p_1, p_2 und p_3 als **Ortskoordinaten**: $P = (p_1, p_2)$ bzw. $P = (p_1, p_2, p_3)$.

Beispiel:

Der Punkt X im $I\!\!R^2$ mit den Ortskoordinaten $(2, 1)$ bestimmt einen Ortsvektor $\overrightarrow{OX}$. Dieser ist Repräsentant aller Vektoren in der Ebene, die dieselbe Länge und Richtung haben wie der Ortsvektor $\vec{x} = \overrightarrow{OX}$. Der Vektor, dessen Anfang der Punkt $P(1, 2)$ und dessen Ende der Punkt $Q(3, 3)$ ist, ist ein anderer Repräsentant desselben Vektors $\vec{x}$ (Bild 2.4).

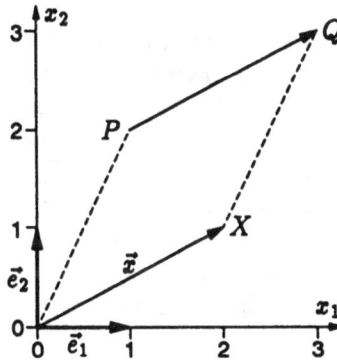

Bild 2.4: Koordinatendarstellung eines Vektors $\vec{x}$ im $I\!\!R^2$

Die Einheitsvektoren sind in diesem Fall $\vec{e}_1 = \begin{pmatrix} 1 \\ 0 \end{pmatrix}$ und $\vec{e}_2 = \begin{pmatrix} 0 \\ 1 \end{pmatrix}$. Der Betrag des Vektors $\vec{x} = \begin{pmatrix} 2 \\ 1 \end{pmatrix}$ kann über den Satz des Pythagoras leicht berechnet werden zu $|\vec{x}| = \sqrt{2^2 + 1^2} = \sqrt{5}$.

2.2   Vektoroperationen

2.2.1   Addition, Subtraktion und skalare Multiplikation

Aus zwei Vektoren $\vec{a}$ und $\vec{b}$ erhält man durch **Addition** den **Summenvektor**
$\vec{c} = \vec{a} + \vec{b}$, indem man die beiden Vektoren nach der **Parallelogrammregel**
zusammensetzt (Bild 2.5). Man kann vom Punkt U den Punkt C über den
Vektor $\vec{a}$ und den daran anschließenden parallel verschobenen Vektor b (gestri-
chelt) erreichen oder direkt über den Vektor $\vec{c}$. Anschaulich ist also die Summe
zweier Vektoren die kürzeste (gerichtete) Strecke zwischen zwei Punkten, die
durch Anhängen des einen Vektors an den anderen erreicht werden. C wird
auch erreicht, wenn man zuerst $\vec{b}$ wählt und dann $\vec{a}$ anhängt.

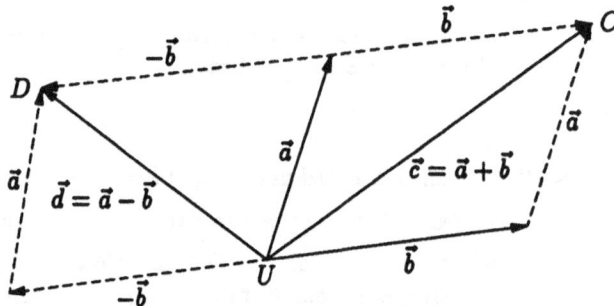

Bild 2.5: Addition und Subtraktion von Vektoren

Vertauscht man Anfangs- und Endpunkt eines Vektors $\vec{a}$, so erhält man einen
Vektor gleicher Länge, aber entgegengesetzter Richtung. Er wird mit $-\vec{a}$ bezeichnet und es gilt: $\vec{a} + (-\vec{a}) = \vec{o}$. Bei der Summenbildung eines Vektors $\vec{a}$ und
eines Vektors $-\vec{b}$, d.h. $\vec{a} + (-\vec{b}) = \vec{a} - \vec{b}$, spricht man von einer **Subtraktion** des
Vektors $\vec{b}$ vom Vektor $\vec{a}$. Den **Differenzvektor** $\vec{d} = \vec{a} - \vec{b}$ erhält man, indem
man die Richtung von $\vec{b}$ umdreht und die beiden Vektoren addiert (Bild 2.5).
Die Differenz zweier Vektoren ist also wie beim Rechnen mit reellen Zahlen nur
ein Sonderfall der Addition, bei dem ein Summand ein negatives Vorzeichen
hat. Man erreicht den Punkt D in Bild 2.5 entweder durch Anhängen von $-\vec{b}$
an $\vec{a}$ oder umgekehrt.

Die Summe von mehreren Vektoren $\vec{a}_1 + \vec{a}_2 + \ldots + \vec{a}_n$ erhält man durch An-
setzen des Vektors $\vec{a}_i$ mit seinem Anfangspunkt an die Spitze von $\vec{a}_{i-1}$. Der
Summenvektor verläuft dann vom Anfangspunkt des Vektors $\vec{a}_1$ zum Endpunkt
des Vektors $\vec{a}_n$. Bei einem geschlossenen Vektorpolygon ist die Summe der Nullvektor $\vec{o}$ (Bild 2.6).

Eine weitere Operation ist die Multiplikation eines Vektors mit einem **Skalar**
(reelle Zahl). $\lambda \vec{a}$ ($\lambda \in \mathbb{R}$, $\lambda > 0$) ist ein Vektor mit derselben Richtung wie $\vec{a}$
und dem λ-fachen Betrag von $\vec{a}$ (Bild 2.7). Für negative Skalare $\lambda < 0$ ist die

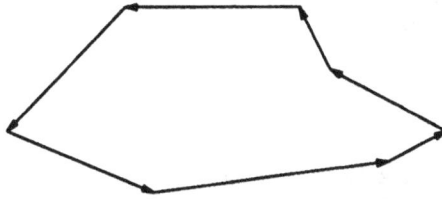

Bild 2.6: Geschlossenes Vektorpolygon

Richtung von $\lambda\vec{a}$ entgegengesetzt zu der von $\vec{a}$, d.h. $(-\lambda)\vec{a} = \lambda(-\vec{a}) = -\lambda\vec{a}$. Man setzt $0\vec{a} = \vec{o}$ und $\lambda\vec{o} = \vec{o}$.

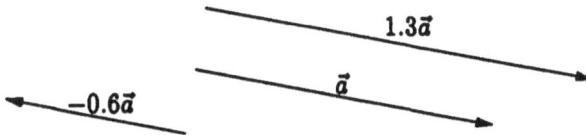

Bild 2.7: Skalare Multiplikation von Vektoren

Für die Vektoraddition gelten folgende Gesetze:

Kommutativgesetz:

$$\vec{a} + \vec{b} = \vec{b} + \vec{a} \tag{2.2}$$

Assoziativgesetz:

$$(\vec{a} + \vec{b}) + \vec{c} = \vec{a} + (\vec{b} + \vec{c}) \tag{2.3}$$

Es gilt die **Dreiecksungleichung:**

$$\left| |\vec{a}| - |\vec{b}| \right| \le |\vec{a} + \vec{b}| \le |\vec{a}| + |\vec{b}| \tag{2.4}$$

Es gelten die beiden **Distributivgesetze:**

$$\lambda(\vec{a} + \vec{b}) = \lambda\vec{a} + \lambda\vec{b}$$
$$(\lambda + \mu)\vec{a} = \lambda\vec{a} + \mu\vec{a} \tag{2.5}$$

Außerdem ist:

$$|\lambda\vec{a}| = |\lambda| \cdot |\vec{a}| \tag{2.6}$$

Mit Hilfe dieser Vektoroperationen läßt sich die Koordinatendarstellung eines Raumvektors mit den Koordinaten (a_1, a_2, a_3) schreiben als:

$$\vec{a} = a_1 \vec{e}_1 + a_2 \vec{e}_2 + a_3 \vec{e}_3 \tag{2.7}$$

Daraus ergibt sich für die Vektoraddition und skalare Multiplikation in Koordinatenschreibweise:

$$\vec{a} + \vec{b} = \begin{pmatrix} a_1 \\ a_2 \\ a_3 \end{pmatrix} + \begin{pmatrix} b_1 \\ b_2 \\ b_3 \end{pmatrix} = \begin{pmatrix} a_1 + b_1 \\ a_2 + b_2 \\ a_3 + b_3 \end{pmatrix} \tag{2.8}$$

$$\lambda \vec{a} = \lambda \begin{pmatrix} a_1 \\ a_2 \\ a_3 \end{pmatrix} = \begin{pmatrix} \lambda a_1 \\ \lambda a_2 \\ \lambda a_3 \end{pmatrix} \tag{2.9}$$

Es ist nämlich:

$$\begin{aligned} \vec{a} + \vec{b} &= a_1 \vec{e}_1 + a_2 \vec{e}_2 + a_3 \vec{e}_3 + b_1 \vec{e}_1 + b_2 \vec{e}_2 + b_3 \vec{e}_3 = && \text{wegen (2.2)} \\ &= a_1 \vec{e}_1 + b_1 \vec{e}_1 + a_2 \vec{e}_2 + b_2 \vec{e}_2 + a_3 \vec{e}_3 + b_3 \vec{e}_3 = && \text{wegen (2.5)} \\ &= (a_1 + b_1) \vec{e}_1 + (a_2 + b_2) \vec{e}_2 + (a_3 + b_3) \vec{e}_3 \end{aligned}$$

und

$$\begin{aligned} \lambda \vec{a} &= \lambda (a_1 \vec{e}_1 + a_2 \vec{e}_2 + a_3 \vec{e}_3) = && \text{wegen (2.5)} \\ &= \lambda a_1 \vec{e}_1 + \lambda a_2 \vec{e}_2 + \lambda a_3 \vec{e}_3 \end{aligned}$$

Da $\vec{a} - \vec{b} = \vec{a} + (-1)\vec{b}$, ergibt sich aus (2.8) und (2.9):

$$\vec{a} - \vec{b} = \begin{pmatrix} a_1 \\ a_2 \\ a_3 \end{pmatrix} - \begin{pmatrix} b_1 \\ b_2 \\ b_3 \end{pmatrix} = \begin{pmatrix} a_1 - b_1 \\ a_2 - b_2 \\ a_3 - b_3 \end{pmatrix} \tag{2.10}$$

Ein Vektor $\vec{p} = \overrightarrow{AB}$ mit Anfangspunkt $A = (a_1, a_2, a_3)$ und Endpunkt $B = (b_1, b_2, b_3)$ hat die Koordinatendarstellung

$$\vec{p} = \overrightarrow{AB} = \begin{pmatrix} b_1 - a_1 \\ b_2 - a_2 \\ b_3 - a_3 \end{pmatrix}, \tag{2.11}$$

da $\overrightarrow{AB} = \overrightarrow{OB} - \overrightarrow{OA}$ ist.

Beispiel:

Ein Vektor $\vec{x}$ vom Punkt $X_1 = (2,1)$ bis zum Punkt $X_2 = (4,4)$ besitzt die Koordinatendarstellung:

$$\vec{x} = \overrightarrow{X_1 X_2} = \begin{pmatrix} 4-2 \\ 4-1 \end{pmatrix} = \begin{pmatrix} 2 \\ 3 \end{pmatrix}$$

Die Summe $\vec{z}_1$ und Differenz $\vec{z}_2$ von $\vec{x}$ und einem Vektor $\vec{y} = \begin{pmatrix} 2 \\ -1 \end{pmatrix}$ ergibt:

$$\vec{z}_1 = \vec{x} + \vec{y} = \begin{pmatrix} 2+2 \\ 3-1 \end{pmatrix} = \begin{pmatrix} 4 \\ 2 \end{pmatrix}, \quad \vec{z}_2 = \vec{x} - \vec{y} = \begin{pmatrix} 2-2 \\ 3+1 \end{pmatrix} = \begin{pmatrix} 0 \\ 4 \end{pmatrix}$$

Die Vektoren $\vec{z}_3 = 1.5\vec{y} - \vec{x}$ und $\vec{z}_4 = -0.5\vec{x} - 2\vec{y}$ sind:

$$\vec{z}_3 = 1.5\vec{y} - \vec{x} = \begin{pmatrix} 3-2 \\ -1.5-3 \end{pmatrix} = \begin{pmatrix} 1 \\ -4.5 \end{pmatrix}$$

$$\vec{z}_4 = -0.5\vec{x} - 2\vec{y} = \begin{pmatrix} -1-4 \\ -1.5+2 \end{pmatrix} = \begin{pmatrix} -5 \\ 0.5 \end{pmatrix}$$

2.2.2   Das Skalarprodukt

Neben der Multiplikation eines Vektors mit einem Skalar gibt es eine Multiplikation zweier Vektoren. Die multiplikative Verknüpfung $\vec{a} \cdot \vec{b}$ zweier Vektoren $\vec{a}$ und $\vec{b}$ heißt **inneres Produkt**. Es ist definiert als:

$$\vec{a} \cdot \vec{b} = |\vec{a}| \cdot |\vec{b}| \cdot \cos \alpha \tag{2.12}$$

α ist der von $\vec{a}$ und $\vec{b}$ eingeschlossene Winkel.

Das Ergebnis von $\vec{a} \cdot \vec{b}$ ist also eine reelle Zahl, ein **Skalar**. Man spricht deshalb auch vom **Skalarprodukt** der Vektoren $\vec{a}$ und $\vec{b}$.

Aus der Definition leiten sich folgende Eigenschaften für das Skalarprodukt ab:

Kommutativgesetz:

$$\vec{a} \cdot \vec{b} = \vec{b} \cdot \vec{a} \tag{2.13}$$

Distributivgesetz:

$$\vec{a} \cdot (\vec{b} + \vec{c}) = \vec{a} \cdot \vec{b} + \vec{a} \cdot \vec{c} \tag{2.14}$$

und:

$$\lambda(\vec{a} \cdot \vec{b}) = (\lambda\vec{a}) \cdot \vec{b} = \vec{a} \cdot (\lambda\vec{b}) \tag{2.15}$$

Für $\vec{a} \neq \vec{o}$ und $\vec{b} \neq \vec{o}$, die den Winkel α einschließen, gilt:

$$\vec{a} \cdot \vec{b} \begin{cases} > 0 \text{ für } 0 \leq \alpha < \dfrac{\pi}{2} \\ = 0 \text{ für } \alpha = \dfrac{\pi}{2} \\ < 0 \text{ für } \dfrac{\pi}{2} < \alpha \leq \pi \end{cases} \qquad (2.16)$$

Das Skalarprodukt $\vec{a} \cdot \vec{b}$ hat den Wert 0, falls einer der Vektoren $\vec{a}$ oder $\vec{b}$ gleich dem Nullvektor $\vec{o}$ ist, oder $\vec{a}$ und $\vec{b}$ senkrecht aufeinander stehen ($\vec{a} \perp \vec{b}$). Man erhält also:

$$\vec{a} \perp \vec{b} \quad \Leftrightarrow \quad \vec{a} \cdot \vec{b} = 0 \text{ und } \vec{a} \neq \vec{o}, \vec{b} \neq \vec{o} \qquad (2.17)$$

Ist $\vec{a} \perp \vec{b}$, so heißen $\vec{a}$ und $\vec{b}$ **orthogonal**. Zwei vom Nullvektor verschiedene Vektoren sind genau dann orthogonal, wenn ihr Skalarprodukt verschwindet.

Für die Einheitsvektoren in Richtung der Koordinatenachsen folgt:

$$\vec{e}_i \cdot \vec{e}_j = \begin{cases} 0 \text{ für } i \neq j \\ 1 \text{ für } i = j \end{cases} \qquad (2.18)$$

Daraus ergibt sich für Vektoren in Koordinatendarstellung:

$$\vec{a} \cdot \vec{b} = \begin{pmatrix} a_1 \\ a_2 \\ a_3 \end{pmatrix} \cdot \begin{pmatrix} b_1 \\ b_2 \\ b_3 \end{pmatrix} = a_1 b_1 + a_2 b_2 + a_3 b_3, \qquad (2.19)$$

denn:

$$\begin{aligned} \vec{a} \cdot \vec{b} &= (a_1 \vec{e}_1 + a_2 \vec{e}_2 + a_3 \vec{e}_3) \cdot (b_1 \vec{e}_1 + b_2 \vec{e}_2 + b_3 \vec{e}_3) = \\ &= a_1 b_1 \vec{e}_1 \vec{e}_1 + a_1 b_2 \vec{e}_1 \vec{e}_2 + a_1 b_3 \vec{e}_1 \vec{e}_3 + a_2 b_1 \vec{e}_2 \vec{e}_1 + a_2 b_2 \vec{e}_2 \vec{e}_2 + a_2 b_3 \vec{e}_2 \vec{e}_3 + \\ &\quad + a_3 b_1 \vec{e}_3 \vec{e}_1 + a_3 b_2 \vec{e}_3 \vec{e}_2 + a_3 b_3 \vec{e}_3 \vec{e}_3 = \\ &= a_1 b_1 + a_2 b_2 + a_3 b_3 \end{aligned}$$

Ein spezielles Skalarprodukt ist $\vec{a} \cdot \vec{a}$. Es hat wegen $\cos \alpha = \cos 0 = 1$ den Wert:

$$\vec{a} \cdot \vec{a} = |\vec{a}| \cdot |\vec{a}| \cdot \cos \alpha = |\vec{a}|^2 \qquad (2.20)$$

Mit dieser Gleichung hat man eine einfache Berechnungsformel für den Betrag bzw. die Länge eines Vektors:

$$\vec{a} = \begin{pmatrix} a_1 \\ a_2 \\ a_3 \end{pmatrix}, \quad |\vec{a}| = \sqrt{\vec{a} \cdot \vec{a}} = \sqrt{a_1^2 + a_2^2 + a_3^2} \qquad (2.21)$$

Beispiel:

Der Abstand der Punkte A = (3, −1, 1) und B = (0, −1, 5) ist die Länge des

$$\text{Vektors } \overrightarrow{AB} = \begin{pmatrix} 0 \\ -1 \\ 5 \end{pmatrix} - \begin{pmatrix} 3 \\ -1 \\ 1 \end{pmatrix} = \begin{pmatrix} -3 \\ 0 \\ 4 \end{pmatrix}, \text{ also:}$$

$$|\overrightarrow{AB}| = \sqrt{(-3)^2 + 0^2 + 4^2} = \sqrt{25} = 5$$

2.2.3   Das Vektorprodukt

Eine weitere multiplikative Verknüpfung zweier Vektoren, die als Ergebnis einen Vektor liefert, ist das **Vektorprodukt** $\vec{a} \times \vec{b}$ der beiden Vektoren $\vec{a}$ und $\vec{b}$. Es wird auch als **äußeres Produkt** bezeichnet. Man erhält den Vektor $\vec{a} \times \vec{b}$ folgendermaßen: $\vec{a} \times \vec{b}$ steht derart senkrecht auf $\vec{a}$ und $\vec{b}$, daß $\vec{a}$, $\vec{b}$ und $\vec{a} \times \vec{b}$ ein **Rechtssystem** bilden, d.h. so zueinander liegen wie Daumen, Zeigefinger und Mittelfinger der rechten Hand (Bild 2.8). Der Betrag von $\vec{a} \times \vec{b}$ ist gleich der Fläche des von $\vec{a}$ und $\vec{b}$ aufgespannten Parallelogramms, also:

$$|\vec{a} \times \vec{b}| = |\vec{a}| \cdot |\vec{b}| \cdot \sin \alpha \tag{2.22}$$

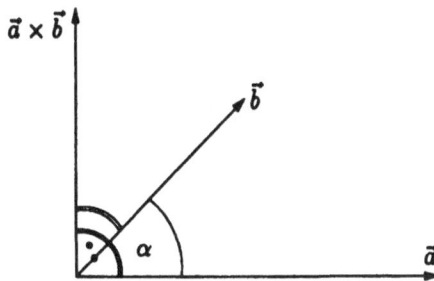

Bild 2.8: Das Vektorprodukt

Falls $\vec{a} = \vec{o}$ oder $\vec{b} = \vec{o}$, so ist $\vec{a} \times \vec{b} = \vec{o}$. Sind $\vec{a}$ und $\vec{b}$ parallel, dann ist $\sin \alpha = 0$ und $\vec{a} \times \vec{b} = \vec{o}$, speziell ist $\vec{a} \times \vec{a} = \vec{o}$. Man hat also folgende Aussage über parallele Vektoren:

$$\vec{a} \parallel \vec{b} \quad \Leftrightarrow \quad \vec{a} \times \vec{b} = \vec{o} \text{ und } \vec{a} \neq \vec{o}, \vec{b} \neq \vec{o} \tag{2.23}$$

Für das Vektorprodukt gelten folgende Regeln:

$$\vec{a} \times \vec{b} = -(\vec{b} \times \vec{a}) \tag{2.24}$$

$$(\lambda \vec{a}) \times \vec{b} = \vec{a} \times (\lambda \vec{b}) = \lambda(\vec{a} \times \vec{b}) \tag{2.25}$$

Distributivgesetze:

$$\vec{a} \times (\vec{b} + \vec{c}) = \vec{a} \times \vec{b} + \vec{a} \times \vec{c}$$
$$(\vec{a} + \vec{b}) \times \vec{c} = \vec{a} \times \vec{c} + \vec{b} \times \vec{c} \tag{2.26}$$

Das in 2.1 eingeführte Koordinatensystem ist ein Rechtssystem. Deshalb gilt für die Einheitsvektoren $\vec{e}_i$:

$$\vec{e}_1 \times \vec{e}_2 = \vec{e}_3, \quad \vec{e}_2 \times \vec{e}_3 = \vec{e}_1, \quad \vec{e}_3 \times \vec{e}_1 = \vec{e}_2 \tag{2.27}$$

Hieraus folgt die Koordinatendarstellung für das Vektorprodukt:

$$\vec{a} \times \vec{b} = \begin{pmatrix} a_1 \\ a_2 \\ a_3 \end{pmatrix} \times \begin{pmatrix} b_1 \\ b_2 \\ b_3 \end{pmatrix} = \begin{pmatrix} a_2 b_3 - a_3 b_2 \\ a_3 b_1 - a_1 b_3 \\ a_1 b_2 - a_2 b_1 \end{pmatrix}, \tag{2.28}$$

denn:

$$\vec{a} \times \vec{b} = (a_1 \vec{e}_1 + a_2 \vec{e}_2 + a_3 \vec{e}_3) \times (b_1 \vec{e}_1 + b_2 \vec{e}_2 + b_3 \vec{e}_3) =$$
$$= a_1 b_1 (\vec{e}_1 \times \vec{e}_1) + a_1 b_2 (\vec{e}_1 \times \vec{e}_2) + a_1 b_3 (\vec{e}_1 \times \vec{e}_3) +$$
$$+ a_2 b_1 (\vec{e}_2 \times \vec{e}_1) + a_2 b_2 (\vec{e}_2 \times \vec{e}_2) + a_2 b_3 (\vec{e}_2 \times \vec{e}_3) +$$
$$+ a_3 b_1 (\vec{e}_3 \times \vec{e}_1) + a_3 b_2 (\vec{e}_3 \times \vec{e}_2) + a_3 b_3 (\vec{e}_3 \times \vec{e}_3) =$$
$$= \vec{o} + a_1 b_2 \vec{e}_3 - a_1 b_3 \vec{e}_2 - a_2 b_1 \vec{e}_3 + \vec{o} + a_2 b_3 \vec{e}_1 + a_3 b_1 \vec{e}_2 - a_3 b_2 \vec{e}_1 + \vec{o} =$$
$$= (a_2 b_3 - a_3 b_2) \vec{e}_1 + (a_3 b_1 - a_1 b_3) \vec{e}_2 + (a_1 b_2 - a_2 b_1) \vec{e}_3$$

Die Koordinatenschreibweise des Vektorprodukts läßt sich auch als **formale Determinante** wie folgt darstellen (Merkregel):

$$\vec{a} \times \vec{b} = \begin{vmatrix} \vec{e}_1 & \vec{e}_2 & \vec{e}_3 \\ a_1 & a_2 & a_3 \\ b_1 & b_2 & b_3 \end{vmatrix} \tag{2.29}$$

Die obige Darstellung erhält man hieraus mit Hilfe der **Regel von Sarrus**:

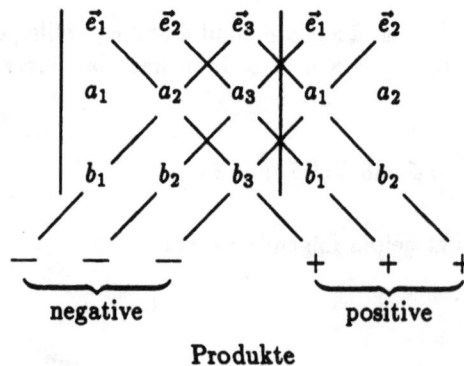

negative   positive

Produkte

Die Produkte der Elemente, die jeweils von links oben nach rechts unten verbunden sind, werden addiert, während die Produkte der Elemente, die von rechts oben nach links unten verbunden sind, subtrahiert werden.

Beispiel:

*Mit der Geschwindigkeit $\vec{v}$ bewegte elektrische Ladungen q erfahren in einem Magnetfeld $\vec{B}$ die sog. **Lorentz-Kraft** $\vec{F} = q \cdot \vec{v} \times \vec{B}$. Bild 2.9 zeigt ein Elektron der Elementarladung $e^- = 1.6 \cdot 10^{-19}$ As, das mit einer Geschwindigkeit von $v = 2.5 \cdot 10^8 \; \frac{m}{s}$ aus einer β-Strahlungsquelle in ein Magnetfeld der Stärke $B = 0.5 \; \frac{Vs}{m^2}$ gelangt. Die Feldlinien von $\vec{B}$ verlaufen von der Zeichenebene auf den Betrachter zu.*

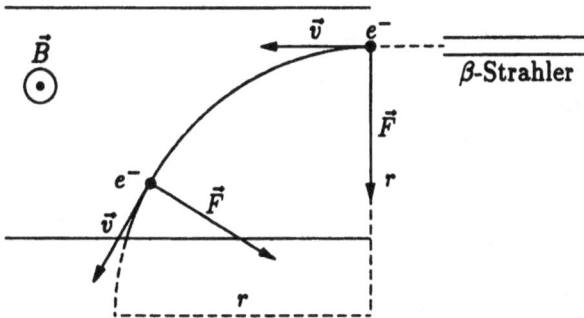

Bild 2.9: Die Lorentz-Kraft

*Die Rechte-Hand-Regel heißt in der Physik auch **UVW-Regel** (Ursache-Vermittlung-Wirkung). Die Ursache der Kraftwirkung $\vec{F}$ ist das Magnetfeld $\vec{B}$, das durch die Geschwindigkeit $\vec{v}$ auf die Ladung e vermittelt wird. Die Lorentz-Kraft $\vec{F}$ steht zu jedem Zeitpunkt senkrecht auf dem Magnetfeld- und Geschwindigkeitsvektor. Es resultiert deshalb eine Bewegung auf einem Kreis mit dem Radius r. Die Lorentz-Kraft ist auf den Kreismittelpunkt gerichtet. Da $\vec{v}$ immer senkrecht auf $\vec{B}$ steht, ist der Betrag der Lorentz-Kraft:*

$$F = e \cdot v \cdot B \cdot \sin 90° = 1.6 \cdot 10^{-19} \; \text{As} \cdot 2.5 \cdot 10^8 \; \frac{m}{s} \cdot 0.5 \; \frac{Vs}{m^2} \cdot 1 = 2 \cdot 10^{-11} \; \text{N}$$

2.3   Lineare Abhängigkeit und Unabhängigkeit von Vektoren

Zwei Vektoren $\vec{a}$ und $\vec{b}$ heißen **linear abhängig**, wenn es reelle Zahlen λ und μ gibt, von denen wenigstens eine $\neq 0$ ist, so daß gilt:

$$\lambda\vec{a} + \mu\vec{b} = \vec{o} \quad (|\lambda| + |\mu| \neq 0) \tag{2.30}$$

Ist z.B. $\lambda \neq 0$, so kann Gleichung (2.30) beidseitig mit $\dfrac{1}{\lambda}$ multipliziert werden, und man erhält mit $\sigma = -\dfrac{\mu}{\lambda}$ die zu (2.30) äquivalente Beziehung: $\vec{a} = \sigma\vec{b}$, d.h. lineare Abhängigkeit zweier Vektoren ist gleichbedeutend mit Parallelität.

Ein beliebiger Vektor $\vec{b}$ und der Nullvektor $\vec{o}$ sind stets linear abhängig, denn für $\lambda \neq 0$, $\mu = 0$ gilt immer: $\lambda\vec{o} + \mu\vec{b} = \vec{o} + \vec{o} = \vec{o}$.

Läßt sich Bedingung (2.30) nicht erfüllen, ist also der Nullvektor nur auf die triviale Weise ($\lambda = 0$, $\mu = 0$) darstellbar, also $0\vec{a} + 0\vec{b} = \vec{o}$, so heißen $\vec{a}$ und $\vec{b}$ **linear unabhängig**.

Die Definition der linearen Abhängigkeit bzw. Unabhängigkeit läßt sich auf mehrere Vektoren erweitern:

Die Vektoren $\vec{a}_1, \vec{a}_2, \ldots \vec{a}_n$ heißen **linear abhängig**, wenn Zahlen $\lambda_1, \lambda_2, \ldots \lambda_n$ existieren, die nicht alle gleich Null sind, so daß gilt:

$$\lambda_1\vec{a}_1 + \lambda_2\vec{a}_2 + \ldots \lambda_n\vec{a}_n = \vec{o} \tag{2.31}$$

Gibt es solche Zahlen nicht, d.h. ist $\lambda_1\vec{a}_1 + \lambda_2\vec{a}_2 + \ldots \lambda_n\vec{a}_n = \vec{o}$ nur für $\lambda_1 = \lambda_2 = \ldots = \lambda_n = 0$ erfüllt, so heißen die n Vektoren **linear unabhängig**. Ein Ausdruck der Form $\mu_1\vec{a}_1 + \mu_2\vec{a}_2 + \ldots \mu_n\vec{a}_n$ heißt **Linearkombination** der Vektoren $\vec{a}_1, \vec{a}_2, \ldots \vec{a}_n$.

Für den dreidimensionalen Raum $\mathbb{R}^3$ gilt folgendes:

1. Zwei linear unabhängige Vektoren bestimmen eine Ebene, die noch parallel verschoben werden kann. Die Angabe eines Punktes im Raum legt sie fest.
2. Drei linear abhängige Vektoren liegen in einer Ebene.
3. Es gibt im $\mathbb{R}^3$ beliebig viele Sätze von je 3 linear unabhängigen Vektoren. Die Einheitsvektoren $\vec{e}_1$, $\vec{e}_2$, und $\vec{e}_3$ des kartesischen Koordinatensystems sind z.B. solche linear unabhängigen Vektoren. Auch die Vektoren

$$\vec{a}_1 = \begin{pmatrix} 1 \\ 2 \\ 3 \end{pmatrix}, \; \vec{a}_2 = \begin{pmatrix} 1 \\ 1 \\ 1 \end{pmatrix}, \; \vec{a}_3 = \begin{pmatrix} 1 \\ 0 \\ 1 \end{pmatrix}$$

sind linear unabhängig, da $\lambda_1\vec{a}_1 + \lambda_2\vec{a}_2 + \lambda_3\vec{a}_3 = \vec{o}$ nur für $\lambda_1 = \lambda_2 = \lambda_3 = 0$ erfüllbar ist, wie man aus den drei Gleichungen für die drei Koordinaten leicht errechnet.

4. Mehr als drei Vektoren sind im $I\!R^3$ immer linear abhängig. Dies ist sofort einsichtig, da jeder vierte Vektor $\vec{d}$ als Linearkombination dreier unabhängiger Vektoren $\vec{a}, \vec{b}, \vec{c}$ dargestellt werden kann (Bild 2.10).

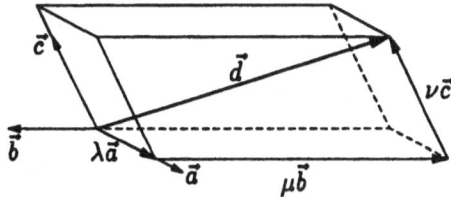

Bild 2.10: Linearkombination von Vektoren

Aus 3. und 4. ergibt sich, daß im dreidimensionalen Raum $I\!R^3$ drei beliebige linear unabhängige Vektoren als sog. **Basisvektoren** die Grundlage für ein (i.a. schiefwinkliges) Koordinatensystem bilden können. Bei dem in 2.1 eingeführten Koordinatensystem sind die Einheitsvektoren $\vec{e}_i$ Basisvektoren. Man erhält natürlich bzgl. verschiedener Wahl der Basisvektoren unterschiedliche Koordinatendarstellungen für einen Vektor $\vec{a}$.

2.4   Analytische Geometrie im $I\!R^3$

Die geometrische Anwendung der Vektorrechnung soll im dreidimensionalen
Raum an Hand elementarer Beispiele kurz betrachtet werden.

2.4.1   Geraden

Eine Gerade g im Raum wird eindeutig bestimmt durch einen Punkt P, durch
den sie gehen soll, und einen Vektor $\vec{u}$ in Richtung der Geraden. Da zum Punkt
P der Ortsvektor $\overrightarrow{OP}$ und zu einem beliebigen Geradenpunkt X der Ortsvektor
$\overrightarrow{OX}$ gehört, kann g als Menge ihrer Punkte wie folgt beschrieben werden:

$$g = \{X|\ \overrightarrow{OX} = \overrightarrow{OP} + \lambda\vec{u};\ \lambda \in I\!R\} \tag{2.32}$$

Man bezeichnet λ als **Parameter der Geradengleichung** und schreibt mit
den Bezeichnungen $\vec{p} = \overrightarrow{OP}$ und $\vec{x} = \overrightarrow{OX}$ normalerweise:

$$g : \vec{x} = \vec{p} + \lambda\vec{u}\quad \text{(Parameterform der Geradengleichung)} \tag{2.33}$$

Auch durch zwei Punkte P und Q ist eine Gerade g eindeutig festgelegt. Seien
$\vec{p} = \overrightarrow{OP}$ und $\vec{q} = \overrightarrow{OQ}$ die Ortsvektoren der beiden Punkte, dann ist der Vektor
$\vec{q} - \vec{p}$ ein Richtungsvektor der Geraden, und die Geradengleichung lautet:

$$g : \vec{x} = \vec{p} + \lambda(\vec{q} - \vec{p}) \tag{2.34}$$

Hat man zwei verschiedene Geraden im Raum, so gibt es drei Möglichkeiten
für die Lage der Geraden zueinander:

1. die beiden Geraden haben einen gemeinsamen Punkt, sie schneiden sich,

2. die Geraden sind parallel,

3. die Geraden haben keinen gemeinsamen Punkt und sind nicht parallel, sie
   sind **windschief** zueinander.

Die Parallelität zweier Geraden läßt sich leicht erkennen, denn die beiden Richtungsvektoren sind dann linear abhängig. Sind die Richtungsvektoren linear unabhängig, so kommen die Fälle 1. und 3. in Frage. Man nimmt dann zunächst
an, die Geraden schneiden sich, d.h. es gibt einen Punkt, der die beiden Gera-
dengleichungen erfüllt. Durch Gleichsetzen der rechten Seiten der Gleichungen
ergeben sich für die drei Koordinaten drei Gleichungen für die beiden Parameter. Diese können aus zweien bestimmt werden. Ist nun die dritte Gleichung
identisch erfüllt, so liegt ein Schnittpunkt vor. Ergibt sich dagegen hierbei ein

Widerspruch, dann war die Annahme eines gemeinsamen Punktes falsch, die Geraden sind windschief.

Beispiel:

Gegeben seien die Punkte $A = (1, 2, 3)$, $B = (2, 0, 1)$, und $C = (1, 1, -2)$, die Vektoren

$$\vec{u} = \begin{pmatrix} 1 \\ 0 \\ 1 \end{pmatrix}, \quad \vec{v} = \begin{pmatrix} 2 \\ 1 \\ 3 \end{pmatrix}, \quad \vec{w} = \begin{pmatrix} 1 \\ 1 \\ 1 \end{pmatrix},$$

und die Geraden

$$g_1 : \vec{x} = \vec{a} + \lambda \vec{u}, \quad g_2 : \vec{x} = \vec{b} + \mu \vec{v}, \quad g_3 : \vec{x} = \vec{c} + \nu \vec{w}.$$

Keine zwei dieser Geraden sind parallel.

Haben g_1 und g_2 einen Schnittpunkt?

$$\vec{a} + \lambda \vec{u} = \vec{b} + \mu \vec{v} \Leftrightarrow \left\{ \begin{array}{l} 1 + \lambda \cdot 1 = 2 + \mu \cdot 2 \\ 2 + \lambda \cdot 0 = 0 + \mu \cdot 1 \quad \Rightarrow \mu = 2 \\ 3 + \lambda \cdot 1 = 1 + \mu \cdot 3 \end{array} \right\} \Rightarrow \lambda = 5$$

$\lambda = 5$ und $\mu = 2$ in die dritte Gleichung eingesetzt: $3 + 5 = 1 + 6$ Widerspruch!
Also sind g_1 und g_2 windschief.

Schneiden sich g_2 und g_3?

$$\vec{b} + \mu \vec{v} = \vec{c} + \nu \vec{w} \Leftrightarrow \left\{ \begin{array}{l} 2 + \mu \cdot 2 = 1 \ + \nu \cdot 1 \\ 0 + \mu \cdot 1 = 1 \ + \nu \cdot 1 \\ 1 + \mu \cdot 3 = -2 + \nu \cdot 1 \end{array} \right\} \Rightarrow \mu = -2, \ \nu = -3$$

$\mu = -2$ und $\nu = -3$ in die dritte Gleichung eingesetzt: $1 - 6 = -2 - 3$ Identität!
Also haben g_2 und g_3 einen gemeinsamen Schnittpunkt S mit dem Ortsvektor:

$$\vec{s} = \begin{pmatrix} 2 \\ 0 \\ 1 \end{pmatrix} + (-2) \begin{pmatrix} 2 \\ 1 \\ 3 \end{pmatrix} = \begin{pmatrix} -2 \\ -2 \\ -5 \end{pmatrix}$$

2.4.2   Ebenen

Eine Ebene wird eindeutig bestimmt durch einen Punkt P mit dem Ortsvektor $\vec{p} = \overrightarrow{OP}$ und zwei linear unabhängige Vektoren $\vec{u}$ und $\vec{v}$ (Bild 2.11 a). Somit ist die Ebene als Menge ihrer Punkte wie folgt darstellbar:

$$E = \{X \mid \overrightarrow{OX} = \overrightarrow{OP} + \lambda \vec{u} + \mu \vec{v}; \ \lambda, \mu \in \mathbb{R}\} \tag{2.35}$$

Analog zur Geradengleichung schreibt man auch:

$$E : \vec{x} = \vec{p} + \lambda \vec{u} + \mu \vec{v} \quad \text{(Parameterform der Ebenengleichung)} \tag{2.36}$$

Durch drei ihrer Punkte P, Q, R, die nicht auf einer Geraden liegen, ist eine Ebene E ebenfalls eindeutig festgelegt (Bild 2.11 b). Seien $\vec{p} = \overrightarrow{OP}$, $\vec{q} = \overrightarrow{OQ}$ und $r = \overrightarrow{OR}$ die Ortsvektoren der drei Punkte, dann sind die Vektoren $\vec{q} - \vec{p}$ und $\vec{r} - \vec{p}$ linear unabhängig, und die Ebenengleichung lautet:

$$E : \vec{x} = \vec{p} + \lambda(\vec{q} - \vec{p}) + \mu(\vec{r} - \vec{p}) \qquad (2.37)$$

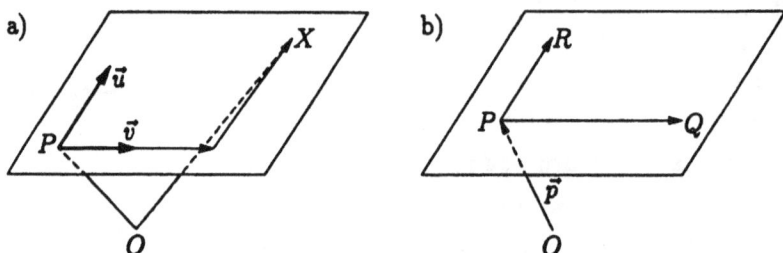

Bild 2.11: Darstellung von Ebenen

Man hat eine weitere Möglichkeit, eine Ebene E zu bestimmen, indem man einen Punkt A der Ebene und einen zur Ebene senkrechten Vektor $\vec{n}$ angibt. Einen solchen Vektor nennt man **Normalenvektor** der Ebene. Wenn $\vec{a} = \overrightarrow{OA}$ der Ortsvektor von A und $\vec{x} = \overrightarrow{OX}$ der Ortsvektor eines beliebigen Ebenenpunkts ist, so liegt der Vektor $\overrightarrow{AX} = \vec{x} - \vec{a}$ in der Ebene und das Skalarprodukt von $\vec{n}$ mit $(\vec{x} - \vec{a})$ verschwindet. Also ist die Ebene E der geometrische Ort aller Punkte, für die gilt:

$$\vec{n} \cdot (\vec{x} - \vec{a}) = 0 \qquad (2.38)$$

Dies ist eine parameterfreie Form der Ebenengleichung. Sie lautet ausgeschrieben:

$$\begin{aligned} &n_1(x_1 - a_1) + n_2(x_2 - a_2) + n_3(x_3 - a_3) = 0 \quad \text{oder} \\ &n_1 x_1 + n_2 x_2 + n_3 x_3 - (n_1 a_1 + n_2 a_2 + n_3 a_3) = 0 \end{aligned} \qquad (2.39)$$

Allgemein stellt jede Gleichung der Form $b_1 x_1 + b_2 x_2 + b_3 x_3 + b_4 = 0$ eine Ebene dar, wenn $b_1^2 + b_2^2 + b_3^2 \neq 0$. Der Vektor $\vec{b}$ mit den Komponenten b_1, b_2, b_3 ist dann ein Normalenvektor dieser Ebene. Eine derartige Gleichung wird auch als **Koordinatengleichung** der Ebene bezeichnet. Aus der Parametergleichung einer Ebene kann man die Koordinatengleichung auf zwei verschiedene Arten erhalten:

1. Man löst zwei der drei Koordinatengleichungen nach den Parametern auf und setzt in die dritte ein. Die ergibt eine parameterfreie Gleichung.

2. Wenn $\vec{u}$ und $\vec{v}$ zwei in der Ebene liegende Vektoren sind, so steht das Vektorprodukt $\vec{u} \times \vec{v}$ senkrecht auf $\vec{u}$ und $\vec{v}$ (vgl. 2.2.3) und damit auf der Ebene. Somit ist $\vec{n} = \vec{u} \times \vec{v}$ ein Normalenvektor, und die Koordinatendarstellung kann wie oben aufgestellt werden.

Beispiel:

Die Ebene E ist festgelegt durch die drei Punkte $A = (0, 5, -3)$, $B = (6, -2, 1)$, $C = (3, 0, -1)$. Gesucht ist die Parameter- und Koordinatendarstellung der Ebenengleichung.

$$\overrightarrow{AB} = \vec{b} - \vec{a} = \begin{pmatrix} 6 \\ -7 \\ 4 \end{pmatrix}, \quad \overrightarrow{AC} = \vec{c} - \vec{a} = \begin{pmatrix} 3 \\ -5 \\ 2 \end{pmatrix}$$

Parameterform:

$$E : \vec{x} = \vec{a} + \lambda(\vec{b} - \vec{a}) + \mu(\vec{c} - \vec{a}) = \begin{pmatrix} 0 \\ 5 \\ -3 \end{pmatrix} + \lambda \begin{pmatrix} 6 \\ -7 \\ 4 \end{pmatrix} + \mu \begin{pmatrix} 3 \\ -5 \\ 2 \end{pmatrix}$$

Koordinatenform:

Ein Normalenvektor $\vec{n}$ von E ist $(\vec{b} - \vec{a}) \times (\vec{c} - \vec{a})$.

$$\vec{n} = \begin{pmatrix} 6 \\ -7 \\ 4 \end{pmatrix} \times \begin{pmatrix} 3 \\ -5 \\ 2 \end{pmatrix}$$

$$\Rightarrow \vec{n} = \begin{pmatrix} 6 \\ 0 \\ -9 \end{pmatrix}$$

$$\begin{pmatrix} 6 \\ 0 \\ -9 \end{pmatrix} \cdot \left(\vec{x} - \begin{pmatrix} 0 \\ 5 \\ -3 \end{pmatrix} \right) = 0 \Leftrightarrow 6x_1 - 9x_3 - 27 = 0$$

Aufgaben

1. Bestimmen Sie den Ortsvektor $\vec{x}$ im $I\!\!R^2$, der zu einem Repräsentanten mit dem Anfangspunkt $P = (5,4)$ und dem Endpunkt $Q = (4,5)$ gehört. Wie lang ist $\vec{x}$?

2. Gegeben seien im $I\!\!R^3$ die Vektoren $\vec{a} = \begin{pmatrix} 1 \\ 2 \\ 1 \end{pmatrix}$ und $\vec{b} = \begin{pmatrix} 0 \\ 1 \\ 2 \end{pmatrix}$.

   Bestimmen Sie:

   a) $\vec{c}_1 = 2\vec{a} - \vec{b}$

   b) $\vec{a} \cdot \vec{b}$

   c) den Winkel α zwischen $\vec{a}$ und $\vec{b}$

   d) $\vec{c}_2 = \vec{a} \times \vec{b}$

3. Gegeben sind die Vektoren $\vec{x} = \begin{pmatrix} 2 \\ 0 \end{pmatrix}$, $\vec{y} = \begin{pmatrix} 0 \\ 3 \end{pmatrix}$, $\vec{z} = \begin{pmatrix} 0 \\ 1.5 \end{pmatrix}$.

   a) Sind $\vec{x}$, $\vec{y}$ und $\vec{z}$ linear abhängig?

   b) Sind $\vec{x}$ und $\vec{y}$ linear abhängig?

   c) Sind $\vec{y}$ und $\vec{z}$ linear abhängig?

4. Gegeben sei die Ebene $E_1 : x_1 + 2x_2 + 2x_3 - 6 = 0$.

   a) Man zeige, daß der Vektor $\vec{a} = \begin{pmatrix} 2 \\ -2 \\ 1 \end{pmatrix}$ parallel zur Ebene E_1 verläuft.

   b) Man gebe die Koordinatengleichung der Ebene E_2 an, welche die Gerade $\vec{x} = \lambda\vec{a}$ enthält und auf E_1 senkrecht steht.

   c) Man zeige, daß $g : \vec{x} = \begin{pmatrix} 0 \\ 2 \\ 1 \end{pmatrix} + \mu \begin{pmatrix} 2 \\ -2 \\ 1 \end{pmatrix}$ die Schnittgerade von E_1 und E_2 darstellt.

5. In welchem Punkt durchstößt die Gerade $g : \vec{x} = \begin{pmatrix} 1 \\ 0 \\ 0 \end{pmatrix} + t \begin{pmatrix} 3 \\ 1 \\ 2 \end{pmatrix}$ die Ebene $E : x_1 + x_2 + x_3 = 7$?

Lösungen:

1. $\vec{x} = \begin{pmatrix} 4-5 \\ 5-4 \end{pmatrix} = \begin{pmatrix} -1 \\ 1 \end{pmatrix}$, $|\vec{x}| = \sqrt{(-1)^2 + 1^2} = \sqrt{2}$

2. a) $\vec{c}_1 = \begin{pmatrix} 2 \\ 3 \\ 0 \end{pmatrix}$

   b) $\vec{a} \cdot \vec{b} = 1 \cdot 0 + 2 \cdot 1 + 1 \cdot 2 = 4$

   c) $|\vec{a}| \cdot |\vec{b}| \cdot \cos \alpha = \sqrt{1^2 + 2^2 + 1^2} \cdot \sqrt{0^2 + 1^2 + 2^2} \cdot \cos \alpha =$
   $$= \sqrt{6} \cdot \sqrt{5} \cdot \cos \alpha = \sqrt{30} \cdot \cos \alpha = 4$$

   $$\cos \alpha = \frac{4}{\sqrt{30}} = 0.73 \Rightarrow \alpha = 43°$$

   d) $\vec{a} \times \vec{b} = \begin{pmatrix} 2 \cdot 2 - 1 \cdot 1 \\ 1 \cdot 0 - 1 \cdot 2 \\ 1 \cdot 1 - 2 \cdot 0 \end{pmatrix} = \begin{pmatrix} 3 \\ -2 \\ 1 \end{pmatrix}$

3. a) Drei Vektoren sind im $\mathbb{R}^2$ immer linear abhängig.
   b) Aus $\lambda \vec{x} + \mu \vec{y} = \vec{o}$ folgt: $2\lambda = 0 \Rightarrow \lambda = 0$, $3\mu = 0 \Rightarrow \mu = 0$.
   $\vec{x}$ und $\vec{y}$ sind also linear unabhängig.
   c) $\vec{y} = 2\vec{z}$ ist Linearkombination von $\vec{z}$, d.h. $\vec{y}$ und $\vec{z}$ sind linear abhängig.

4. a) $\vec{n}_1 = \begin{pmatrix} 1 \\ 2 \\ 2 \end{pmatrix}$ ist ein Normalenvektor von E_1. $\vec{a} \cdot \vec{n}_1 = 0 \Rightarrow \vec{a} \parallel E_1$.

   b) Normalenvektor von $E_2 : \vec{n}_2 = \vec{a} \times \vec{n}_1$.

   $$\begin{array}{ccc|cc} \vec{e}_1 & \vec{e}_2 & \vec{e}_3 & \vec{e}_1 & \vec{e}_2 \\ & & & & \\ 2 & -2 & 1 & 2 & -2 \\ & & & & \\ 1 & 2 & 2 & 1 & 2 \end{array} \quad \Rightarrow \vec{n}_2 = \begin{pmatrix} -6 \\ -3 \\ 6 \end{pmatrix}$$

   Der Ursprung ist ein Punkt von E_2, da er auf der Geraden $\vec{x} = \lambda \vec{a}$ liegt.
   Ebene $E_2 : -6x_1 - 3x_2 + 6x_3 = 0 \Leftrightarrow 2x_1 + x_2 - 2x_3 = 0$

   c) $\vec{x} = \begin{pmatrix} 2\mu \\ 2 - 2\mu \\ 1 + \mu \end{pmatrix}$ erfüllt die Ebenengleichung von E_1 und E_2:

   $E_1 : 2\mu + 2(2 - 2\mu) + 2(1 + \mu) - 6 = 2\mu + 4 - 4\mu + 2 + 2\mu - 6 = 0$
   $E_2 : 2 \cdot 2\mu + (2 - 2\mu) - 2(1 + \mu) = 4\mu + 2 - 2\mu - 2 - 2\mu = 0$
   Also stellt g die Schnittgerade von E_1 und E_2 dar.

5. Der allgemeine Geradenpunkt mit dem Ortsvektor $\begin{pmatrix} x_1 \\ x_2 \\ x_3 \end{pmatrix} = \begin{pmatrix} 1 + 3t \\ t \\ 2t \end{pmatrix}$

   in die Ebenengleichung eingesetzt liefert:
   $(1 + 3t) + t + 2t = 7 \Rightarrow 6t = 6 \Rightarrow t = 1$
   Schnittpunkt $S = (4, 1, 2)$

Kapitel 3

Lineare Algebra und Matrizenrechnung

Die Vektorrechnung des vorherigen Kapitels wird hier durch die Betrachtung von n-dimensionalen Vektoren verallgemeinert. Da in der angewandten Mathematik viele Probleme einfach, kurz und elegant in Matrix-Schreibweise dargestellt werden können, liegt der Schwerpunkt dieser Einführung auf der linearen Algebra' der Matrizenrechnung. Matrizen spielen eine wichtige Rolle bei Lösungsverfahren für lineare Gleichungssysteme, insbesondere unter Verwendung von Rechnern

3.1 Der Vektorraum $\mathbb{R}^n$

Im vorangehenden Kapitel erfolgte die Koordinatendarstellung von Vektoren im zwei- und dreidimensionalen Raum. Dieses Konzept kann für n-dimensionale Vektoren verallgemeinert werden.

3.1.1 Vektoren im $\mathbb{R}^n$, Vektoroperationen

Ein n-dimensionaler Vektor $\vec{x}$ ist durch $n \in \mathbb{N}$ reelle Zahlen $x_1, x_2, \ldots x_n$ eindeutig bestimmt und wird als **Spaltenvektor** geschrieben:

$$\vec{x} = \begin{pmatrix} x_1 \\ x_2 \\ \vdots \\ x_n \end{pmatrix} \tag{3.1}$$

Die Zahl x_i heißt die i-te **Komponente** oder **Koordinate** von $\vec{x}$.

Zwei Vektoren $\vec{x} = \begin{pmatrix} x_1 \\ x_2 \\ \vdots \\ x_n \end{pmatrix}$ und $\vec{y} = \begin{pmatrix} y_1 \\ y_2 \\ \vdots \\ y_n \end{pmatrix}$ sind genau dann gleich, wenn

ihre entsprechenden Komponenten jeweils übereinstimmen, wenn also gilt:
$x_1 = y_1 \ \wedge \ x_2 = y_2 \ \wedge \ \ldots \ \wedge \ x_n = y_n$

Beispiel:

Die Vektoren $\vec{x} = \begin{pmatrix} 1 \\ 3 \\ 0 \\ 1 \end{pmatrix}$ und $\vec{y} = \begin{pmatrix} 1 \\ 0 \\ 3 \\ 1 \end{pmatrix}$ sind nicht gleich.

Man verallgemeinert nun die Rechenoperationen auf den n-dimensionalen Fall:

Addition und Subtraktion

$$\vec{x} \pm \vec{y} = \begin{pmatrix} x_1 \\ x_2 \\ \vdots \\ x_n \end{pmatrix} \pm \begin{pmatrix} y_1 \\ y_2 \\ \vdots \\ y_n \end{pmatrix} = \begin{pmatrix} x_1 \pm y_1 \\ x_2 \pm y_2 \\ \vdots \\ x_n \pm y_n \end{pmatrix} \tag{3.2}$$

Die Subtraktion ist auch hier eine abgekürzte Schreibweise für $\vec{x} + (-\vec{y})$. Es ist $-\vec{y}$ der eindeutig bestimmbare Vektor, für den gilt: $\vec{y} + (-\vec{y}) = \vec{o}$.

Der Vektor $\vec{o} = \begin{pmatrix} 0 \\ 0 \\ \vdots \\ 0 \end{pmatrix}$ heißt **Nullvektor**, und es ist $-\vec{y} = \begin{pmatrix} -y_1 \\ -y_2 \\ \vdots \\ -y_n \end{pmatrix}$.

Skalare Multiplikation

Für die Multiplikation eines Vektors $\vec{x}$ mit einem Skalar λ gilt:

$$\lambda \vec{x} = \lambda \begin{pmatrix} x_1 \\ x_2 \\ \vdots \\ x_n \end{pmatrix} = \begin{pmatrix} \lambda x_1 \\ \lambda x_2 \\ \vdots \\ \lambda x_n \end{pmatrix} \quad (\lambda \in \mathbb{R}) \tag{3.3}$$

Skalarprodukt

Für zwei Vektoren $\vec{x}$ und $\vec{y}$, die einen Winkel α einschließen, gilt:

$$\vec{x} \cdot \vec{y} = \begin{pmatrix} x_1 \\ x_2 \\ \vdots \\ x_n \end{pmatrix} \cdot \begin{pmatrix} y_1 \\ y_2 \\ \vdots \\ y_n \end{pmatrix} = x_1 y_1 + x_2 y_2 + \ldots + x_n y_n = \tag{3.4}$$

$$= \sum_{i=1}^{n} x_i y_i = |\vec{x}| \cdot |\vec{y}| \cdot \cos \alpha$$

Zwei Vektoren, deren Skalarprodukt verschwindet, heißen **orthogonal** zueinander. Im zwei- und dreidimensionalen Raum sind diese Vektoren anschaulich als senkrecht zu interpretieren.

Der **Betrag** bzw. die **Länge** eines n-dimensionalen Vektors ist:

$$|\vec{x}| = \sqrt{\vec{x} \cdot \vec{x}} = \sqrt{x_1^2 + x_2^2 + \ldots + x_n^2} = \sqrt{\sum_{i=1}^{n} x_i^2} \qquad (3.5)$$

Vektoren vom Betrag 1 nennt man **Einheitsvektoren**.

Beispiel:

Gegeben seien die vierdimensionalen Vektoren $\vec{x} = \begin{pmatrix} 0 \\ 1 \\ 1 \\ 0 \end{pmatrix}, \vec{y} = \begin{pmatrix} 0 \\ 0.25 \\ -0.25 \\ 0 \end{pmatrix}.$

Durch Addition bzw. Subtraktion und skalare Multiplikation erhält man zwei neue Vektoren $\vec{a}$ *und* $\vec{b}$:

$$\vec{a} = 0.5\vec{x} + 2\vec{y} = 0.5 \begin{pmatrix} 0 \\ 1 \\ 1 \\ 0 \end{pmatrix} + 2 \begin{pmatrix} 0 \\ 0.25 \\ -0.25 \\ 0 \end{pmatrix} = \begin{pmatrix} 0 \\ 0.5 \\ 0.5 \\ 0 \end{pmatrix} + \begin{pmatrix} 0 \\ 0.5 \\ -0.5 \\ 0 \end{pmatrix} = \begin{pmatrix} 0 \\ 1 \\ 0 \\ 0 \end{pmatrix}$$

$$\vec{b} = 0.5\vec{x} - 2\vec{y} = 0.5 \begin{pmatrix} 0 \\ 1 \\ 1 \\ 0 \end{pmatrix} - 2 \begin{pmatrix} 0 \\ 0.25 \\ -0.25 \\ 0 \end{pmatrix} = \begin{pmatrix} 0 \\ 0.5 \\ 0.5 \\ 0 \end{pmatrix} - \begin{pmatrix} 0 \\ 0.5 \\ -0.5 \\ 0 \end{pmatrix} = \begin{pmatrix} 0 \\ 0 \\ 1 \\ 0 \end{pmatrix}$$

Der Betrag von Vektor $\vec{a}$ *ist* $|\vec{a}| = \sqrt{\vec{a} \cdot \vec{a}} = \sqrt{0^2 + 1^2 + 0^2 + 0^2} = 1$, *der Betrag von* $\vec{b}$ *ist* $|\vec{b}| = \sqrt{\vec{b} \cdot \vec{b}} = \sqrt{0^2 + 0^2 + 1^2 + 0^2} = 1$.
$\vec{a}$ *und* $\vec{b}$ *sind also Einheitsvektoren.*
Das Skalarprodukt $\vec{a} \cdot \vec{b}$ *ist* $\vec{a} \cdot \vec{b} = 0 \cdot 0 + 1 \cdot 0 + 0 \cdot 1 + 0 \cdot 0 = 0$
$\vec{a}$ *und* $\vec{b}$ *sind also orthogonal zueinander.*

Die in Kapitel 2 erklärten Vektoroperationen sind Spezialfälle für $n = 2$ und $n = 3$. Alle dort angegebenen Rechenregeln gelten auch im allgemeinen n-dimensionalen Fall. Die wichtigsten sind:

Kommutativgesetze:

$$\begin{aligned} \vec{x} + \vec{y} &= \vec{y} + \vec{x} \\ \vec{x} \cdot \vec{y} &= \vec{y} \cdot \vec{x} \end{aligned} \qquad (3.6)$$

Assoziativgesetz:

$$(\vec{x} + \vec{y}) + \vec{z} = \vec{x} + (\vec{y} + \vec{z}) = \vec{x} + \vec{y} + \vec{z} \qquad (3.7)$$

Distributivgesetze:

$$\lambda(\vec{x} + \vec{y}) = \lambda\vec{x} + \lambda\vec{y}$$
$$(\lambda + \mu)\vec{x} = \lambda\vec{x} + \mu\vec{x} \tag{3.8}$$
$$\vec{x} \cdot (\vec{y} + \vec{z}) = \vec{x} \cdot \vec{y} + \vec{x} \cdot \vec{z}$$

Dreiecksungleichung:

$$\left|\,|\vec{x}| - |\vec{y}|\,\right| \leq |\vec{x} + \vec{y}| \leq |\vec{x}| + |\vec{y}| \tag{3.9}$$

Außerdem gilt:

$$(\lambda\vec{x}) \cdot \vec{y} = \vec{x} \cdot (\lambda\vec{y}) = \lambda(\vec{x} \cdot \vec{y})$$
$$|\lambda\vec{x}| = |\lambda| \cdot |\vec{x}| \tag{3.10}$$

Die Gültigkeit dieser Regeln ist aufgrund der gegebenen Definitionen leicht einzusehen.

Die Menge aller n-dimensionalen reellen Vektoren wird als **n-dimensionaler Vektorraum** $I\!R^n$ bezeichnet, wenn man Addition und skalare Multiplikation als Operationen auf dieser Menge zugrundelegt.

3.1.2   Lineare Abhängigkeit und Unabhängigkeit

Auch die Begriffe **Lineare Abhängigkeit** bzw. **Unabhängigkeit** lassen sich allgemein auf den $I\!R^n$ erweitern:

Der Vektor $\vec{a} = \lambda_1\vec{a}_1 + \lambda_2\vec{a}_2 + \lambda_3\vec{a}_3 + \ldots + \lambda_r\vec{a}_r$ mit $\lambda_i \in I\!R$ $(i = 1, 2, \ldots r)$ heißt **Linearkombination** der Vektoren $\vec{a}_1, \vec{a}_2, \ldots, \vec{a}_r$.

Der Nullvektor $\vec{o} \in I\!R^n$ läßt sich immer als Linearkombination von r $(r \in I\!N)$ beliebigen Vektoren $\vec{a}_1, \vec{a}_2, \ldots, \vec{a}_r \in I\!R^n$ darstellen, denn für $\lambda_1 = \lambda_2 = \ldots = \lambda_r = 0$ gilt $0\vec{a}_1 + 0\vec{a}_2 + \ldots + 0\vec{a}_r = \vec{o}$.

Diese Darstellung des Nullvektors als Linearkombination ist trivial. Bisweilen läßt sich der Nullvektor nicht nur auf die triviale Weise (alle $\lambda_i = 0$) als Linearkombination von r Vektoren $\vec{b}_1, \vec{b}_2, \ldots, \vec{b}_r$ darstellen. Es ist dann mindestens einer der Skalare verschieden von Null.

Die Vektoren $\vec{b}_1, \vec{b}_2 \ldots, \vec{b}_r$ heißen **linear abhängig**, wenn mindestens ein $\lambda_i \neq 0$ existiert, so daß:

$$\lambda_1\vec{b}_1 + \lambda_2\vec{b}_2 + \ldots + \lambda_r\vec{b}_r = \vec{o} \tag{3.11}$$

Vektoren, aus denen der Nullvektor ausschließlich trivial kombinierbar ist, heißen **linear unabhängig.**

Beispiel:

Betrachtet man im $I\!R^4$ die Vektoren

$$\vec{a} = \begin{pmatrix} 3 \\ 0 \\ 1 \\ 2 \end{pmatrix}, \ \vec{b} = \begin{pmatrix} 0 \\ -2 \\ 1 \\ 1 \end{pmatrix}, \ \vec{c} = \begin{pmatrix} -1 \\ 1 \\ 2 \\ -1 \end{pmatrix} \ und \ \vec{d} = \begin{pmatrix} 1 \\ 4 \\ 4 \\ -1 \end{pmatrix},$$

so sind $\vec{a}$, $\vec{b}$ und $\vec{c}$ linear unabhängig, denn $\lambda_1\vec{a} + \lambda_2\vec{b} + \lambda_3\vec{c} = \vec{o}$ ist nur für $\lambda_1 = \lambda_2 = \lambda_3 = 0$ erfüllbar. Aber die Vektoren $\vec{a}$, $\vec{b}$, $\vec{c}$ und $\vec{d}$ sind linear abhängig. Es ist nämlich $\vec{d} = \vec{a} - \vec{b} + 2\vec{c}$ bzw. $\vec{a} - \vec{b} + 2\vec{c} - \vec{d} = \vec{o}$, wie man sofort sieht. Der Vektor $\vec{d}$ ist also als Linearkombination von $\vec{a}, \vec{b}$ und $\vec{c}$ darstellbar. Daraus folgt die lineare Abhängigkeit der vier Vektoren.

Allgemein gilt folgender Satz:

Ist ein Vektor $\vec{a}$ als Linearkombination der Vektoren $\vec{a}_1, \vec{a}_2, \ldots, \vec{a}_r$ darstellbar, so sind die Vektoren $\vec{a}_1, \vec{a}_2, \ldots, \vec{a}_r, \vec{a}$ linear abhängig.

Beweis:

Es ist $\vec{a} = \lambda_1\vec{a}_1 + \lambda_2\vec{a}_2 + \ldots + \lambda_r\vec{a}_r$. Subtrahiert man auf beiden Seiten $\vec{a}$, so ist $\vec{o} = \lambda_1\vec{a}_1 + \lambda_2\vec{a}_2 + \ldots + \lambda_r\vec{a}_r + (-1)\vec{a}$. Also ist $\vec{o}$ als nichttriviale Linearkombination der Vektoren $\vec{a_1}, \vec{a_2}, \ldots, \vec{a_r}, \vec{a}$ dargestellt. $\square$

Der Nullvektor $\vec{o}$ und beliebige andere Vektoren sind immer linear abhängig, denn $\vec{o} = 0\vec{a}_1 + 0\vec{a}_2 + \ldots + 0\vec{a}_m + \mu\vec{o}$ mit $\mu \neq 0$ ist eine nichttriviale Linearkombination von $\vec{o}$ aus den beliebigen Vektoren $\vec{a_1}, \vec{a_2}, \ldots, \vec{a_m}$ und dem Nullvektor $\vec{o}$.

Die Vektoren $\vec{e}_i$ $(i = 1, 2, \ldots, n)$ im $I\!R^n$, deren i-te Komponente gleich 1 ist und deren andere Komponenten gleich 0 sind, also

$$\vec{e}_1 = \begin{pmatrix} 1 \\ 0 \\ \vdots \\ 0 \\ 0 \end{pmatrix}, \ \vec{e}_2 = \begin{pmatrix} 0 \\ 1 \\ 0 \\ \vdots \\ 0 \end{pmatrix}, \ \ldots, \ \vec{e}_{n-1} = \begin{pmatrix} 0 \\ \vdots \\ 0 \\ 1 \\ 0 \end{pmatrix}, \ \vec{e}_n = \begin{pmatrix} 0 \\ 0 \\ \vdots \\ 0 \\ 1 \end{pmatrix}$$

sind Einheitsvektoren. Für $i \neq j$ ist $\vec{e}_i \cdot \vec{e}_j = 0$, d.h. $\vec{e}_i$ und $\vec{e}_j$ sind orthogonal.

Es gilt folgender **Satz:**

Im $I\!R^n$ sind die n Einheitsvektoren $\vec{e}_1, \vec{e}_2, \ldots, \vec{e}_n$ linear unabhängig.

Beweis:

$\lambda_1 \vec{e}_1 + \lambda_2 \vec{e}_2 + \ldots + \lambda_n \vec{e}_n = \vec{o}$ ist äquivalent mit

$$
\begin{array}{rcl}
\lambda_1 & = & 0 \\
\lambda_2 & = & 0 \\
\ddots & \vdots & \\
\lambda_n & = & 0
\end{array}
$$

Es gibt also nur die triviale Lösung. □

Jeder Vektor $\vec{x} \in I\!R^n$ ist als Linearkombination der Vektoren $\vec{e}_1, \vec{e}_2, \ldots, \vec{e}_n$ eindeutig darstellbar:

$$
\vec{x} = \begin{pmatrix} x_1 \\ x_2 \\ \vdots \\ x_n \end{pmatrix} = x_1 \vec{e}_1 + x_2 \vec{e}_2 + \ldots + x_n \vec{e}_n \tag{3.12}
$$

Aus diesem Grund werden die Vektoren $\vec{e}_1, \vec{e}_2, \ldots, \vec{e}_n$ auch als **Standardbasis-vektoren** bezeichnet. Man könnte auch n beliebige linear unabhängige Vektoren des $I\!R^n$ als Basis wählen. Jedoch bezieht sich die Komponentenschreibweise auf die Vektoren $\vec{e}_1, \vec{e}_2 \ldots, \vec{e}_n$. Mehr als n Vektoren sind im $I\!R^n$ immer linear abhängig.

Aufgabe

Gegeben sind im $I\!R^4$ die Vektoren:

$$
\vec{a} = \begin{pmatrix} 1 \\ 1 \\ 0 \\ 0 \end{pmatrix}, \; \vec{b} = \begin{pmatrix} 0 \\ 1 \\ 1 \\ 0 \end{pmatrix}, \; \vec{c} = \begin{pmatrix} 0 \\ 0 \\ 1 \\ 1 \end{pmatrix}, \; \vec{d} = \begin{pmatrix} 2 \\ 0 \\ 0 \\ 0 \end{pmatrix}, \; \vec{e} = \begin{pmatrix} 1 \\ 0 \\ 0 \\ 0 \end{pmatrix}
$$

a) Sind die Vektoren $\vec{a}, \vec{b}, \vec{c}, \vec{d}$ linear unabhängig?

b) Sind die Vektoren $\vec{a}, \vec{b}, \vec{c}$ linear unabhängig?

c) Sind die Vektoren $\vec{b}, \vec{d}$ linear unabhängig?

d) Sind die Vektoren $\vec{c}, \vec{e}$ linear unabhängig?

e) Sind die Vektoren $\vec{d}, \vec{e}$ linear unabhängig?

f) Bestimmen Sie die Länge von $\vec{a}$.

g) Bestimmen Sie den Winkel zwischen $\vec{d}$ und $\vec{e}$.

Lösung

a) Die Vektoren $\vec{a}, \vec{b}, \vec{c}, \vec{d}$ sind linear unabhängig, da für

$$\lambda_1 \vec{a} + \lambda_2 \vec{b} + \lambda_3 \vec{c} + \lambda_4 \vec{d} = \vec{o}$$

nur die Lösungen $\lambda_1 = \lambda_2 = \lambda_3 = \lambda_4 = 0$ gelten.

b) Die drei Vektoren $\vec{a}, \vec{b}, \vec{c}$ sind ebenfalls linear unabhängig, weil sogar die vier Vektoren $\vec{a}, \vec{b}, \vec{c}, \vec{d}$ linear unabhängig sind.

c) Dasselbe gilt für $\vec{b}$ und $\vec{d}$.

d) $\vec{c}$ und $\vec{e}$ sind linear unabhängig, da für $\lambda \vec{c} = \vec{e}$ folgt: $\lambda = 0$

e) $\vec{d}$ und $\vec{e}$ sind linear abhängig, da $\vec{d} = 2\vec{e}$.

f) Die Länge des Vektors $\vec{a}$ ist:

$$|\vec{a}| = \sqrt{1^2 + 1^2 + 0^2 + 0^2} = \sqrt{2}$$

g) $\vec{d}$ und $\vec{e}$ sind linear abhängig und damit parallel. Der Winkel zwischen ihnen ist also $0°$.

3.2   Matrizenrechnung

Die Matrizenrechnung schafft eine Grundlage für die Behandlung linearer Gleichungssysteme und für viele weitere Anwendungsbereiche.

3.2.1   Der Begriff der Matrix

Betrachtet man zunächst zur Veranschaulichung folgende Situation: Es interessieren die Nährstoffmengen und der Energiegehalt eines Gerichts aus verschiedenen Lebensmitteln. Im folgenden rechteckigen Schema sind die in den Zutaten eines Schweineschnitzels Wiener Art enthaltenen Nährstoffmengen [g] und die Energiewerte [kJ] zusammengestellt:

	Fleisch	Mehl	Ei	Semmelbrösel	Kokosfett
Eiweiß	20	0.5	1.5	1	0.2
Fett	50	0.05	1.5	0	20
Kohlenhydrate	0	4	0.1	9	0
Energiegehalt	2000	80	90	200	800

Die Bedeutung der Zahlen in den Kästchen ist klar. In der für das Schnitzel benötigten Menge Schweinefleisch sind z.B. 20 g Eiweiß enthalten, die verwendete Menge Semmelbrösel hat einen Energiegehalt von 200 kJ. Man kann die Zahlen, die ja im wesentlichen die gewünschte Information enthalten, zu einem Zahlen-Rechteck zusammenfassen:

$$W = \begin{pmatrix} 20 & 0.5 & 1.5 & 1 & 0.2 \\ 50 & 0.05 & 1.5 & 0 & 20 \\ 0 & 4 & 0.1 & 9 & 0 \\ 2000 & 80 & 90 & 200 & 800 \end{pmatrix}$$

Man erhält also ein Schema mit vier Zeilen und fünf Spalten, deren Bedeutung aus dem Zusammenhang feststeht. Dieses Zahlen-Rechteck ist ein konkretes Beispiel für eine Matrix.

Ein rechteckiges Zahlenschema mit m Zeilen und n Spalten heißt eine $m \times n$-**Matrix**. Die reellen Zahlen dieses Schemas nennt man **Elemente** der Matrix. Die Elemente werden gewöhnlich mit doppelt indizierten kleinen Buchstaben bezeichnet. Eine $m \times n$-Matrix kann man demnach so darstellen:

$$A = \begin{pmatrix} a_{11} & a_{12} & \cdots & a_{1j} & \cdots & a_{1n} \\ a_{21} & a_{22} & \cdots & a_{2j} & \cdots & a_{2n} \\ \vdots & \vdots & & \vdots & & \vdots \\ a_{i1} & a_{i2} & \cdots & a_{ij} & \cdots & a_{in} \\ \vdots & \vdots & & \vdots & & \vdots \\ a_{m1} & a_{m2} & \cdots & a_{mj} & \cdots & a_{mn} \end{pmatrix} = (a_{ij})_{\substack{i=1,\ldots,m \\ j=1,\ldots,n}} = (a_{ij}) \qquad (3.13)$$

Der erste Index eines jeden Matrix-Elements gibt die Nummer der Zeile, der zweite die Nummer der Spalte an, in der das betreffende Element steht. a_{23} ist z.B. das Element in der zweiten Zeile und der dritten Spalte. Anstelle von $m \times n$-Matrix findet man häufig auch die Schreibweise (m, n)-Matrix. Das Paar (m, n) natürlicher Zahlen nennt man auch die **Dimension** der Matrix. Um die Dimension einer Matrix A explizit anzugeben, schreibt man:

$$A = A_{(m,n)} = A_{m,n} = A_{m \times n} \tag{3.14}$$

Zwei Matrizen A und B sind gleich, wenn beide dieselbe Dimension haben und entsprechende Elemente gleich sind:

$$A = B \quad \Leftrightarrow \quad a_{ik} = b_{ik} \text{ für alle möglichen Werte von } i \text{ und } k \tag{3.15}$$

Eine $m \times n$-Matrix besteht aus $m \cdot n$ Koeffizienten. Die oben angegebene Nährstoffmatrix W ist eine 4×5-Matrix. Der Koeffizient w_{31} ist 0, der Koeffizient w_{25} ist 20.

Spezielle Matrizen sind Vektoren. Sie bestehen aus n Zeilen und einer Spalte, sind also $n \times 1$-Matrizen. Eine Matrix mit nur einer Spalte, also eine $m \times 1$-Matrix, heißt **Spaltenvektor**. Man bezeichnet Spaltenvektoren gewöhnlich mit kleinen Buchstaben:

$$b = \begin{pmatrix} b_1 \\ b_2 \\ \vdots \\ b_m \end{pmatrix} \tag{3.16}$$

Eine $1 \times n$-Matrix, also eine Matrix, die nur aus einer Zeile besteht, nennt man **Zeilenvektor**. Man bezeichnet sie oft mit kleinen Buchstaben, denen ein Hochkomma oder Apostroph angefügt ist:

$$v' = (v_1 \ v_2 \ \ldots \ v_n) \tag{3.17}$$

Statt von Elementen eines Zeilen- bzw. Spaltenvektors spricht man auch von **(Vektor-) Komponenten**. Eine einzelne reelle Zahl kann als 1×1-Matrix aufgefaßt werden. Man nennt sie auch **Skalar**.

Nimmt man aus der obigen Nährstoff-Matrix W die zweite Zeile, so hat man mit (50 0.05 1.5 0 20) ein Beispiel für einen Zeilenvektor, der die Fettmengen in den fünf verschiedenen Lebensmitteln wiedergibt.

Eine Matrix, deren sämtliche Elemente gleich Null sind, heißt **Nullmatrix** O:

$$O = \begin{pmatrix} 0 & 0 & \cdots & 0 \\ 0 & 0 & \cdots & 0 \\ \vdots & \vdots & & \vdots \\ 0 & 0 & \cdots & 0 \end{pmatrix} \qquad (3.18)$$

Bei der Definition von Matrizen wurde bisher allgemein von einem rechteckigen Schema ausgegangen. Spezielle Rechtecke sind die Quadrate

Als **quadratische Matrix** bezeichnet man eine Matrix mit n Zeilen und n Spalten, also mit gleicher Zeilen- und Spaltenanzahl:

$$A = \begin{pmatrix} a_{11} & a_{12} & \cdots & a_{1n} \\ a_{21} & a_{22} & \cdots & a_{2n} \\ \vdots & \vdots & \ddots & \vdots \\ a_{n1} & a_{n2} & \cdots & a_{nn} \end{pmatrix} \qquad (3.19)$$

Eine $n \times n$-Matrix heißt auch **quadratische Matrix n-ter Ordnung.** Die Elemente einer quadratischen Matrix, bei denen Zeilen- und Spaltenindex übereinstimmen, nennt man **Hauptdiagonalelemente** der quadratischen Matrix. Sie stellen im quadratischen Schema die von links oben nach rechts unten verlaufende Diagonale, die sog. **Hauptdiagonale** dar. Hauptdiagonalelemente sind also die Elemente $a_{11}, a_{22}, \ldots, a_{nn}$, oder allgemein ausgedrückt, die Elemente:

$$a_{ii} \ (i = 1, 2, \ldots, n) \quad \text{bzw.} \quad a_{ij} \text{ mit } i = j \qquad (3.20)$$

Beispiel:

Die Matrix $A = \begin{pmatrix} 2 & -\sqrt{2} & 3.5 \\ 0 & 2.1 & 1 \\ -3 & 0.5 & -3 \end{pmatrix}$ *ist eine 3×3-Matrix, also eine quadratische Matrix mit den Diagonalelementen $a_{11} = 2$, $a_{22} = 2.1$, $a_{33} = -3$.*

Unter den quadratischen Matrizen sind einige spezielle Typen von besonderer Bedeutung.

Eine quadratische Matrix D, welche nur in der Hauptdiagonalen nicht verschwindende Elemente aufweist (d.h. $d_{ij} = 0$ für $i \neq j$), heißt **Diagonalmatrix**:

$$D = \begin{pmatrix} d_{11} & 0 & \cdots & 0 \\ 0 & d_{22} & \ddots & \vdots \\ \vdots & \ddots & \ddots & 0 \\ 0 & \cdots & 0 & d_{nn} \end{pmatrix} = \begin{pmatrix} d_1 & & & 0 \\ & d_2 & & \\ & & \ddots & \\ 0 & & & d_n \end{pmatrix} \qquad (3.21)$$

Für die Indizierung der Elemente einer Diagonalmatrix genügt i.a. ein Index.

Eine Diagonalmatrix, deren Diagonalelemente alle gleich Eins sind, heißt **Einheitsmatrix**. Einheitsmatrizen werden gewöhnlich mit I (oder E) bezeichnet:

$$I = \begin{pmatrix} 1 & 0 & \cdots & 0 \\ 0 & 1 & \ddots & \vdots \\ \vdots & \ddots & \ddots & 0 \\ 0 & \cdots & 0 & 1 \end{pmatrix} \qquad (3.22)$$

Beispiele:

1. Die Matrix $D = \begin{pmatrix} 4 & 0 & 0 & 0 \\ 0 & -3 & 0 & 0 \\ 0 & 0 & 1 & 0 \\ 0 & 0 & 0 & 0.5 \end{pmatrix}$ ist eine 4 × 4-Diagonalmatrix.

2. Die Einheitsmatrix dritter Ordnung lautet: $\begin{pmatrix} 1 & 0 & 0 \\ 0 & 1 & 0 \\ 0 & 0 & 1 \end{pmatrix}$

3. Neben den Diagonalmatrizen gibt es auch solche Matrizen, bei denen oberhalb oder unterhalb der Hauptdiagonalen lauter Nullen stehen, etwa:

$$\begin{pmatrix} 3 & 0 & 0 \\ 1 & 2 & 0 \\ 0 & 1 & -2 \end{pmatrix} \quad oder \quad \begin{pmatrix} 1 & -2 & 3 & 0.5 \\ 0 & -1 & 2 & 1 \\ 0 & 0 & 1 & -4 \\ 0 & 0 & 0 & 2.3 \end{pmatrix}$$

Eine quadratische Matrix, deren Elemente oberhalb der Hauptdiagonalen alle gleich 0 sind, heißt **untere** oder **linke Dreiecksmatrix**:

$$
L = \begin{pmatrix}
l_{11} & 0 & 0 & \cdots & 0 \\
l_{21} & l_{22} & 0 & \cdots & 0 \\
\vdots & & \ddots & \ddots & \vdots \\
\vdots & & & \ddots & 0 \\
l_{n1} & l_{n2} & \cdots & \cdots & l_{nn}
\end{pmatrix}
\tag{3.23}
$$

Entsprechend nennt man eine Matrix, die unterhalb der Hauptdiagonalen nur Nullen besitzt, **obere** oder **rechte Dreiecksmatrix**:

$$
R = \begin{pmatrix}
r_{11} & r_{12} & \cdots & \cdots & r_{1n} \\
0 & r_{22} & \cdots & \cdots & r_{2n} \\
\vdots & \ddots & \ddots & & \vdots \\
\vdots & & \ddots & \ddots & \vdots \\
0 & \cdots & \cdots & 0 & r_{nn}
\end{pmatrix}
\tag{3.24}
$$

3.2.2   Das Rechnen mit Matrizen

Bei den Vektoren wurden verschiedene Rechenoperationen wie Addition, Subtraktion oder skalare Multiplikation erklärt. Wie sehen diese Operationen allgemein bei Matrizen aus?

Mit I, II, III, IV seien vier Brauereien bezeichnet, von denen jede u.a. die drei Sorten Bier (Helles, Weizen und Alt) verkauft. Für das erste Vierteljahr liegen folgende Verkaufszahlen (in Tsd. Kästen) vor:

		Brauerei			
		I	II	III	IV
	Hell	37	29	32	19
Sorte	Weizen	12	18	10	15
	Alt	3	7	2	10

Man schreibt dies vereinfacht als Verkaufsmatrix $V^{(1)}$, also:

$$
V^{(1)} = \begin{pmatrix}
37 & 29 & 32 & 19 \\
12 & 18 & 10 & 15 \\
3 & 7 & 2 & 10
\end{pmatrix}
$$

$V^{(2)}$ sei die Verkaufsmatrix für das zweite Vierteljahr:

$$V^{(2)} = \begin{pmatrix} 43 & 33 & 40 & 17 \\ 17 & 15 & 12 & 16 \\ 5 & 8 & 5 & 9 \end{pmatrix}$$

Der Umsatz an Weißbier der Brauerei III z.B. im ersten Halbjahr ergibt sich dann als Summe der entsprechenden Matrixelemente von $V^{(1)}$ und $V^{(2)}$, also $v_{23}^{(1)} + v_{23}^{(2)} = 10 + 12 = 22$. Entsprechend kann man für alle Kombinationen Biersorte – Brauerei die Verkaufszahlen für das Halbjahr durch elementweise Addition der entsprechenden Elemente von $v^{(1)}$ und $v^{(2)}$ erhalten. Die Halbjahres-Verkaufsmatrix V ist also die Summe der Matrizen $V^{(1)}$ und $V^{(2)}$:

$$V = V^{(1)} + V^{(2)} = \begin{pmatrix} 37+43 & 29+33 & 32+40 & 19+17 \\ 12+17 & 18+15 & 10+12 & 15+16 \\ 3+5 & 7+8 & 2+5 & 10+9 \end{pmatrix} = \begin{pmatrix} 80 & 62 & 72 & 36 \\ 29 & 33 & 22 & 31 \\ 8 & 15 & 7 & 19 \end{pmatrix}$$

Die **Summe** $A + B$ zweier Matrizen A und B gleicher Dimension erhält man also durch elementweise Addition:

$$A + B = (a_{ij})_{\substack{i=1,\ldots,m \\ j=1,\ldots,n}} + (b_{ij})_{\substack{i=1,\ldots,m \\ j=1,\ldots,n}} = (a_{ij} + b_{ij})_{\substack{i=1,\ldots,m \\ j=1,\ldots,n}} \tag{3.25}$$

Beispiele:

1. $A = \begin{pmatrix} -2 & 0 & 7 \\ 4 & 3 & 1 \end{pmatrix}$ und $B = \begin{pmatrix} 8 & 3 & -7 \\ 2 & 2 & -6 \end{pmatrix}$ lassen sich addieren und liefern $A + B = \begin{pmatrix} 6 & 3 & 0 \\ 6 & 5 & -5 \end{pmatrix}$.

2. Die Matrizen $\begin{pmatrix} 3 & 2 & -3 \\ 0 & 1 & 2 \end{pmatrix}$ und $\begin{pmatrix} 2 & 0 \\ 1 & 2 \end{pmatrix}$ können nicht addiert werden, da ihre Dimensionen $(2,3)$ und $(2,2)$ nicht übereinstimmen.

3. Die Addition von (gleichlangen) Spaltenvektoren ist ein Spezialfall der Matrizenaddition. Die Summe zweier (gleichlanger) Zeilenvektoren ist wieder ein Zeilenvektor:

   $$\begin{pmatrix} 3 & 2 & -1 & 4 \end{pmatrix} + \begin{pmatrix} -1 & 0 & 3 & -2 \end{pmatrix} = \begin{pmatrix} 2 & 2 & 2 & 2 \end{pmatrix}$$

   Ein Zeilenvektor und ein Spaltenvektor können nicht addiert werden.

Aus der Definition der Matrizenaddition ergeben sich zwei einfache Rechengesetze für $m \times n$-Matrizen A, B, C:

Kommutativgesetz:

$$A + B = B + A \tag{3.26}$$

Assoziativgesetz:

$$(A + B) + C = A + (B + C) = A + B + C \tag{3.27}$$

Zu jeder Matrix $A = (a_{ij})$ gibt es eine Matrix $B = (b_{ij})$, so daß ihre Summe die Nullmatrix ist, also $A + B = O$. Dies ist der Fall für $b_{ij} = -a_{ij} \, \forall i, j$. Man schreibt auch $B = -A$. Damit läßt sich die Differenz zweier Matrizen definieren:

Die **Differenz** $A - B$ zweier Matrizen gleicher Dimension ist:

$$A - B = A + (-B) \tag{3.28}$$

Anders ausgedrückt: Die Differenz $A - B$ erhält man durch elementweises Subtrahieren:

$$A - B = (a_{ij})_{\substack{i=1,\ldots,m \\ j=1,\ldots,n}} - (b_{ij})_{\substack{i=1,\ldots,m \\ j=1,\ldots,n}} = (a_{ij} - b_{ij})_{\substack{i=1,\ldots,m \\ j=1,\ldots,n}} \tag{3.29}$$

Die Matrix $-A$ kann man auch aus der Matrix A durch Multiplikation jedes Elements von A mit dem Faktor -1 erhalten. Man kann diesen gemeinsamen Faktor sozusagen aus der Matrix herausziehen und schreiben: $-A = (-1)A$. Die Summe zweier gleicher Matrizen $A + A$ läßt sich ähnlich darstellen: $A + A = (a_{ij}) + (a_{ij}) = (a_{ij} + a_{ij}) = 2(a_{ij}) = 2A$

Durch Verallgemeinerung kommt man zur Multiplikation einer Matrix mit einer beliebigen reellen Zahl:

Die Multiplikation einer Matrix A mit einem Skalar $\lambda \in I\!R$, die **skalare Multiplikation**, erfolgt elementweise:

$$\lambda A = \lambda (a_{ij})_{\substack{i=1,\ldots,m \\ j=1,\ldots,n}} = (\lambda a_{ij})_{\substack{i=1,\ldots,m \\ j=1,\ldots,n}} \tag{3.30}$$

Es ist egal, ob der Skalar links oder rechts von der Matrix steht: $A\lambda = \lambda A$.

Beispiele:

1. *Zu Beginn des Abschnitts 3.2.1 wurden die Nährstoffanteile in einer Portion Schweineschnitzel als Matrix W dargestellt. Für ein übergroßes Schnitzel, bestehend aus eineinhalbmal so großen Mengen der fünf verschiedenen Lebensmittel, ergibt sich die zugehörige Nährstoffmatrix als:*

$$1.5W = 1.5 \begin{pmatrix} 20 & 0.5 & 1.5 & 1 & 0.2 \\ 50 & 0.05 & 1.5 & 0 & 20 \\ 0 & 4 & 0.1 & 9 & 0 \\ 2000 & 80 & 90 & 200 & 800 \end{pmatrix} = \begin{pmatrix} 30 & 0.75 & 2.25 & 1.5 & 0.3 \\ 75 & 0.075 & 2.25 & 0 & 30 \\ 0 & 6 & 0.15 & 13.5 & 0 \\ 3000 & 120 & 135 & 300 & 1200 \end{pmatrix}$$

2. Häufig kann man einen gemeinsamen Faktor aller Matrixelemente als Skalar
   vor die Matrix ziehen und man erhält eine einfachere Darstellung:

$$A = \begin{pmatrix} 0.00076 & 0.00012 & 0.00089 \\ 0.00002 & 0.00065 & 0.00015 \\ 0.00008 & -0.00004 & 0.00039 \end{pmatrix} = 10^{-5} \begin{pmatrix} 76 & 12 & 89 \\ 2 & 65 & 15 \\ 8 & -4 & 39 \end{pmatrix}$$

3. Diagonalmatrizen mit identischen Hauptdiagonalelementen können als skalare Vielfache der entsprechenden Einheitsmatrix geschrieben werden, z.B.:

$$D = \begin{pmatrix} 3 & 0 & 0 \\ 0 & 3 & 0 \\ 0 & 0 & 3 \end{pmatrix} = 3 \begin{pmatrix} 1 & 0 & 0 \\ 0 & 1 & 0 \\ 0 & 0 & 1 \end{pmatrix} = 3I_{(3,3)}$$

Man sieht aufgrund der Definition der skalaren Multiplikation leicht die Gültigkeit folgender Rechenregeln ein:

Für $m \times n$-Matrizen A und B und Skalare $\lambda, \mu \in I\!R$ gilt:

$$\begin{aligned} \lambda(\mu A) &= (\lambda\mu)A \\ \lambda(A + B) &= \lambda A + \lambda B \\ (\lambda + \mu)A &= \lambda A + \mu A \end{aligned}$$
(3.31)

Neben der multiplikativen Verknüpfung von Skalaren und Matrizen gibt es
auch eine multiplikative Verknüpfung von Matrizen untereinander. Ein solches
Produkt könnte man sich zunächst ähnlich der Matrizenaddition elementweise
vorstellen. Jedoch ist eine derartige Multiplikation wenig nützlich.

Man betrachte zwei Getränkemärkte, die von den vier Brauereien die angegebenen Sorten Bier beziehen. In der nachfolgenden Tabelle sind die Anteile
der vier Brauereien bei den Lieferungen an die Getränkemärkte G1 und G2
angegeben:

	G1	G2
I	0.1	0.2
II	0.1	0.3
III	0.2	0.1
IV	0.3	0.1

Man schreibt dies wieder kurz als Matrix:

$$A_{(4,2)} = \begin{pmatrix} 0.1 & 0.2 \\ 0.1 & 0.3 \\ 0.2 & 0.1 \\ 0.3 & 0.1 \end{pmatrix}$$

Die Verkaufsmatrix V (ihre Zeilen entsprechen den Biersorten, ihre Spalten den Brauereien) ist (vgl. Seite 107):

$$V_{(3,4)} = \begin{pmatrix} 80 & 62 & 72 & 36 \\ 29 & 33 & 22 & 31 \\ 8 & 15 & 7 & 19 \end{pmatrix}$$

Es interessiert nun, wieviel von jeder Sorte Bier die beiden Getränkemärkte jeweils bezogen haben. Man erhält z.B. die Menge des Hellen, das an Markt G1 geliefert wurde, indem die Elemente der ersten Zeile von V (das sind die Verkaufszahlen der vier Brauereien für diese Biersorte) der Reihe nach mit dem entsprechenden Element der ersten Spalte von A (das sind die Anteile der Brauereien der Lieferung an G1) multipliziert werden (also $80 \cdot 0.1$, $62 \cdot 0.1$ usw.) und diese Produkte dann aufsummiert werden ($80 \cdot 0.1 + 62 \cdot 0.1 + 72 \cdot 0.2 + 36 \cdot 0.3 = 39.4$). Wenn man in einer 3×2-Matrix C die Mengen der drei Biersorten in den beiden Märkten darstellt, so ist der eben berechnete Wert das Element c_{11} dieser Matrix. Die übrigen Elemente lassen sich völlig analog berechnen: c_{32} ist beispielsweise die Menge von Altbier im Markt G2 und entsteht als Summe der Elementprodukte der 3. Zeile von V und der 2. Spalte von A. Allgemein erhält man das Element c_{ik} als Summe der Elementprodukte der i-ten Zeile von V und der k-ten Spalte von A. Diese so durchzuführende Operation wird als **Matrizen-Multiplikation** bezeichnet; C ist also das Matrizenprodukt von V mit A (in dieser Reihenfolge!):

$$C_{3,2} = V_{3,4} \cdot A_{4,2} = \begin{pmatrix} 80 & 62 & 72 & 36 \\ 29 & 33 & 22 & 31 \\ 8 & 15 & 7 & 19 \end{pmatrix} \cdot \begin{pmatrix} 0.1 & 0.2 \\ 0.1 & 0.3 \\ 0.2 & 0.1 \\ 0.3 & 0.1 \end{pmatrix} = \begin{pmatrix} 39.4 & 45.4 \\ 19.9 & 21.0 \\ 9.4 & 8.7 \end{pmatrix}$$

Als Produkt einer 3×4-Matrix und einer 4×2-Matrix erhält man also eine 3×2-Matrix. Es ist dabei wichtig, daß die Spaltenanzahl der ersten Matrix (V) und die Zeilenanzahl der zweiten Matrix (A) gleich sind, denn nur so kann "Zeile mal Spalte" elementweise multipliziert werden. Die Dimension der Produktmatrix ergibt sich aus der Zeilenanzahl der ersten und der Spaltenanzahl der zweiten Matrix.

Das **Produkt** einer $m \times n$-Matrix A mit einer $n \times p$-Matrix B ist eine $m \times p$-Matrix C, deren Komponenten c_{ik} sich berechnen als Summe der Produkte entsprechender Elemente der i-ten Zeile von A und der k-ten Spalte von B:

$$A_{(m,n)} \cdot B_{(n,p)} = C_{(m,p)} = (c_{ik})_{\substack{i=1,\ldots,m \\ k=1,\ldots,p}} = \left(\sum_{j=1}^{n} a_{ij} b_{jk} \right)_{\substack{i=1,\ldots,m \\ k=1,\ldots,p}} \tag{3.32}$$

Um das Matrizen-Produkt $C = A \cdot B$ bilden zu können, muß also die Anzahl der Spalten von A gleich der Anzahl der Zeilen von B sein. Die Produktmatrix

C hat soviele Zeilen wie A und soviele Spalten wie B. Der Multiplikationspunkt wird oft weggelassen: $AB = A \cdot B$. Salopp ausgedrückt erfolgt die Matrizenmultiplikation "Zeile mal Spalte ":

$$
\begin{pmatrix} a_{11} \cdots a_{1j} \cdots a_{1n} \\ \vdots \quad \vdots \quad \vdots \\ a_{i1} - a_{ij} - a_{in} \\ \vdots \quad \vdots \quad \vdots \\ a_{m1} \cdots a_{mj} \cdots a_{mn} \end{pmatrix} \cdot \begin{pmatrix} b_{11} \cdots b_{1k} \cdots b_{1p} \\ b_{21} \cdots b_{2k} \cdots b_{2p} \\ \vdots \qquad \vdots \\ b_{j1} \cdots b_{jk} \cdots b_{jp} \\ \vdots \qquad \vdots \\ b_{n1} \cdots b_{nk} \cdots a_{np} \end{pmatrix} = \begin{pmatrix} \mid \\ -c_{ik}- \\ \mid \end{pmatrix} \tag{3.33}
$$

Sind als spezielle Matrizen Zeilen- bzw. Spaltenvektoren an der Produktbildung beteiligt, so gibt es folgende Möglichkeiten:

1. Matrix · Spaltenvektor = Spaltenvektor: $A_{(m,n)} \cdot b_{(n,1)} = c_{(m,1)}$

2. Zeilenvektor · Matrix = Zeilenvektor: $v'_{(1,m)} \cdot A_{(m,n)} = w'_{(1,n)}$

3. Zeilenvektor· Spaltenvektor = Skalar: $z'_{(1,n)} \cdot s_{(n,1)} = \lambda_{(1,1)}$

4. Spaltenvektor· Zeilenvektor = Matrix: $u_{(m,1)} \cdot y'_{(1,n)} = B_{(m,n)}$

Bemerkung:

Die Möglichkeit 3. beschreibt das Produkt zweier (gleich langer) Vektoren in der Reihenfolge Zeilenvektor mal Spaltenvektor. Das Ergebnis ist ein Skalar. Es ist dies die Matrizen-Schreibweise des Skalarprodukts zweier Vektoren (vgl. Kap. 3.1). Die umgekehrte Reihenfolge, also das Produkt Spaltenvektor mal Zeilenvektor zweier Vektoren gleicher Länge wird als **dyadisches Produkt** bezeichnet. Das Ergebnis ist eine $n \times n$-Matrix, wenn die Vektoren die Länge n haben.

Beispiele:

1. *Das Matrizenprodukt der Matrizen*

$$
A = \begin{pmatrix} 1 & 2 & 3 \\ 0 & 2 & -1 \end{pmatrix} \quad und \quad B = \begin{pmatrix} -1 & 0 & 1 & 0 \\ 0 & -2 & 1 & 0 \\ 0 & 1 & 0 & 2 \end{pmatrix}
$$

ist:

$$
A \cdot B = \begin{pmatrix} -1 & -1 & 3 & 6 \\ 0 & -5 & 2 & -2 \end{pmatrix}
$$

Die Bildung von $B \cdot A$ ist nicht möglich!

2. *Die Matrix*

$$
\widetilde{W} = \begin{pmatrix} 100 & 100 & 100 & 100 & 10 \\ 250 & 10 & 100 & 0 & 1000 \\ 0 & 800 & 6.7 & 900 & 0 \\ 10000 & 16000 & 6000 & 20000 & 40000 \end{pmatrix}
$$

ist eine zur Nährstoffmatrix W vom Anfang des Kapitels 3.2 analoge Matrix, nur sind hier die Anteile für ein Kilogramm der entsprechenden Nahrungsmittel angegeben. Für eine Portion Schweineschnitzel legt man zugrunde: 200 g Fleisch, 5 g Mehl, 15 g Ei, 10 g Semmelbrösel und 20 g Kokosfett. Diese Mengen (in kg) faßt man als Spaltenvektor zusammen:

$$p = \begin{pmatrix} 0.200 \\ 0.005 \\ 0.015 \\ 0.010 \\ 0.020 \end{pmatrix}$$

Das Produkt $\widetilde{W} \cdot p$ ergibt dann einen Spaltenvektor, dessen Komponenten der Reihe nach die Anteile von Eiweiß, Fett, Kohlehydrate und Joule in einer Portion Schnitzel wiedergeben:

$$\widetilde{W} \cdot p = \begin{pmatrix} 23.2 \\ 71.55 \\ 13.1 \\ 3170 \end{pmatrix}$$

3. Das Produkt eines m-dimensionalen Spaltenvektors und eines n-dimensionalen Zeilenvektors, die beide lauter Einsen als Komponenten haben, ergibt eine $(m \times n)$-Matrix, deren Elemente alle gleich 1 sind:

$$\begin{pmatrix} 1 \\ 1 \\ 1 \end{pmatrix} \cdot (\ 1 \quad 1 \quad 1 \quad 1\ ) = \begin{pmatrix} 1 & 1 & 1 & 1 \\ 1 & 1 & 1 & 1 \\ 1 & 1 & 1 & 1 \end{pmatrix}$$

4. Für die Matrizen $G = \begin{pmatrix} 1 & 2 \\ 3 & 4 \end{pmatrix}$ und $H = \begin{pmatrix} -1 & 0 \\ 1 & -2 \end{pmatrix}$ gilt:

$$G \cdot H = \begin{pmatrix} 1 & -4 \\ 1 & -8 \end{pmatrix} \qquad H \cdot G = \begin{pmatrix} -1 & -2 \\ -5 & -6 \end{pmatrix}$$

Das letzte Beispiel zeigt, daß die Matrizenmultiplikation nicht kommutativ ist $(G \cdot H \neq H \cdot G)$. Wenn ein Produkt $A \cdot B$ gebildet werden kann, dann braucht die Multiplikation $B \cdot A$ gar nicht durchführbar zu sein (vgl. Beispiel 1)! Es sind jedoch Assoziativ- und Distributivgesetze gültig:

Assoziativgesetz:

$$A_{m \times n} \cdot (B_{n \times p} \cdot C_{p \times q}) = (A \cdot B) \cdot C = A \cdot B \cdot C \tag{3.34}$$

Distributivgesetze:

$$A_{m \times n} \cdot (\lambda B_{n \times p}) = \lambda (A \cdot B) = (\lambda A) \cdot B$$
$$A_{m \times n} \cdot (B_{n \times p} + F_{n \times p}) = A \cdot B + A \cdot F \tag{3.35}$$
$$(A_{m \times n} + G_{m \times n}) \cdot B_{n \times p} = A \cdot B + G \cdot B$$

Nullmatrizen und Einheitsmatrizen haben als Faktoren bei der Matrizenmultiplikation ähnliche Eigenschaften wie die 0 und die 1 bei den Zahlen. Die Gültigkeit folgender Regeln sieht man leicht ein:

$$I_{(m,m)} \cdot A_{(m,n)} = A_{(m,n)} \cdot I_{(n,n)} = A \tag{3.36}$$

$$O_{(r,m)} \cdot A_{(m,n)} = O_{(r,n)}, \qquad A_{(m,n)} \cdot O_{(n,p)} = O_{(m,p)} \tag{3.37}$$

Bei der Matrizenmultiplikation gilt nicht: Wenn ein Produkt 0 ist, so ist mindestens einer der Faktoren 0. Das Produkt zweier Matrizen $A \neq 0$ und $B \neq 0$ kann durchaus eine Nullmatrix ergeben.

Beispiel:

$$\begin{pmatrix} 3 & 6 \\ 1.5 & 3 \end{pmatrix} \cdot \begin{pmatrix} -3 & 6 \\ 1.5 & -3 \end{pmatrix} = \begin{pmatrix} 0 & 0 \\ 0 & 0 \end{pmatrix}$$

Besonders einfach berechnet sich eine Produktmatrix, wenn einer der Faktoren eine Diagonalmatrix ist. Wird eine Matrix A von links mit einer Diagonalmatrix D multipliziert, so erhält man die Produktmatrix $D \cdot A$, indem man die Elemente der i-ten Zeile von A mit dem i-ten Diagonalelement von D multipliziert:

$$\begin{pmatrix} d_1 & & & & 0 \\ & \ddots & & & \\ & & d_i & & \\ & & & \ddots & \\ 0 & & & & d_m \end{pmatrix} \cdot \begin{pmatrix} a_{11} & \cdots & a_{1n} \\ \vdots & & \vdots \\ a_{i1} & \cdots & a_{in} \\ \vdots & & \vdots \\ a_{m1} & \cdots & a_{mn} \end{pmatrix} = \begin{pmatrix} d_1 a_{11} & \cdots & d_1 a_{1n} \\ \vdots & & \vdots \\ d_i a_{i1} & \cdots & d_i a_{in} \\ \vdots & & \vdots \\ d_m a_{m1} & \cdots & d_m a_{mn} \end{pmatrix} \tag{3.38}$$

Wird eine Diagonalmatrix von rechts multipliziert, so sind die Elemente der k-ten Spalte von A mit dem k-ten Diagonalelement zu multiplizieren:

$$\begin{pmatrix} a_{11} \cdots a_{1k} \cdots a_{1n} \\ \vdots \quad \vdots \quad \vdots \\ a_{m1} \cdots a_{mk} \cdots a_{mn} \end{pmatrix} \cdot \begin{pmatrix} d_1 & & & & 0 \\ & \ddots & & & \\ & & d_k & & \\ & & & \ddots & \\ 0 & & & & d_n \end{pmatrix} = \begin{pmatrix} a_{11} d_1 \cdots a_{1k} d_k \cdots a_{1n} d_n \\ \vdots \quad \vdots \quad \vdots \\ a_{m1} d_1 \cdots a_{mk} d_k \cdots a_{mn} d_n \end{pmatrix} \tag{3.39}$$

Beispiel:

Die Nährstoffmatrix W (für eine Portion Schnitzel) erhält man aus der Matrix $\widetilde{W}$ (für je ein Kilogramm der Lebensmittel) durch Multiplikation einer Diagonalmatrix, deren Diagonalelemente den Komponenten des Vektors p (Mengen der Lebensmittel) entsprechen:

$$W = \widetilde{W} \cdot 10^{-3} \cdot \begin{pmatrix} 200 & 0 & 0 & 0 & 0 \\ 0 & 5 & 0 & 0 & 0 \\ 0 & 0 & 15 & 0 & 0 \\ 0 & 0 & 0 & 10 & 0 \\ 0 & 0 & 0 & 0 & 20 \end{pmatrix}$$

3.2.3 Transponieren von Matrizen

In der folgenden Tabelle ist der Ertrag von Kartoffeln und Weizen für drei verschiedene Anbauregionen (im Verhältnis zum durchschnittlichen Wert) angegeben. Daneben sind diese Werte kurz als Matrix A dargestellt:

	Region		
	I	II	III
Kartoffeln	1.2	0.9	1.3
Weizen	0.3	0.8	1.8

$$A = \begin{pmatrix} 1.2 & 0.9 & 1.3 \\ 0.3 & 0.8 & 1.8 \end{pmatrix}$$

Ebensogut kann man die Tabelle derart schreiben, daß die Regionen den Zeilen und die Anbauprodukte den Spalten entsprechen.

		Kartoffeln	Weizen
	I	1.2	0.3
Region	II	0.9	0.8
	III	1.3	1.8

$$A' = \begin{pmatrix} 1.2 & 0.3 \\ 0.9 & 0.8 \\ 1.3 & 1.8 \end{pmatrix}$$

A' ist durch Vertauschen von Zeilen und Spalten aus A entstanden.

Verwendet man die Zeilen einer $m \times n$-Matrix A als Spalten einer $n \times m$-Matrix A', dann heißt A' die zu A **transponierte Matrix** oder kurz die **Transponierte**. Oft wird die transponierte Matrix auch mit A^T bezeichnet. A' bzw. A^T wird gesprochen als "A transponiert". Die Elemente der Transponierten A' erhält man aus den Elementen von A durch Vertauschen von Zeilen- und Spaltenindex:

$$A'_{(n,m)} = (a'_{ik})_{\substack{i=1,\dots,n \\ k=1,\dots,m}} = (a_{ki})_{\substack{i=1,\dots,n \\ k=1,\dots,m}} \tag{3.40}$$

Bei quadratischen Matrizen entspricht die Transposition einer Spiegelung an der Hauptdiagonalen, deren Elemente gleich bleiben. Eine quadratische Matrix, für die gilt: $A' = A$, heißt **symmetrisch**.

Beispiele:

1. $A = \begin{pmatrix} 3 & 2 & 0 \\ 1 & -2 & 1 \\ 4 & 5 & 7 \end{pmatrix}$ $A' = \begin{pmatrix} 3 & 1 & 4 \\ 2 & -2 & 5 \\ 0 & 1 & 7 \end{pmatrix}$

2. $B = \begin{pmatrix} 1 & 2 \\ 2 & 0 \end{pmatrix}$ ist eine symmetrische Matrix.

3. Diagonalmatrizen, insbesondere Einheitsmatrizen sind trivialerweise symmetrisch.

4. $v = \begin{pmatrix} 3 \\ -1 \\ 2 \end{pmatrix}$ $v' = (\,3 \quad -1 \quad 2\,)$

   $w' = (\,5 \quad 2\,)$ $(w')' = \begin{pmatrix} 5 \\ 2 \end{pmatrix}$

Das 4. Beispiel zeigt, daß Zeilenvektoren transponierte Spaltenvektoren darstellen und umgekehrt. Dies erklärt auch die angegebene Schreibweise für Zeilenvektoren.

Das Skalarprodukt für Vektoren kann mit Hilfe der Transposition als Matrizenprodukt erklärt werden: Das Skalarprodukt der Vektoren $\vec{x}$ und $\vec{y}$ ist identisch den Matrizenprodukten $x' \cdot y$ und $y' \cdot x$. Als Transponierte können (Spalten-) Vektoren platzsparend und im fortlaufenden Text geschrieben werden: $e_1' = (\,1 \quad 0 \quad 0 \quad 0\,)$ ist z.B. eine solche Darstellung des Einheitsvektors $e_1 \in I\!\!R^4$.

Im Zusammenhang mit dem Transponieren von Matrizen gibt es einige Regeln:

$$(A')' = A \tag{3.41}$$

$$(A + B)' = A' + B' \tag{3.42}$$

$$(\lambda A)' = \lambda A' \tag{3.43}$$

$$(A \cdot B)' = B' \cdot A' \tag{3.44}$$

Folgerungen:

1. Für eine beliebige $m \times n$-Matrix A ist die $n \times n$-Matrix $A'A$ immer symmetrisch, denn: $(A' \cdot A)' \stackrel{(3.44)}{=} A' \cdot (A')' \stackrel{(3.41)}{=} A' \cdot A$.

2. Das Produkt zweier symmetrischer Matrizen G und H ist i.a. nicht symmetrisch. Es ist nämlich $(G \cdot H)' = H' \cdot G' = H \cdot G$, und $H \cdot G$ braucht nicht gleich $G \cdot H$ zu sein.

3.2.4   Die Inverse einer quadratischen Matrix

Zu jeder reellen Zahl $\alpha \neq 0$ gibt es eine reelle Zahl α^{-1}, die zu α reziproke oder inverse Zahl, so daß gilt: $\alpha \cdot \alpha^{-1} = \alpha^{-1} \cdot \alpha = 1$. Auch für manche (nicht für alle!) quadratischen Matrizen existiert eine inverse Matrix, so daß das Produkt dieser beiden Matrizen die Eins, d.h. die Einheitsmatrix ergibt.

Beispiele:

1. $A = \begin{pmatrix} 1 & 1 \\ 2 & 0 \end{pmatrix}$ $B = \begin{pmatrix} 0 & 0.5 \\ 1 & -0.5 \end{pmatrix}$ $A \cdot B = I$ und $B \cdot A = I$

2. Für $C = \begin{pmatrix} 1 & 0 \\ 2 & 0 \end{pmatrix}$ *gibt es keine* 2×2*-Matrix, die mit* C *(von links oder rechts) multipliziert* I *ergeben würde.*

Gibt es zu einer quadratischen $n \times n$-Matrix A eine $n \times n$-Matrix A^{-1} mit $A \cdot A^{-1} = A^{-1} \cdot A = I$, dann heißt A **nichtsingulär** oder **regulär**. A^{-1} wird als **inverse Matrix** oder kurz **Inverse** von A bezeichnet. Ansonsten nennt man A **singulär**. Singuläre Matrizen sind also nicht invertierbar.

Ist A^{-1} Inverse von A, so ist A Inverse von A^{-1}, d.h. $(A^{-1})^{-1} = A$. Man sagt deshalb: A und A^{-1} sind zueinander invers.

Inverse sind, falls sie existieren, eindeutig bestimmt. Ist nämlich B eine Inverse zur Matrix A, d.h. $A \cdot B = B \cdot A = I$. Nimmt man an, es existiert noch eine andere Inverse C zu A ($C \neq B$), dann gilt auch $A \cdot C = C \cdot A = I$. Multipliziert man die Gleichung $A \cdot B = I$ von links mit C, dann folgt $C \cdot A \cdot B = C \cdot I$. Wegen $C \cdot A = I$ erhält man hieraus: $I \cdot B = C \cdot I \Longrightarrow B = C = A^{-1}$. Man kann daher von <u>der</u> Inversen einer Matrix sprechen.

Beispiele:

1. *Die im vorangegangenen Beispiel angeführten* 2×2*-Matrizen* A *und* B *sind zueinander invers.* C *hingegen ist ein Beispiel für eine singuläre Matrix.*

2. $G = \begin{pmatrix} 3 & 2 & 1 \\ 0 & 1 & 1 \\ -1 & 0 & 2 \end{pmatrix}$ $G^{-1} = \frac{1}{5}\begin{pmatrix} 2 & -4 & 1 \\ -1 & 7 & -3 \\ 1 & -2 & 3 \end{pmatrix}$ $G \cdot G^{-1} = I$

3. $D = \begin{pmatrix} 7 & & 0 \\ & 3 & \\ & & -2 & \\ 0 & & & 1 \end{pmatrix}$ $D^{-1} = \begin{pmatrix} 1/7 & & 0 \\ & 1/3 & \\ & & -1/2 \\ 0 & & & 1 \end{pmatrix}$ $D \cdot D^{-1} = I$

Das 3. Beispiel zeigt, wie die Inverse einer Diagonalmatrix zu berechnen ist: Die Inverse D^{-1} einer Diagonalmatrix D erhält man durch Invertieren der Diagonalelemente. Folglich existiert die Inverse einer Diagonalmatrix genau dann, wenn alle Diagonalelemente von Null verschieden sind. Jede Einheitsmatrix ist zu sich selbst invers: $I^{-1} = I$.

Für reguläre quadratische Matrizen A und B gilt:

$$(\lambda A)^{-1} = \lambda^{-1} A^{-1} \qquad (\lambda \in \mathbb{R},\ \lambda \neq 0)$$
$$(A')^{-1} = (A^{-1})' \tag{3.45}$$
$$(A \cdot B)^{-1} = B^{-1} \cdot A^{-1}$$

Inverse Matrizen spielen insbesondere bei theoretischen Überlegungen, etwa im Zusammenhang mit linearen Gleichungssystemen, eine wichtige Rolle. Die explizite Berechnung einer Inversen wird selten benötigt. Für diese Aufgabe verwendet man am besten ein Computerprogramm. Darauf wird später noch näher eingegangen.

3.2.5   Der Rang einer Matrix

Für die Lösbarkeit und die Lösungsmenge eines linearen Gleichungssystems spielt der Rang einer Matrix eine wichtige Rolle. Man faßt die n Spalten einer $m \times n$-Matrix als System von n Spaltenvektoren auf und definiert:

Unter dem **Rang** einer $m \times n$-Matrix A, i.Z.: rg(A), versteht man die maximale Anzahl linear unabhängiger Spaltenvektoren dieser Matrix.

Beispiel:

$$A = \begin{pmatrix} 1 & 3 & 2 & -1 \\ 2 & 4 & 4 & 0 \\ 3 & 5 & 6 & 1 \end{pmatrix}$$

Mit $a_1, \ldots, a_4$ sind die Spaltenvektoren von A bezeichnet. Alle vier Spalten sind linear abhängig; denn die Linearkombination $\lambda_1 a_1 + \lambda_2 a_2 + \lambda_3 a_3 + \lambda_4 a_4 = 0$ hat z.B. mit $(\lambda_1, \lambda_2, \lambda_3, \lambda_4) = (2, 0, -1, 0)$ eine nichttriviale Lösung. Auch je drei der vier Spaltenvektoren sind linear abhängig, wie man leicht nachprüft. Jedoch hat $\mu_1 a_1 + \mu_2 a_2 = 0$ nur die triviale Lösung $(\mu_1, \mu_2) = (0, 0)$. Somit sind maximal zwei Spalten linear unabhängig, und es ist rg$(A) = 2$.

Betrachtet man eine $m \times n$-Matrix B von folgender spezieller Gestalt:

$$
\left. \left(
\begin{array}{ccccc|ccc}
b_{11} & \cdots & \cdots & b_{1r} & & \cdots & b_{1n} \\
0 & \ddots & & \vdots & & & \vdots \\
\vdots & \ddots & \ddots & \vdots & & & \vdots \\
0 & \cdots & 0 & b_{rr} & & \cdots & b_{rn} \\
\hline
0 & \cdots & \cdots & 0 & & \cdots & 0 \\
\vdots & & & & & & \vdots \\
0 & \cdots & \cdots & \cdots & & \cdots & 0
\end{array}
\right)
\begin{array}{l} \left.\rule{0pt}{36pt}\right\} r \\ \\ \left.\rule{0pt}{36pt}\right\} m-r \end{array}
\right.
$$

$$\underbrace{\hphantom{xxxxx}}_{r} \quad \underbrace{\hphantom{xxxxx}}_{n-r}$$

mit $b_{ii} \neq 0$ für $i = 1, \ldots, r$.

Aus den ersten r Spalten dieser Matrix läßt sich der Nullvektor nur als triviale Linearkombination (d.h. alle $\lambda_i = 0$) darstellen, denn aus den Komponentengleichungen beginnend bei der r-ten Zeile und von unten nach oben fortschreitend ergibt sich: $\lambda_r = 0, \lambda_{r-1} = 0, \ldots, \lambda_2 = 0, \lambda_1 = 0$. Die ersten r Spalten dieser Matrix sind also linear unabhängig. Außerdem sind die Spalten $r + 1$ bis n linear aus den ersten r Spalten kombinierbar. Somit ist der Rang einer solchen Matrix gleich r.

Man kann jede $m \times n$-Matrix durch **elementare Zeilen- und Spaltentransformationen** auf eine solche Form bringen. Diese Transformationen sind:

- Multiplikation einer Zeile oder Spalte mit einem Skalar ($\neq 0$).

- Vertauschen von zwei Zeilen oder Spalten.

- Addition einer mit einem beliebigen Skalar multiplizierten Zeile oder Spalte zu einer anderen.

Wichtig ist hierbei, daß diese elementaren Umformungen rangerhaltend sind. Durch Anwendung von elementaren Zeilen- bzw. Spaltentransformationen ändert sich also der Rang einer Matrix nicht. Um den Rang einer Matrix zu bestimmen, bringt man sie am besten durch elementare Transformationen auf eine Gestalt wie oben angegeben, und kann den Rang direkt ablesen.

Beispiel:

$$A = \begin{pmatrix} 1 & 3 & 2 & -1 \\ 2 & 4 & 4 & 0 \\ 3 & 5 & 6 & 1 \end{pmatrix} \quad \begin{array}{l} \text{2. Zeile} - 2 \cdot \text{1. Zeile} \\ \text{3. Zeile} - 3 \cdot \text{1. Zeile} \end{array} \longrightarrow$$

$$\longrightarrow \begin{pmatrix} 1 & 3 & 2 & -1 \\ 0 & -2 & 0 & 2 \\ 0 & -4 & 0 & 4 \end{pmatrix} \quad \text{3. Zeile} - 2 \cdot \text{2. Zeile} \quad \longrightarrow$$

$$\longrightarrow \begin{pmatrix} 1 & 3 & 2 & -1 \\ 0 & -2 & 0 & 2 \\ 0 & 0 & 0 & 0 \end{pmatrix}$$

Bei der letzten Matrix ist der Rang 2 offensichtlich, also $\mathrm{rg}(A) = 2$.

Eine $m \times n$-Matrix A läßt sich durch elementare Zeilen- und Spaltentransformationen also auf folgende Form bringen:

$$B = \begin{pmatrix} * & \cdots & \cdots & * & \cdots & * \\ 0 & \ddots & & \vdots & & \vdots \\ \vdots & \ddots & \ddots & \vdots & & \vdots \\ 0 & \cdots & 0 & * & \cdots & * \\ \hline 0 & \cdots & \cdots & 0 & \cdots & 0 \\ \vdots & & & \vdots & & \vdots \\ 0 & \cdots & \cdots & \cdots & \cdots & 0 \end{pmatrix} \begin{array}{l} \left.\vphantom{\begin{matrix}*\\0\\ \vdots \\0\end{matrix}}\right\} r \\ \\ \left.\vphantom{\begin{matrix}0\\ \vdots \\0\end{matrix}}\right\} m - r \end{array}$$

$$\underbrace{\qquad}_{r} \underbrace{\qquad}_{n-r}$$

Die zu A transponierte Matrix A' läßt sich durch entsprechende Spalten- und Zeilenumwandlungen auf folgende Form bringen:

$$\begin{pmatrix} * & 0 & \cdots & 0 & 0 & \cdots & 0 \\ \vdots & \ddots & \ddots & \vdots & \vdots & & \vdots \\ \vdots & & \ddots & 0 & \vdots & & \vdots \\ * & \cdots & \cdots & * & \vdots & & \vdots \\ \vdots & & & \vdots & \vdots & & \vdots \\ * & \cdots & \cdots & * & 0 & \cdots & 0 \end{pmatrix} \begin{array}{l} \left.\vphantom{\begin{matrix}*\\ \vdots \\0\end{matrix}}\right\} r \\ \\ \left.\vphantom{\begin{matrix}*\\ \vdots \\*\end{matrix}}\right\} n - r \end{array}$$

$$\underbrace{\qquad}_{r} \underbrace{\qquad}_{m-r}$$

Dies ist die Transponierte B' zur Matrix B, und sie hat ebenfalls Rang r. A und A' haben also denselben Rang. Da die Spalten von A' die Zeilen von A sind, folgt hieraus, daß bei einer Matrix vom Rang r die Maximalzahl linear unabhängiger Zeilen gleich r ist. Für eine Matrix A mit $\mathrm{rg}(A) = r$ gilt demnach: A besitzt r linear unabhängige Zeilen bzw. Spalten. Mehr als r Zeilen (Spalten) sind linear abhängig. Oder anders ausgedrückt: Der Rang einer Matrix ist die Maximalzahl linear unabhängiger Zeilen oder Spalten. Für den Rang einer $m \times n$-Matrix A gilt dann trivialerweise:

$$\mathrm{rg}(A) \leq \min(m, n) \tag{3.46}$$

Ist $m = n$, also A eine quadratische Matrix, dann ist $\mathrm{rg}(A) \leq n$. Den Zusammenhang zwischen dem Rang und der Invertierbarkeit einer quadratischen Matrix stellt der folgende Satz her.

Eine quadratische $n \times n$-Matrix vom Rang n ist nichtsingulär und umgekehrt.

Bei invertierbaren Matrizen sind also alle Spalten bzw. Zeilen linear unabhängig. Man sagt, reguläre Matrizen haben vollen Rang. Singuläre Matrizen dagegen sind gekennzeichnet durch einen Rang $r < n$. Die Differenz $n - r$ bezeichnet man als **Rangabfall** oder **Defekt** einer (singulären) Matrix.

Beispiel:

$$A = \begin{pmatrix} 2 & 3 & -1 & 0 \\ 4 & 6 & 2 & -3 \\ -6 & -5 & 0 & 2 \\ 2 & -5 & 6 & -6 \end{pmatrix}$$

1. Zeile unverändert
$-2 \cdot$ 1. Zeile
$+3 \cdot$ 1. Zeile
$-1 \cdot$ 1. Zeile

$\longrightarrow$

$$\longrightarrow \begin{pmatrix} 2 & 3 & -1 & 0 \\ 0 & 0 & 4 & -3 \\ 0 & 4 & -3 & 2 \\ 0 & -8 & 7 & -6 \end{pmatrix}$$

Vertauschen von
2. und 3. Zeile

$\longrightarrow$

$$\longrightarrow \begin{pmatrix} 2 & 3 & -1 & 0 \\ 0 & 4 & -3 & 2 \\ 0 & 0 & 4 & -3 \\ 0 & -8 & 7 & -6 \end{pmatrix}$$

1. Zeile unverändert
2. Zeile unverändert
3. Zeile unverändert
$+2 \cdot$ 2. Zeile

$\longrightarrow$

$$\longrightarrow \begin{pmatrix} 2 & 3 & -1 & 0 \\ 0 & 4 & -3 & 2 \\ 0 & 0 & 4 & -3 \\ 0 & 0 & 1 & -2 \end{pmatrix}$$

1. Zeile unverändert
2. Zeile unverändert
Vertauschen von 3. und 4. Zeile
anschließend 4. Zeile $- 4 \cdot$ 3. Zeile

$\longrightarrow$

$$\longrightarrow \begin{pmatrix} 2 & 3 & -1 & 0 \\ 0 & 4 & -3 & 2 \\ 0 & 0 & 1 & -2 \\ 0 & 0 & 0 & 5 \end{pmatrix}$$

Der Rang der quadratischen 4×4-Matrix ist $\mathrm{rg}(A) = 4$. A ist also nichtsingulär oder invertierbar. Der Defekt von A ist def $(A) = 0$. $\mathrm{rg}(A) = \mathrm{rg}(A') = 4$, da Transponieren rangerhaltend ist. Damit ist auch A' invertierbar.

3.3   Lineare Gleichungssysteme

Von einem landwirtschaftlichen Betrieb sollen auf insgesamt 35 ha die Frucht-
arten Körnermais (KM), Sommerweizen (SW) und Zuckerrüben (ZR) angebaut
werden. Für jede der drei Arten müssen im Frühjahr und im Herbst eine gewisse Anzahl von Arbeitsstunden pro ha Anbaufläche aufgewendet werden und
zwar:

	KM	SW	ZR
Frühjahr	12	15	120
Herbst	20	15	80

Es stehen insgesamt im Frühjahr 990 und im Herbst 950 Arbeitsstunden zur
Verfügung. Gesucht ist das Anbauverhältnis der drei Arten. Dazu bezeichne x_1
die Anbaufläche in ha für KM, x_2 für SW und x_3 für ZR. Die x_i haben folgende
drei Gleichungen zu erfüllen:

$$
\begin{aligned}
x_1 + x_2 + x_3 &= 35 \\
12x_1 + 15x_2 + 120x_3 &= 990 \\
20x_1 + 15x_2 + 80x_3 &= 950
\end{aligned}
$$

Dies ist ein System von drei linearen Gleichungen mit den drei Unbekannten
x_1, x_2 und x_3, ein Beispiel für ein lineares Gleichungssystem. Faßt man die
Koeffizienten der Unbekannten in einer Matrix und die x_i sowie die rechten
Seiten je in einem Vektor zusammen, so ist zu obigen drei Gleichungen folgende
Schreibweise äquivalent:

$$
\begin{pmatrix} 1 & 1 & 1 \\ 12 & 15 & 120 \\ 20 & 15 & 80 \end{pmatrix} \cdot \begin{pmatrix} x_1 \\ x_2 \\ x_3 \end{pmatrix} = \begin{pmatrix} 35 \\ 990 \\ 950 \end{pmatrix}
$$

Ein **lineares Gleichungssystem** (LGS) ist ein System von m Gleichungen
mit n Unbekannten x_i $(i = 1, 2, \ldots, n)$ folgender Art:

$$
\begin{aligned}
a_{11}x_1 + a_{12}x_2 + \ldots + a_{1n}x_n &= b_1 \\
a_{21}x_1 + a_{22}x_2 + \ldots + a_{2n}x_n &= b_2 \\
\vdots \qquad\quad \vdots \qquad\qquad\quad \vdots \qquad\; \vdots \\
a_{m1}x_1 + a_{m2}x_2 + \ldots + a_{mn}x_n &= b_m
\end{aligned}
\tag{3.47}
$$

bzw. in Matrizenschreibweise:

$$
A \cdot x = b
\tag{3.48}
$$

mit der **Koeffizientenmatrix** $A = A_{m \times n} = (a_{ij})_{\substack{i=1,\ldots,m \\ j=1,\ldots,n}}$, dem Vektor

$$x = \begin{pmatrix} x_1 \\ x_2 \\ \vdots \\ x_n \end{pmatrix} \text{ und der rechten Seite } b = \begin{pmatrix} b_1 \\ b_2 \\ \vdots \\ b_m \end{pmatrix}.$$

Ein Vektor $\tilde{x}$, für den gilt: $A \cdot \tilde{x} = b$, wird als **Lösung** des LGS $A \cdot x = b$ bezeichnet.

Neben eindeutig lösbaren Linearen Gleichungssystemen gibt es welche, die unendlich viele Lösungen und solche, die keine Lösung haben.

Beispiele:

1. *Für das obige Beispiel ist* $x = \begin{pmatrix} 20 \\ 10 \\ 5 \end{pmatrix}$, *d.h. 20 ha KM, 10 ha SW und 5 ha*

   ZR, die einzige Lösung.

2. $\begin{pmatrix} -2 & 1 \\ 1 & 1 \\ 0 & 2 \end{pmatrix} \cdot \begin{pmatrix} x_1 \\ x_2 \end{pmatrix} = \begin{pmatrix} 1 \\ 0 \\ 1 \end{pmatrix}$ *hat keine Lösung.*

3. $\begin{pmatrix} 2 & 1 \\ 4 & 2 \end{pmatrix} \cdot \begin{pmatrix} x_1 \\ x_2 \end{pmatrix} = \begin{pmatrix} 1 \\ 2 \end{pmatrix}$ *hat die Lösungen* $x = \begin{pmatrix} t \\ -2t + 1 \end{pmatrix}$ $(t \in \mathbb{R})$.

Zunächst soll die Frage geklärt werden, wann ein LGS lösbar ist. Die Gleichung $A \cdot x = b$ kann man folgendermaßen interpretieren: b ist eine Linearkombination der Spalten von A. Es habe nun die $m \times n$-Matrix A den Rang r, d.h. A besitze r linear unabhängige Spalten.

Die Lösbarkeit des LGS $A \cdot x = b$ ist dann gleichbedeutend damit, daß b als eine Linearkombination dieser r linear unabhängigen Spalten von A dargestellt werden kann (die übrigen $n - r$ Spalten von A sind ja selbst Linearkombinationen der r linear unabhängigen). Das bedeutet, daß b und die r linear unabhängigen Spalten von A linear abhängig sein müssen, oder anders formuliert, daß die **erweiterte Matrix** (A, b), die durch Anfügen von b als zusätzliche Spalte aus A hervorgeht, auch den Rang r haben muß.

Diese Überlegungen führen zu folgendem Satz:

Ein lineares Gleichungssystem $A \cdot x = b$ ist genau dann lösbar, wenn die Matrix A und die erweiterte Matrix (A, b) gleichen Rang haben.

Beispiele:

1. *Das LGS* $A \cdot x = b$ *mit* $A = \begin{pmatrix} -2 & 3 \\ 1 & -1 \end{pmatrix}$ *und* $b = \begin{pmatrix} -8 \\ 3 \end{pmatrix}$ *ist lösbar, weil*

   $\text{rg}(A) = \text{rg}(A, b) = 2.$

2. *Das System* $A \cdot x = b$ *mit* $A = \begin{pmatrix} 2 & 3 & 4 \\ 1 & -5 & 2 \\ -3 & 1 & -6 \end{pmatrix}$ *und* $b = \begin{pmatrix} 2 \\ 1 \\ 5 \end{pmatrix}$ *ist nicht*

lösbar, denn $\text{rg}(A) = 2$, *aber* $\text{rg}(A, b) = 3$.

Folgerungen:

1. Ein LGS mit regulärer Koeffizientenmatrix $A_{n \times n}$ ist immer lösbar, denn eine reguläre Matrix hat vollen Rang, so daß der Rang der erweiterten Matrix auch gleich n sein muß. Die Lösung eines solchen Systems ist darüberhinaus eindeutig, nämlich $x = A^{-1} \cdot b$.

2. Ist die rechte Seite eines LGS gleich dem Nullvektor, so wird es als **homogenes Gleichungssystem** bezeichnet und ist immer lösbar. Die Hinzunahme des Nullvektors vergrößert nämlich den Rang der Koeffizientenmatrix nicht, weil der Nullvektor zusammen mit anderen Vektoren stets linear abhängig ist. Der n-dimensionale Nullvektor ist stets Lösung eines homogenen LGS. Er stellt die sog. **triviale Lösung** dar. Ist $\text{rg}(A) = n$, so besitzt das System $A \cdot x = 0$ nur die triviale Lösung und umgekehrt, denn es ist dies genau die Bedingung für die lineare Unabhängigkeit der n Spalten von A. Dagegen hat ein homogenes LGS mit $\text{rg}(A) < n$ auch nichttriviale Lösungen. Man hat dann unendlich viele Lösungen, da mit einer Lösung $x \neq 0$ auch jedes skalare Vielfache λx das homogene LGS löst. Ein lineares Gleichungssystem mit einer rechten Seite $b \neq 0$ heißt **inhomogen**.

3. Falls ein LGS weniger Gleichungen als Unbekannte hat und der Rang der Koeffizientenmatrix gleich der Anzahl der Gleichungen ist, also $m < n$ und $\text{rg}(A) = m$, so ist das System immer lösbar. Es ist nämlich $\text{rg}(A, b) \leq \min(m, n + 1) = m$ und $\text{rg}(A, b) \geq \text{rg}(A) = m$, folglich $\text{rg}(A, b) = \text{rg}(A) = m$.

Eine Auskunft über die Lösungsmenge eines (lösbaren) LGS gibt folgender **Satz:**

Ein LGS $A \cdot x = b$ ist eindeutig lösbar, wenn der gemeinsame Rang von A und (A, b) mit der Anzahl der Unbekannten übereinstimmt. Ist dieser Rang kleiner als die Anzahl der Unbekannten, so hat das System unendlich viele Lösungen.

$$A \cdot x = b \text{ ist eindeutig lösbar} \quad \Leftrightarrow \quad \text{rg}(A, b) = \text{rg}(A) = n \qquad (3.49)$$

Beispiele:

1. Das LGS $\begin{pmatrix} 1 & 0 \\ 3 & 1 \\ 4 & 1 \\ 2 & 1 \end{pmatrix} \cdot \begin{pmatrix} x_1 \\ x_2 \end{pmatrix} = \begin{pmatrix} 5 \\ 5 \\ 10 \\ 0 \end{pmatrix}$ ist eindeutig lösbar, da $\mathrm{rg}(A) =$

    $\mathrm{rg}(A,b) = 2$, wie man leicht nachprüft. $x = \begin{pmatrix} 5 \\ -10 \end{pmatrix}$ ist diese Lösung.

2. Im System $A \cdot x = b$ mit $A = \begin{pmatrix} 1 & -1 & -1 & 2 \\ 2 & 3 & -4 & 5 \\ 3 & 2 & -5 & 7 \\ 1 & 4 & -3 & 3 \end{pmatrix}$ und $b = \begin{pmatrix} 1 \\ 6 \\ 7 \\ 5 \end{pmatrix}$ ist

    $\mathrm{rg}(A) = \mathrm{rg}(A,b) = 2$, d.h. das LGS ist lösbar und hat unendlich viele Lösungen.

    Die Lösungsmenge ist: $\{x \in \mathbb{R}^4 | x = \begin{pmatrix} -7 + 11\lambda - 3\mu \\ \lambda \\ \mu \\ 4 - 5\lambda + 2\mu \end{pmatrix}; \lambda, \mu \in \mathbb{R}\}$

    Je nach Wahl von λ und μ erhält man spezielle Lösungen, etwa $x' = (1,1,1,1)$ für $\lambda = \mu = 1$ oder $x' = (4,1,0,-1)$ für $\lambda = 1, \mu = 0$.

Die unendliche Lösungsmenge im Beispiel 2 enthält die zwei Parameter λ und μ, und es ist $\mathrm{rg}(A) = n - 2 = 4 - 2$.

Allgemein gilt folgender Zusammenhang:

Ist bei einem lösbaren LGS $\mathrm{rg}(A) = r = n - k$, so hat die Lösung $k = n - r$ Parameter.

Die wichtige Frage, wie die Lösung von linearen Gleichungssystemen ermittelt wird, behandeln die Abschnitte 3.5 und 3.6.

3.4   Determinanten

Bei einer quadratischen Matrix ist es besonders wichtig festzustellen, ob sie regulär ist oder nicht. Die Bestimmung des Rangs einer Matrix ist dazu ein geeignetes Mittel. Zur Entscheidung über die Singularität einer quadratischen Matrix kann auch die Determinante herangezogen werden.

Die **Determinante** $|A|$ oder $\det(A)$ einer quadratischen $n \times n$-Matrix A ist eine reelle Zahl, die man durch folgende Vorschrift erhält:

Für $n = 1$, d.h. $A = a_{11}$ ist die Determinante ein Skalar: $|A| = a_{11}$.

Für ein beliebiges $n \geq 2$:

$$|A| = a_{i1}(-1)^{i+1}|A_{i1}| + a_{i2}(-1)^{i+2}|A_{i2}| + \ldots + a_{in}(-1)^{i+n}|A_{in}| =$$
$$= \sum_{j=1}^{n} a_{ij}(-1)^{i+j}|A_{ij}| \tag{3.50}$$

für ein $i \in \{1,2,\ldots,n\}$ (Entwicklung nach der i-ten Zeile)

oder

$$|A| = a_{1j}(-1)^{1+j}|A_{1j}| + a_{2j}(-1)^{2+j}|A_{2j}| + \ldots + a_{nj}(-1)^{n+j}|A_{nj}| =$$
$$= \sum_{i=1}^{n} a_{ij}(-1)^{i+j}|A_{ij}| \tag{3.51}$$

für ein $j \in \{1,2,\ldots,n\}$ (Entwicklung nach der j-ten Spalte).

Hierbei ist A_{ij} die Teilmatrix von A, die durch Streichen der i-ten Zeile und der j-ten Spalte von A entsteht.

Es ist egal, ob zur Ermittlung des Determinantenwerts nach einer Zeile oder einer Spalte entwickelt wird, und es kann nach jeder der n Zeilen (Spalten) entwickelt werden, man erhält immer den eindeutig bestimmten Wert $|A|$.

Eine einfache Folgerung hieraus ist, daß die Determinanten von A und der Transponierten A' gleich sind, also: $|A| = |A'|$.

Die Determinante einer $n \times n$-Matrix bezeichnet man oft auch als **n-reihige Determinante**.

Gleichung (3.50) bzw. (3.51) erklärt Determinanten für quadratische Matrizen mit beliebigem n. Eine 3-reihige Determinante kann also auf 2-reihige Determinanten zurückgeführt werden, eine 4-reihige auf 3-reihige und, wenn man will, weiter auf 2-reihige Determinanten. Für 2–reihige und 3-reihige Determinanten gibt es einfache Möglichkeiten der Berechnung, wie in den folgenden Beispielen gezeigt wird.

Beispiele:

1. Für eine 2×2-Matrix $A = \begin{pmatrix} a_{11} & a_{12} \\ a_{21} & a_{22} \end{pmatrix}$ berechnet man die Determinante

   zu: $|A| = a_{11}a_{22} - a_{12}a_{21}$

2. Entwickelt man nach der ersten Zeile einer 3×3-Matrix

$$A = \begin{pmatrix} a_{11} & a_{12} & a_{13} \\ a_{21} & a_{22} & a_{23} \\ a_{31} & a_{32} & a_{33} \end{pmatrix},$$

so erhält man die 3-reihige Determinante

$$|A| = a_{11}\begin{vmatrix} a_{22} & a_{23} \\ a_{32} & a_{33} \end{vmatrix} - a_{12}\begin{vmatrix} a_{21} & a_{23} \\ a_{31} & a_{33} \end{vmatrix} + a_{13}\begin{vmatrix} a_{21} & a_{22} \\ a_{31} & a_{32} \end{vmatrix} =$$

$$= a_{11}(a_{22}a_{33} - a_{23}a_{32}) - a_{12}(a_{21}a_{33} - a_{23}a_{31}) +$$
$$+ a_{13}(a_{21}a_{32} - a_{22}a_{31}) =$$
$$= a_{11}a_{22}a_{33} + a_{12}a_{23}a_{31} + a_{13}a_{21}a_{32} - a_{13}a_{22}a_{31} -$$
$$- a_{11}a_{23}a_{32} - a_{12}a_{21}a_{33}$$

Als Merkregel für die Berechnung von zwei- bzw. dreireihigen Determinanten kann man folgende Schemata verwenden:

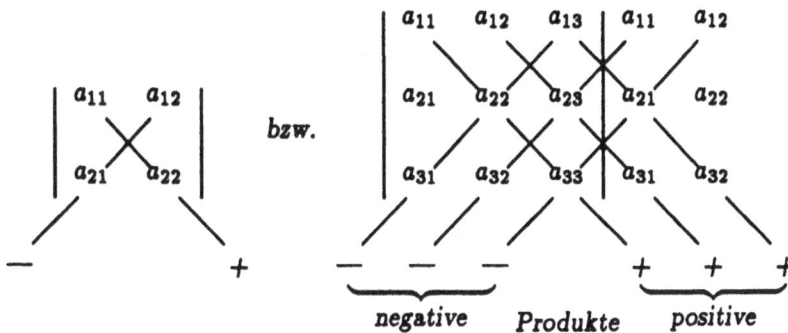

Die von links nach rechts verbundenen Elemente sind jeweils zu multiplizieren und die Produkte zu addieren. Davon werden die Produkte der jeweils von rechts nach links verbundenen Elemente subtrahiert. Das Ergebnis ist der Wert der Determinante.

Für $n = 3$ ist dies die sog. **Regel von Sarrus.** Es gibt kein solches Schema für $n > 3$.

3. Zu berechnen ist der Wert der folgenden 4-reihigen Determinante:

$$|A| = \begin{vmatrix} 3 & 2 & 1 & 2 \\ 4 & 0 & 3 & 0 \\ -1 & 0 & 1 & 1 \\ 2 & -2 & 1 & 0 \end{vmatrix}$$

Durch Entwickeln nach der zweiten Spalte folgt:

$$|A| = 2 \cdot (-1) \begin{vmatrix} 4 & 3 & 0 \\ -1 & 1 & 1 \\ 2 & 1 & 0 \end{vmatrix} + (-2) \begin{vmatrix} 3 & 1 & 2 \\ 4 & 3 & 0 \\ -1 & 1 & 1 \end{vmatrix} =$$

$$= -2 \cdot (0 + 6 + 0 - 0 - 4 - 0) - 2 \cdot (9 + 0 + 8 - (-6) - 0 - 4) =$$

$$= -4 - 38 = -42$$

Genausogut hätte man nach einer anderen Zeile oder Spalte, z.B. nach der zweiten Zeile, entwickeln können und denselben Wert erhalten (eigene Übung!).

Die Entwicklung nach einer Zeile (Spalte) mit möglichst vielen Nullen verringert den Rechenaufwand erheblich. Der nachfolgende Satz beinhaltet einige Eigenschaften der Determinanten, mit deren Hilfe die Berechnung von Determinanten bequem durchzuführen ist.

a) Eine Determinante ändert ihr Vorzeichen, wenn zwei Zeilen (Spalten) vertauscht werden.

b) Werden alle Elemente einer Zeile (Spalte) mit einem Skalar λ multipliziert, so ist der zugehörige Determinantenwert ebenfalls mit λ zu multiplizieren.

c) Addiert man zu einer Zeile (Spalte) das Vielfache einer anderen Zeile (Spalte), so ändert sich der Wert der Determinante nicht.

Auf einen Beweis dieses Satzes wird verzichtet. An einem Beispiel wird ersichtlich, wie sich die Berechnung der Determinante vereinfacht.

Beispiel:

Zu berechnen ist der Wert der folgenden 4-reihigen Determinante:

$$|A| = \begin{vmatrix} 1 & 2 & 1 & -3 \\ 0 & -2 & 2 & 3 \\ 0 & 1 & 1 & -2 \\ 0 & -4 & -1 & 11 \end{vmatrix} \overset{(1)}{=} \begin{vmatrix} 1 & 2 & 1 & -3 \\ 0 & 0 & 4 & -1 \\ 0 & 1 & 1 & -2 \\ 0 & 0 & 3 & 3 \end{vmatrix} \overset{(2)}{=}$$

$$= -3 \begin{vmatrix} 1 & 2 & 1 & -3 \\ 0 & 1 & 1 & -2 \\ 0 & 0 & 4 & -1 \\ 0 & 0 & 1 & 1 \end{vmatrix} \overset{(3)}{=} -3 \begin{vmatrix} 1 & 2 & 1 & -3 \\ 0 & 1 & 1 & -2 \\ 0 & 0 & 0 & -5 \\ 0 & 0 & 1 & 1 \end{vmatrix} \overset{(4)}{=}$$

$$= 3 \begin{vmatrix} 1 & 2 & 1 & -3 \\ 0 & 1 & 1 & -2 \\ 0 & 0 & 1 & 1 \\ 0 & 0 & 0 & -5 \end{vmatrix} = 3 \cdot (1 \cdot 1 \cdot 1 \cdot (-5)) =$$

$$= -15$$

(1): 2. Zeile + 2 · 3. Zeile und 4. Zeile + 4 · 3. Zeile

(2): Vertauschen von 2. u. 3. Zeile und *Herausziehen des Faktors* 3

(3): 3. Zeile − 4 · 4. Zeile

(4): Vertauschen von 3. u. 4. Zeile

Die letzte Form gestattet eine bequeme Berechnung der Determinante als Produkt der Hauptdiagonalelemente (wiederholte Entwickelung nach der ersten Spalte).

Ganz allgemein ist die Determinante einer (unteren oder oberen) Dreiecksmatrix gleich dem Produkt der Hauptdiagonalelemente.

Hat man also eine Determinante zu berechnen, so führt man elementare Zeilen- bzw. Spaltentransformationen aus, um nach Möglichkeit eine Dreiecksform zu erhalten. Das Produkt der Hauptdiagonalelemente multipliziert mit den Faktoren, die durch Anwendung der Regeln a) und b) des Satzes auf Seite 128 entstanden sind, ergibt den Wert der Determinante. Ist bei der Dreiecksform ein Hauptdiagonalelement Null, so hat die Determinante den Wert Null, man sagt auch, sie verschwindet. Daß eine Determinante verschwindet, kann man oft schon frühzeitig erkennen. Der folgende Satz, der direkt aus Definition (3.50) bzw. (3.51) und Regel c) des Satzes auf Seite 128 folgt, gibt darüber Auskunft.

Eine Determinante ist Null,

a) wenn eine Zeile (Spalte) nur aus Nullen besteht,

b) wenn eine Zeile (Spalte) das Vielfache einer anderen Zeile (Spalte) ist, insbesondere, wenn zwei Zeilen (Spalten) gleich sind.

Beispiel:

Für die Matrix $A = \begin{vmatrix} 3 & 1 & 2 \\ 6 & 2 & 4 \\ 1 & 0 & 2 \end{vmatrix}$ *gilt:* $\det(A) = 0$, *denn die zweite Zeile ist das Doppelte der ersten.*

Ergibt eine Linearkombination von Zeilen (Spalten) den Nullvektor, so verschwindet die Determinante, d.h. eine lineare Abhängigkeit von Zeilen oder Spalten wird durch einen Determinantenwert Null angezeigt. Umgekehrt hat eine $n \times n$-Matrix mit n linear unabhängigen Zeilen (Spalten) eine nichtverschwindende Determinante. Man kann dann nämlich durch elementare Umformungen eine Dreiecksgestalt erreichen, bei der kein Hauptdiagonalelement gleich Null ist.

Deshalb gelten die äquivalenten Aussagen in folgendem Satz:

Für eine quadratische $n \times n$-Matrix gilt:

$$
\begin{aligned}
\det(A) \neq 0 \;\; &\Leftrightarrow \;\; \mathrm{rg}(A) = n \Leftrightarrow \\
&\Leftrightarrow \;\; A \text{ ist nichtsingulär } (A^{-1} \text{ existiert}) \;\Leftrightarrow \\
&\Leftrightarrow \;\; A \cdot x = b \text{ ist eindeutig lösbar durch } x = A^{-1} \cdot b
\end{aligned}
\tag{3.52}
$$

Die nichtverschwindende Determinante einer quadratischen Matrix sichert also die Regularität dieser Matrix und damit die Lösbarkeit jedes linearen Gleichungssystems, das diese Matrix als Koeffizientenmatrix besitzt.

3.5 Lösung linearer $n \times n$-Gleichungssysteme

Am häufigsten treten in der Praxis lineare Gleichungssysteme mit n Gleichungen und n Unbekannten, also mit quadratischer Koeffizientenmatrix auf. Ist diese Matrix regulär, so existiert eine eindeutige Lösung. Zur Berechnung der Lösung solcher Gleichungssysteme dient das von C.F. Gauß stammende Eliminationsverfahren. Es ist auch Grundlage der meisten Computerprogramme zur Gleichungsauflösung.

3.5.1 Der Gaußsche Algorithmus

Es sei die Lösung eines LGS $Ax = b$ mit nichtsingulärer $n \times n$-Koeffizientenmatrix A zu bestimmen. Gesucht ist also ein Vektor $x = \begin{pmatrix} x_1 & x_2 & \dots & x_n \end{pmatrix}'$, der folgende Gleichungen erfüllt:

$$
\begin{aligned}
a_{11}x_1 + a_{12}x_2 + \dots + a_{1n}x_n &= b_1 \\
a_{21}x_1 + a_{22}x_2 + \dots + a_{2n}x_n &= b_2 \\
\vdots \qquad \vdots \qquad\qquad \vdots \qquad \vdots \\
a_{n1}x_1 + a_{n2}x_2 + \dots + a_{nn}x_n &= b_n
\end{aligned}
\tag{3.53}
$$

Vertauschen zweier Zeilen oder Addition des Vielfachen einer Zeile zu einer anderen (unter Beibehaltung der ersten) sind Umformungen, die die Lösung unverändert lassen. Mit Hilfe solcher Operationen will man zu einer anderen einfachen Form des LGS gelangen, aus der die Lösung leicht zu bestimmen ist. Das Ziel ist folgendes System:

$$
\begin{aligned}
r_{11}x_1 + r_{12}x_2 + \dots + \quad r_{1,n-1}x_{n-1} + \quad r_{1n}x_n &= y_1 \\
0 \cdot x_1 + r_{22}x_2 + \dots + \quad r_{2,n-1}x_{n-1} + \quad r_{2n}x_n &= y_2 \\
\vdots \qquad \vdots \qquad\qquad \vdots \qquad\qquad \vdots \\
0 \cdot x_1 + 0 \cdot x_2 + \dots + r_{n-1,n-1}x_{n-1} + r_{n-1,n}x_n &= y_{n-1} \\
0 \cdot x_1 + 0 \cdot x_2 + \dots + \quad 0 \cdot x_{n-1} + \quad r_{nn}x_n &= y_n
\end{aligned}
\tag{3.54}
$$

Die letzte Gleichung von (3.54) ergibt $x_n = \dfrac{y_n}{r_{nn}}$. Dies eingesetzt in die vorletzte Gleichung liefert x_{n-1} usw. Somit erhält man sukzessive, von der letzten zur ersten Gleichung fortschreitend, den Lösungsvektor x auf bequeme Art.

Wie sind nun die Transformationen durchzuführen, um das Gleichungssystem (3.53) in die Dreiecksform (3.54) überzuführen? Die angegebenen Umformungen sind nichts anderes als elementare Zeilenumformungen, die auf die erweiterte Matrix (A, b) anzuwenden sind. In einem ersten Schritt erreicht man, daß die Matrix (A, b) übergeführt wird in eine Matrix (A', b'), deren erste Spalte

mit Ausnahme des Elements a'_{11} nur Nullen enthält (Die Hochkommas kenn-
zeichnen hier nicht die Transposition):

$$(A', b') = \begin{pmatrix} a'_{11} & a'_{12} & \cdots & a'_{1n} & \| & b'_1 \\ 0 & a'_{22} & \cdots & a'_{2n} & \| & b'_2 \\ 0 & a'_{32} & \cdots & a'_{3n} & \| & b'_3 \\ \vdots & \vdots & \ddots & \vdots & \| & \vdots \\ 0 & a'_{n2} & \cdots & a'_{nn} & \| & b'_n \end{pmatrix} \tag{3.55}$$

Dies erreicht man durch Addition von geeigneten Vielfachen der ersten Zeile
von (A, b) zu den übrigen Zeilen. Voraussetzung ist, daß $a_{11} \neq 0$ ist, ansonsten
müßte man zunächst die erste Zeile mit einer anderen, deren Element $a_{i1} \neq$
0 ist, vertauschen. Offensichtlich entsteht die Null in der ersten Spalte und
zweiten Zeile, wenn man das $\dfrac{-a_{21}}{a_{11}}$-fache der ersten Zeile zur zweiten addiert.
Analog erhält man die Nullen der Zeilen 3 bis n. Die Matrix (A', b') wird also
folgendermaßen gebildet:

1. Die erste Zeile von (A', b') ist identisch mit der von (A, b):

    $$a'_{1k} = a_{1k} \; (k = 1, 2, \ldots, n) \text{ und } b'_1 = b_1 \tag{3.56}$$

2. Für die i-te Zeile ($i = 2, \ldots, n$) bildet man $l_{i1} = \dfrac{a_{i1}}{a_{11}}$ und subtrahiert das
    l_{i1}-fache der ersten Zeile von der i-ten Zeile:

    $$a'_{ik} = a_{ik} - l_{i1}a_{1k} \text{ und } b' = b_i - l_{i1}b_1 \; (i = 2, \ldots, n; k = 2, \ldots, n) \tag{3.57}$$

Dieses Vorgehen wird nun entsprechend für die in (3.55) eingerahmte "Restmatrix" wiederholt (Voraussetzung: $a'_{22} \neq 0$), und man erhält eine Matrix (A'', b'')
mit Nullen in der zweiten Spalte unterhalb der Diagonalen, also:

$$(A'', b'') = \begin{pmatrix} a_{11} & a_{12} & a_{13} & \cdots & a_{1n} & \| & b_1 \\ 0 & a'_{22} & a'_{23} & \cdots & a'_{2n} & \| & b'_2 \\ 0 & 0 & a''_{33} & \cdots & a''_{3n} & \| & b''_3 \\ \vdots & \vdots & \vdots & \ddots & \vdots & \| & \vdots \\ 0 & 0 & a''_{n3} & \cdots & a''_{nn} & \| & b''_n \end{pmatrix} \tag{3.58}$$

In einem dritten Schritt wiederholt sich das Ganze für die neue Restmatrix usw.
Somit gelangt man in $n-1$ Schritten zu der in (3.54) dargestellten Dreiecksform
der Koeffizientenmatrix:

$$(A, b) \to (A', b') \to (A'', b'') \to \ldots \to (R, y) \tag{3.59}$$

Hieraus läßt sich die Lösung x durch die oben beschriebene sog. **Rückwärts-substitution** einfach ermitteln. Die Elemente $a_{11}, a'_{22}, a''_{33}, \ldots$, die jeweils ungleich Null sein müssen, nennt man auch **Pivot-Elemente**.

Beispiele:

1. *Zu Beginn des Abschnitts 3.3 ging es um das Anbauverhältnis von Körnermais, Sommerweizen und Zuckerrüben. Dieses LGS mit*

$$A = \begin{pmatrix} 1 & 1 & 1 \\ 12 & 15 & 120 \\ 20 & 15 & 80 \end{pmatrix} \text{ und } b = \begin{pmatrix} 35 \\ 990 \\ 950 \end{pmatrix} \text{ soll nach der beschriebenen}$$

   Methode gelöst werden.

   Subtraktion des 12-fachen der ersten Zeile von der zweiten und des 20-fachen der ersten Zeile von der dritten liefert (A', b'):

$$(A, b) \to (A', b') = \begin{pmatrix} 1 & 1 & 1 & | & 35 \\ 0 & 3 & 108 & | & 570 \\ 0 & -5 & 60 & | & 250 \end{pmatrix}$$

   Hieraus erhält man (A'', b'') durch Addition des $\dfrac{5}{3}$-fachen der zweiten zur dritten Zeile:

$$(A, b) \to (A', b') \to (A'', b'') = \begin{pmatrix} 1 & 1 & 1 & | & 35 \\ 0 & 3 & 108 & | & 570 \\ 0 & 0 & 240 & | & 1200 \end{pmatrix} = (R, y)$$

   Als Lösung errechnet man bequem $x_3 = 5$, $x_2 = 10$ und $x_1 = 20$.

2. *Zu lösen ist das LGS:*

$$\begin{aligned} 2x_1 + 3x_2 - x_3 \qquad\quad &= 20 \\ -6x_1 - 5x_2 \qquad + 2x_4 &= -45 \\ 2x_1 - 5x_2 + 6x_3 - 6x_4 &= -3 \\ 4x_1 + 6x_2 + 2x_3 - 3x_4 &= 58 \end{aligned}$$

$$(A, b) \;=\; \begin{pmatrix} 2 & 3 & -1 & 0 & \big| & 20 \\ \hline -6 & -5 & 0 & 2 & \big| & -45 \\ 2 & -5 & 6 & -6 & \big| & -3 \\ 4 & 6 & 2 & -3 & \big| & 58 \end{pmatrix} \;\rightarrow$$

$$(A', b') \;=\; \begin{pmatrix} 2 & 3 & -1 & 0 & \big| & 20 \\ 0 & 4 & -3 & 2 & \big| & 15 \\ \hline 0 & -8 & 7 & -6 & \big| & -23 \\ 0 & 0 & 4 & -3 & \big| & 18 \end{pmatrix} \;\rightarrow$$

$$(A'', b'') \;=\; \begin{pmatrix} 2 & 3 & -1 & 0 & \big| & 20 \\ 0 & 4 & -3 & 2 & \big| & 15 \\ 0 & 0 & 1 & -2 & \big| & 7 \\ 0 & 0 & 4 & -3 & \big| & 18 \end{pmatrix} \;\rightarrow$$

$$(A''', b''') \;=\; \begin{pmatrix} 2 & 3 & -1 & 0 & \big| & 20 \\ 0 & 4 & -3 & 2 & \big| & 15 \\ 0 & 0 & 1 & -2 & \big| & 7 \\ 0 & 0 & 0 & 5 & \big| & -10 \end{pmatrix} \;=\; (R, y)$$

$x_4 = -2, \; x_3 = 3, \; x_2 = 7, \; x_1 = 1$

Zeilenvertauschung bei verschwindendem Pivot-Element

Der beschriebene Gauß-Algorithmus setzt voraus, daß die Diagonalelemente $a_{11}, a'_{22}, a''_{33} \ldots \neq 0$ sind. Wird im Laufe der Rechnung doch einmal ein solches Diagonalelement gleich Null, so muß sich dieses Problem durch Vertauschen der Gleichungen bzw. Vertauschen der Zeilen der Koeffizientenmatrix beheben lassen, vorausgesetzt die Koeffizientenmatrix A ist regulär.

Beispiel:

$$(A, b) \;=\; \begin{pmatrix} 2 & -3 & 1 & -2 & 4 & \big| & 7 \\ -4 & 6 & -2 & 5 & -6 & \big| & -10 \\ 6 & -9 & 3 & -4 & 10 & \big| & 17 \\ 2 & -4 & 3 & 2 & -3 & \big| & 5 \\ -2 & 5 & -3 & 2 & -1 & \big| & 1 \end{pmatrix} \;\rightarrow$$

$$(A', b') \;=\; \begin{pmatrix} 2 & -3 & 1 & -2 & 4 & \big| & 7 \\ 0 & 0 & 0 & 1 & 2 & \big| & 4 \\ 0 & 0 & 0 & 2 & -2 & \big| & -4 \\ 0 & -1 & 2 & 4 & -7 & \big| & -2 \\ 0 & 2 & -2 & 0 & 3 & \big| & 8 \end{pmatrix}$$

Nun ist $a'_{22} = a'_{32} = 0$. Das erste von Null verschiedene Element in der 2. Spalte von A' ist $a'_{42} = -1$. Man stellt also die Gleichungen bzw. Zeilen derart um, daß die ursprünglich 4. Zeile nun zur 2. Zeile wird. Außerdem ist es zweckmäßig, die ursprünglich 5. Zeile zur 3. Zeile zu machen und die 2. und 3. Zeile als 4. und 5. Zeile herzunehmen, weil durch die erste Umformung in diesen Zeilen in den Spalten 2 und 3 schon Nullen entstanden sind. Führt man diese Umstellungen durch, so erhält man $(A', b')_p$ (p: permutiert):

$$(A', b')_p = \begin{pmatrix} 2 & -3 & 1 & -2 & 4 & | & 7 \\ 0 & -1 & 2 & 4 & -7 & | & -2 \\ 0 & 2 & -2 & 0 & 3 & | & 8 \\ 0 & 0 & 0 & 1 & 2 & | & 4 \\ 0 & 0 & 0 & 2 & -2 & | & -4 \end{pmatrix} \rightarrow$$

$$(A'', b'')_p = \begin{pmatrix} 2 & -3 & 1 & -2 & 4 & | & 7 \\ 0 & -1 & 2 & 4 & -7 & | & -2 \\ 0 & 0 & 2 & 8 & -11 & | & 4 \\ 0 & 0 & 0 & 1 & 2 & | & 4 \\ 0 & 0 & 0 & 2 & -2 & | & -4 \end{pmatrix}$$

Die letzte Matrix (A'', b'') beinhaltet bereits die Umformung, bei der die Elemente unterhalb des Diagonalelements a'_{33} gleich Null sind, d.h. $(A'', b'')_p = (A''', b''')_p$. Es ist noch eine Umformung notwendig: Das Element $a''_{54} = a'''_{54} = 2$ ist zu Null zu machen:

$$(A^{(4)}, b^{(4)})_p = (R, y) = \begin{pmatrix} 2 & -3 & 1 & -2 & 4 & | & 7 \\ 0 & -1 & 2 & 4 & -7 & | & -2 \\ 0 & 0 & 2 & 8 & -11 & | & 4 \\ 0 & 0 & 0 & 1 & 2 & | & 4 \\ 0 & 0 & 0 & 0 & -6 & | & -12 \end{pmatrix}$$

$x_5 = 2, x_4 = 0, x_3 = 13, x_2 = 14, x_1 = 14$

3.5.2 Das Gauß-Verfahren als Dreieckszerlegung

Von einer Koeffizientenmatrix A liege die transformierte Form, also die obere Dreiecksmatrix R, und die Transformationsfaktoren l_{ik} ($1 \leq k < i \leq n$) vor. Daraus soll die ursprüngliche Matrix A wieder berechnet werden. Dies gelingt folgendermaßen: Die i-te Zeile von A erhält man, wenn man zur i-ten Zeile von R das $l_{i,i-1}$-fache der $(i-1)$-ten, das $l_{i,i-2}$-fache der $(i-2)$-ten, ... das l_{i1}-fache der ersten Zeile von R addiert, also die Summe $\sum_{k=1}^{i}(l_{ik} \cdot (\text{Zeile } k \text{ von } R))$ bildet, wobei $l_{ii} = 1$. Damit werden die $i - 1$ Eliminationsschritte, denen die i-te Zeile unterworfen war, rückgängig gemacht.

Beispiel:

Veranschaulichung an Beispiel 1 von Abschnitt 3.5.1:

$$\text{Es war } R = \begin{pmatrix} 1 & 1 & 1 \\ 0 & 3 & 108 \\ 0 & 0 & 240 \end{pmatrix} \text{ und } l_{21} = 12, \ l_{31} = 20, \ l_{32} = -\frac{5}{3}.$$

Die dritte Zeile von A ist die Summe

$$20 \cdot (1\ 1\ 1) + \left(-\frac{5}{3}\right) \cdot (0\ 3\ 108) + 1 \cdot (0\ 0\ 240) = (20\ 15\ 80).$$

Ebenso ergibt sich die zweite Zeile:

$$12 \cdot (1\ 1\ 1) + 1 \cdot (0\ 3\ 108) = (12\ 15\ 120)$$

Die erste Zeile von R ist immer identisch mit der von A. Faßt man die Koeffizienten l_{ik} entsprechend ihrer Numerierung in einer unteren Dreiecksmatrix zusammen, die mit Einsen in der Hauptdiagonalen ergänzt wird, so hat man für das Beispiel:

$$L = \begin{pmatrix} l_{11} & 0 & 0 \\ l_{21} & l_{22} & 0 \\ l_{31} & l_{32} & l_{33} \end{pmatrix} = \begin{pmatrix} 1 & 0 & 0 \\ 12 & 1 & 0 \\ 20 & -\frac{5}{3} & 1 \end{pmatrix}$$

Das Matrizenprodukt

$$L \cdot R = \begin{pmatrix} 1 & 0 & 0 \\ 12 & 1 & 0 \\ 20 & -\frac{5}{3} & 1 \end{pmatrix} \cdot \begin{pmatrix} 1 & 1 & 1 \\ 0 & 3 & 108 \\ 0 & 0 & 240 \end{pmatrix}$$

liefert als Ergebnis gerade die Matrix A:

$$A = \begin{pmatrix} 1 & 1 & 1 \\ 12 & 15 & 120 \\ 20 & 15 & 80 \end{pmatrix}$$

Es ist einsichtig, daß dies allgemein gilt, denn die i-te Zeile der Produktmatrix $L \cdot R$ erhält man als Summe der mit l_{ik} ($1 \leq k \leq i$) multiplizierten Zeile von R. Diese ist nach obigen Überlegungen genau die i-te Zeile der Ausgangsmatrix A.

Man kann nun folgendes Ergebnis zusammenfassen:

Eine nichtsinguläre $n \times n$-Matrix A (deren Zeilen evtl. permutiert werden müssen) läßt sich stets in das Produkt einer unteren normalisierten (Hauptdiagonalelemente = 1) Dreiecksmatrix L und einer oberen Dreiecksmatrix R zerlegen:

$$A = L \cdot R = \begin{pmatrix} 1 & 0 & \cdots & 0 \\ l_{21} & 1 & \ddots & \vdots \\ \vdots & & \ddots & 0 \\ l_{n1} & l_{n2} & \cdots & 1 \end{pmatrix} \cdot \begin{pmatrix} r_{11} & r_{12} & \cdots & r_{1n} \\ 0 & \ddots & & r_{2n} \\ \vdots & \ddots & \ddots & \vdots \\ 0 & \cdots & 0 & r_{nn} \end{pmatrix}$$

Betrachtet man die Matrix $A = L \cdot R$ elementweise, so gilt für die Elemente oberhalb der Hauptdiagonalen und für die Hauptdiagonalelemente

$$a_{ik} = \sum_{j=1}^{i-1} l_{ij} r_{jk} + \underbrace{l_{ii}}_{=1} r_{ik} \quad (i \le k)$$

und für die restlichen Elemente von A (unterhalb der Hauptdiagonalen)

$$a_{ki} = \sum_{j=1}^{i-1} l_{kj} r_{ji} + l_{ki} r_{ii} \quad (i < k).$$

Aus diesen beiden Gleichungen lassen sich die Elemente r_{ik} und l_{ki} der Dreiecksmatrizen L und R jeweils berechnen und man bekommt folgende Rechenvorschrift zur Dreieckszerlegung:

Für $i = 1, \ldots, n$ berechne:

$$r_{ik} = a_{ik} - \sum_{j=1}^{i-1} l_{ij} r_{jk} \quad \text{für } k = 1, \ldots, n$$

$$l_{ki} = \frac{a_{ki} - \sum\limits_{j=1}^{i-1} l_{kj} r_{ji}}{r_{ii}} \quad \text{für } k = i+1, \ldots, n$$

(3.60)

Es ist zu beachten, daß eine Summe $\sum\limits_{j=1}^{0}$ den Wert 0 hat.

Man übernimmt also zunächst als erste Zeile von R die erste Zeile von A, berechnet dann die erste Spalte von L, die zweite Zeile von R, die zweite Spalte von L usw.

Beispiel:

Für die Dreieckszerlegung der Matrix $A = \begin{pmatrix} 1 & 1 & 1 \\ 12 & 15 & 120 \\ 20 & 15 & 80 \end{pmatrix}$ übernimmt man

die erste Zeile unverändert für R, also: $R = \begin{pmatrix} 1 & 1 & 1 \\ * & * & * \\ * & * & * \end{pmatrix}$

Daraus berechnet man die 1. Spalte für L:

$l_{11} = 1$

$$l_{21} = \frac{a_{21} - \sum\limits_{j=1}^{0} l_{2j} r_{j1}}{r_{11}} = \frac{a_{21}}{r_{11}} = \frac{12}{1} = 12$$

$$l_{31} = \frac{a_{31} - \sum\limits_{j=1}^{0} l_{3j} r_{j1}}{r_{11}} = \frac{a_{31}}{r_{11}} = \frac{20}{1} = 20$$

Man erhält also die erste Spalte von L: $L = \begin{pmatrix} 1 & * & * \\ 12 & * & * \\ 20 & * & * \end{pmatrix}$

Für die 2. Zeile von R folgt:

$r_{21} = 0$

$$r_{22} = a_{22} - \sum_{j=1}^{1} l_{2j} r_{j2} = a_{22} - l_{21} r_{12} = 15 - 12 \cdot 1 = 3$$

$$r_{23} = a_{23} - \sum_{j=1}^{1} l_{2j} r_{j3} = a_{23} - l_{21} r_{13} = 120 - 12 \cdot 1 = 108$$

Also ist $R = \begin{pmatrix} 1 & 1 & 1 \\ 0 & 3 & 108 \\ * & * & * \end{pmatrix}$. *Daraus wird die 2. Spalte von L berechnet:*

$l_{12} = 0$
$l_{22} = 1$

$$l_{32} = \frac{a_{32} - \sum\limits_{j=1}^{1} l_{3j} r_{j2}}{r_{22}} = \frac{a_{32} - l_{31} \cdot r_{12}}{r_{22}} = \frac{15 - 20 \cdot 1}{3} = -\frac{5}{3}$$

Also ist $L = \begin{pmatrix} 1 & 0 & * \\ 12 & 1 & * \\ 20 & -\dfrac{5}{3} & * \end{pmatrix}$.

Für die 3. Zeile von R folgt:

$r_{31} = 0$
$r_{32} = 0$

$$r_{33} = a_{33} - \sum_{j=1}^{2} l_{3j} r_{j3} = a_{33} - (l_{31} \cdot r_{13} + l_{32} \cdot r_{23}) =$$

$$= 80 - \left(20 \cdot 1 + \left(-\frac{5}{3}\right) \cdot 108\right) = 240$$

Also ist $R = \begin{pmatrix} 1 & 1 & 1 \\ 0 & 3 & 108 \\ 0 & 0 & 240 \end{pmatrix}$.

Für die 3. Spalte von L gilt: $l_{13} = 0$, $l_{23} = 0$, $l_{33} = 1$.

Also ist

$$L = \begin{pmatrix} 1 & 0 & 0 \\ 12 & 1 & 0 \\ 20 & -\dfrac{5}{3} & 1 \end{pmatrix}.$$

Mit Hilfe der Dreieckszerlegung $A = L \cdot R$ kann man ein Gleichungssystem $A \cdot x = b$ einfach auflösen:

$$A \cdot x = b \quad \Leftrightarrow \quad L \cdot \underbrace{R \cdot x}_{= y} = b \quad \Leftrightarrow \quad L \cdot y = b \text{ und } R \cdot x = y \qquad (3.61)$$

Man hat folgende Schritte durchzuführen:

1. Dreieckszerlegung von A in L und R.

2. Berechnung von y aus $L \cdot y = b$, ausführlich geschrieben:

$$\begin{aligned} y_1 & & & & = b_1 \\ l_{21} y_1 + & y_2 & & & = b_2 \\ \vdots \quad\quad & \vdots & & & \quad \vdots \\ l_{n1} y_1 + & l_{n2} y_2 & + \ldots + y_n & & = b_n \end{aligned} \qquad (3.62)$$

Von der ersten zur letzten Gleichung fortschreitend erhält man der Reihe nach $y_1, y_2, \ldots, y_n$ (**Vorwärtssubstitution**).

3. Berechnung von x aus $R \cdot x = y$ durch **Rückwärtssubstitution** (analog 3.5.1).

Diese Methode, über die Dreieckszerlegung ein LGS zu lösen, ist völlig gleichberechtigt mit dem in 3.5.1 beschriebenen Eliminationsverfahren. Dieses erzeugt ja gerade die Dreieckszerlegung.

Beispiel:

(vgl. 2. Beispiel von 3.5.1)

$$A = \begin{pmatrix} 2 & 3 & -1 & 0 \\ -6 & -5 & 0 & 2 \\ 2 & -5 & 6 & -6 \\ 4 & 6 & 2 & -3 \end{pmatrix}$$

Bei Angabe der Dreieckszerlegung schreibt man die Matrizen L und R kompakt in eine $n \times n$-Matrix, im Beispiel in eine 4×4-Matrix (die Einsen der Hauptdiagonalen von L brauchen ja nicht explizit aufgeschrieben zu werden):

$$\begin{pmatrix} 2 & 3 & -1 & 0 \\ -3 & 4 & -3 & 2 \\ 1 & -2 & 1 & -2 \\ 2 & 0 & 4 & 5 \end{pmatrix}$$

Man überprüfe anhand der Rechenvorschriften (3.60) die angegebene Dreieckszerlegung $A = L \cdot R$. Es ist:

$$L = \begin{pmatrix} 1 & & & 0 \\ -3 & 1 & & \\ 1 & -2 & 1 & \\ 2 & 0 & 4 & 1 \end{pmatrix}, \qquad R = \begin{pmatrix} 2 & 3 & -1 & 0 \\ & 4 & -3 & 2 \\ & & 1 & -2 \\ 0 & & & 5 \end{pmatrix}$$

Ein Vergleich mit dem Beispiel 2 in Abschnitt 3.5.1 zeigt: R setzt sich aus den dort jeweils eingerahmten Zeilen zusammen.

Im nächsten Schritt ist y durch Vorwärtssubstitution aus $L \cdot y = b$ zu berechnen. Dies entspricht einfach der Anwendung des Eliminationsprozesses auf die rechte Seite b: $y_i = b_i - \sum_{j=1}^{i-1} l_{ij} y_j$.

$$\begin{pmatrix} 1 & & & \\ -3 & 1 & & \\ 1 & -2 & 1 & \\ 2 & 0 & 4 & 1 \end{pmatrix} \cdot \begin{pmatrix} y_1 \\ y_2 \\ y_3 \\ y_4 \end{pmatrix} = \begin{pmatrix} 20 \\ -45 \\ -3 \\ 58 \end{pmatrix}$$

Man erhält: $y = \begin{pmatrix} 20 \\ 15 \\ 7 \\ -10 \end{pmatrix}$. Die Auflösung von $R \cdot x = y$ liefert: $x = \begin{pmatrix} 1 \\ 7 \\ 3 \\ -2 \end{pmatrix}$.

Durch die Rechenvorschriften (3.60) werden beim kompakten Schema der Dreiecksmatrizen L und R alternierend Zeilen und Spalten berechnet:

$$\begin{pmatrix} r_{11} & r_{12} & \cdots & r_{1n} \\ l_{21} & r_{22} & \cdots & r_{2n} \\ l_{31} & & & \vdots \\ \vdots & & & \vdots \\ l_{n1} & \cdots & l_{n,n-1} & r_{nn} \end{pmatrix} \tag{3.63}$$

Graphisch läßt sich dieses Vorgehen durch folgende "Parkettierung" der Kompaktschreibweise (3.63) darstellen:

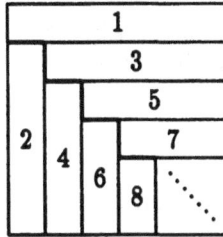

Die Rechenregeln der Dreieckszerlegung sollen nochmals anhand einer 4×4-Matrix A verdeutlicht werden:

Berechnung von r_{ik}:

$$\begin{pmatrix} a_{11} & a_{12} & a_{13} & a_{14} \\ a_{21} & a_{22} & a_{23} & a_{24} \\ a_{31} & a_{32} & a_{33} & \boxed{a_{34}} \\ a_{41} & a_{42} & a_{43} & a_{44} \end{pmatrix} \rightarrow \begin{pmatrix} r_{11} & r_{12} & r_{13} & \boxed{r_{14}} \\ l_{21} & r_{22} & r_{23} & r_{24} \\ \boxed{l_{31}} & l_{32} & r_{33} & \boxed{r_{34}} \\ l_{41} & l_{42} & l_{43} & r_{44} \end{pmatrix} \qquad (3.64)$$

Man schreibt diese Regeln allgemein in einer mnemotechnisch einprägsamen Form:

$$\boxed{\boxed{r_{ik}}} = \boxed{\boxed{a_{ik}}} - \boxed{l_{i1} + \ldots + l_{i,i-1}} \cdot \boxed{\begin{matrix} r_{1k} \\ \vdots \\ r_{i-1,k} \end{matrix}} \qquad (3.65)$$

Berechnung von l_{ki}:

$$\begin{pmatrix} a_{11} & a_{12} & a_{13} & a_{14} \\ a_{21} & a_{22} & a_{23} & a_{24} \\ a_{31} & a_{32} & a_{33} & a_{34} \\ a_{41} & a_{42} & \boxed{a_{43}} & a_{44} \end{pmatrix} \rightarrow \begin{pmatrix} r_{11} & r_{12} & \boxed{r_{13}} & r_{14} \\ l_{21} & r_{22} & \boxed{r_{23}} & r_{24} \\ l_{31} & l_{32} & \boxed{r_{33}} & r_{34} \\ l_{41} & l_{42} & \boxed{l_{43}} & r_{44} \end{pmatrix} \qquad (3.66)$$

$$\boxed{\boxed{l_{ki}}} = \left(\boxed{\boxed{a_{ki}}} - \boxed{l_{k1} + \ldots + l_{k,i-1}} \cdot \boxed{\begin{matrix} r_{1i} \\ \vdots \\ r_{i-1,i} \end{matrix}} \right) \Big/ \boxed{\boxed{r_{ii}}} \qquad (3.67)$$

Wird ein Diagonalelement r_{jj} im Verlauf der Rechnung gleich Null, müßte man die Gleichungen vertauschen. Dies muß indes bei der Dreieckszerlegung nicht unbedingt durchgeführt werden. Die beiden Matrizen L und R stehen dafür im Endtableau nicht so regelmäßig ineinander verzahnt, sondern mehr oder weniger verschachtelt. Am letzten Beispiel von (3.5.1) soll dies erläutert werden:

Beispiel:

Die einzelnen Pivot-Elemente sind im folgenden eingerahmt.

$$
\begin{array}{rrrrr}
2 & -3 & 1 & -2 & 4 \\
-4 & 6 & -2 & 5 & -6 \\
6 & -9 & 3 & -4 & 10 \\
2 & -4 & 3 & 2 & -3 \\
-2 & 5 & -3 & 2 & -1 \\
\hline
\boxed{2} & -3 & 1 & -2 & 4 \\
-2 & 0 & 0 & \boxed{1} & 2 \\
3 & 0 & 0 & 2 & \boxed{-6} \\
1 & \boxed{-1} & 2 & 4 & -7 \\
-1 & -2 & \boxed{2} & 8 & -11
\end{array}
$$

Die kursiv geschriebenen Zahlen im obigen Tableau links von den Pivots sind die entsprechenden Elemente der permutierten Matrix L. Die permutierte Matrix R ergibt sich aus den Zeilen, die jeweils mit dem Pivot beginnen und den nach rechts folgenden Elementen.

3.5.3 Berechnung der Inversen nach Gauß-Jordan

Für die Berechnung der Inversen A^{-1} einer gegebenen regulären Matrix A verwendet man ähnliche Umformungen wie bei der Lösung eines Gleichungssystems. Gesucht ist also die Matrix X mit:

$$A \cdot X = I \tag{3.68}$$

Formal beinhaltet die Matrizengleichung (3.68) n Gleichungssysteme für die n Spalten $x_1, x_2, \ldots, x_n$ der Matrix $X = A^{-1}$. Die entsprechenden n rechten Seiten dieser Gleichungssysteme sind die Spalten (Einheitsvektoren) der Matrix I.

Zur Auflösung dieser n Gleichungssysteme ist es zweckmäßig, von der erweiterten Matrix (A, I) auszugehen und diese durch elementare Zeilenumformungen auf die Gestalt (I, Y) zu bringen. Das bedeutet, daß man erstens die Matrix A nicht auf Dreiecksgestalt, sondern auf Diagonalgestalt bringt und darüberhinaus alle Pivot-Elemente auf 1 normiert. Damit stehen dann die Lösungen jeweils in den einzelnen Spalten von Y, d.h. $Y = A^{-1}$.

Beispiele:

1. Gesucht ist die Inverse von $A = \begin{pmatrix} 1 & 1 & 1 \\ 12 & 15 & 120 \\ 20 & 15 & 80 \end{pmatrix}$

$$(A, I) = \left(\begin{array}{ccc|ccc} 1 & 1 & 1 & 1 & 0 & 0 \\ 12 & 15 & 120 & 0 & 1 & 0 \\ 20 & 15 & 80 & 0 & 0 & 1 \end{array} \right)$$

$$\rightarrow \left(\begin{array}{ccc|ccc} 1 & 1 & 1 & 1 & 0 & 0 \\ 0 & 3 & 108 & -12 & 1 & 0 \\ 0 & -5 & 60 & -20 & 0 & 1 \end{array} \right) \quad \text{2. Z./3}$$

$$\rightarrow \left(\begin{array}{ccc|ccc} 1 & 1 & 1 & 1 & 0 & 0 \\ 0 & 1 & 36 & -4 & \frac{1}{3} & 0 \\ 0 & -5 & 60 & -20 & 0 & 1 \end{array} \right) \quad \begin{array}{l} \text{1. Z.} - \text{2. Z.} \\[1em] \text{3. Z.} + 5 \cdot \text{2. Z.} \end{array}$$

$$\rightarrow \left(\begin{array}{ccc|ccc} 1 & 0 & -35 & 5 & -\frac{1}{3} & 0 \\ 0 & 1 & 36 & -4 & \frac{1}{3} & 0 \\ 0 & 0 & 240 & -40 & \frac{5}{3} & 1 \end{array} \right) \quad \text{3. Z./240}$$

$$\rightarrow \left(\begin{array}{ccc|ccc} 1 & 0 & -35 & 5 & -\frac{1}{3} & 0 \\ 0 & 1 & 36 & -4 & \frac{1}{3} & 0 \\ 0 & 0 & 1 & -\frac{1}{6} & \frac{1}{144} & \frac{1}{240} \end{array} \right) \quad \begin{array}{l} \text{1. Z.} + 35 \cdot \text{3. Z.} \\[1em] \text{2. Z.} - 36 \cdot \text{3. Z.} \end{array}$$

$$\rightarrow \left(\begin{array}{ccc|ccc} 1 & 0 & 0 & -\frac{5}{6} & -\frac{13}{144} & \frac{7}{48} \\ 0 & 1 & 0 & 2 & \frac{1}{12} & -\frac{3}{20} \\ 0 & 0 & 1 & -\frac{1}{6} & \frac{1}{144} & \frac{1}{240} \end{array} \right)$$

$$A^{-1} = \begin{pmatrix} -\frac{5}{6} & -\frac{13}{144} & \frac{7}{48} \\ 2 & \frac{1}{12} & -\frac{3}{20} \\ -\frac{1}{6} & \frac{1}{144} & \frac{1}{144} \end{pmatrix}$$

2. $L = \begin{pmatrix} 1 & & & & \\ 3 & 1 & & \quad 0 & \\ -2 & 0 & 1 & & \\ 1 & 1 & -1 & 1 & \\ 0 & 1 & 2 & -1 & 1 \end{pmatrix}$

$$(L, I) = \left(\begin{array}{ccccc|ccccc} 1 & 0 & 0 & 0 & 0 & 1 & 0 & 0 & 0 & 0 \\ 3 & 1 & 0 & 0 & 0 & 0 & 1 & 0 & 0 & 0 \\ -2 & 0 & 1 & 0 & 0 & 0 & 0 & 1 & 0 & 0 \\ 1 & 1 & -1 & 1 & 0 & 0 & 0 & 0 & 1 & 0 \\ 0 & 1 & 2 & -1 & 1 & 0 & 0 & 0 & 0 & 1 \end{array}\right)$$

$$\rightarrow \left(\begin{array}{ccccc|ccccc} 1 & 0 & 0 & 0 & 0 & 1 & 0 & 0 & 0 & 0 \\ 0 & 1 & 0 & 0 & 0 & -3 & 1 & 0 & 0 & 0 \\ 0 & 0 & 1 & 0 & 0 & 2 & 0 & 1 & 0 & 0 \\ 0 & 1 & -1 & 1 & 0 & -1 & 0 & 0 & 1 & 0 \\ 0 & 1 & 2 & -1 & 1 & 0 & 0 & 0 & 0 & 1 \end{array}\right)$$

$$\rightarrow \left(\begin{array}{ccccc|ccccc} 1 & 0 & 0 & 0 & 0 & 1 & 0 & 0 & 0 & 0 \\ 0 & 1 & 0 & 0 & 0 & -3 & 1 & 0 & 0 & 0 \\ 0 & 0 & 1 & 0 & 0 & 2 & 0 & 1 & 0 & 0 \\ 0 & 0 & -1 & 1 & 0 & 2 & -1 & 0 & 1 & 0 \\ 0 & 0 & 2 & -1 & 1 & 3 & -1 & 0 & 0 & 1 \end{array}\right)$$

$$\rightarrow \left(\begin{array}{ccccc|ccccc} 1 & 0 & 0 & 0 & 0 & 1 & 0 & 0 & 0 & 0 \\ 0 & 1 & 0 & 0 & 0 & -3 & 1 & 0 & 0 & 0 \\ 0 & 0 & 1 & 0 & 0 & 2 & 0 & 1 & 0 & 0 \\ 0 & 0 & 0 & 1 & 0 & 4 & -1 & 1 & 1 & 0 \\ 0 & 0 & 0 & -1 & 1 & -1 & -1 & -2 & 0 & 1 \end{array}\right)$$

$$\rightarrow \left(\begin{array}{ccccc|ccccc} 1 & 0 & 0 & 0 & 0 & 1 & 0 & 0 & 0 & 0 \\ 0 & 1 & 0 & 0 & 0 & -3 & 1 & 0 & 0 & 0 \\ 0 & 0 & 1 & 0 & 0 & 2 & 0 & 1 & 0 & 0 \\ 0 & 0 & 0 & 1 & 0 & 4 & -1 & 1 & 1 & 0 \\ 0 & 0 & 0 & 0 & 1 & 3 & -2 & -1 & 1 & 1 \end{array}\right)$$

$$L^{-1} = \begin{pmatrix} 1 & & & & \\ -3 & 1 & & \quad 0 & \\ 2 & 0 & 1 & & \\ 4 & -1 & 1 & 1 & \\ 3 & -2 & -1 & 1 & 1 \end{pmatrix}$$

Die Inverse L^{-1} der unteren Dreiecksmatrix L ist also eine untere Dreiecksmatrix. Man kann sich leicht überlegen, daß allgemein die Inverse einer unteren Dreiecksmatrix wieder eine untere Dreiecksmatrix ergibt, und daß analoges für eine obere Dreiecksmatrix gilt.

Die Invertierung von Dreiecksmatrizen erfordert aufgrund der speziellen Gestalt einen relativ geringen Rechenaufwand. Deshalb ist es oft sinnvoll, die Inverse einer Matrix A mit Hilfe der Dreieckszerlegung $A = L \cdot R$ zu bestimmen. Man invertiere also L und R und bilde daraus die Inverse $A^{-1} = R^{-1} \cdot L^{-1}$.

3.5.4   Numerische Probleme

Das Auflösen von linearen Gleichungssystemen wird häufig mit Hilfe von Computern durchgeführt und wirft manchmal gewisse numerische Probleme auf.

Bei der Gauß-Elimination kann es vorkommen, daß ein Pivot-Element $a_{kk}^{(k-1)}$ gleich Null wird. Dann muß man die k-te Gleichung mit einer der folgenden Gleichungen vertauschen. Man nimmt in der Regel die nächste Gleichung, deren Koeffizient von x_k ungleich Null ist. Diese Vertauschungsregel nennt man **Spaltenpivotsuche**. Diese Spaltenpivotsuche ist bei einer regulären Matrix A stets durchführbar.

Eine andere Variante der Vertauschung ist die der **maximalen Spaltenpivotsuche**. Hierbei sucht man in der k-ten Spalte unterhalb der Diagonalen das betragsmäßig größte Element und macht es zum Pivot. Ein Vorteil ergibt sich daraus insbesondere beim numerischen Rechnen, weil der relative Fehler bei einer Division u.a. umso kleiner wird, je größer der Divisor ist.

Eine dritte Version ist die sog. **totale Pivotsuche**. Hier sucht man unter allen $a_{ij}^{(k-1)}$ der Matrix $A^{(k-1)}$ das betragsmäßig größte Element und bringt es durch Zeilen- und Spaltenvertauschung an die k-te Stelle der Diagonalen. Dabei werden selbstverständlich durch die vorgenommenen Spaltenvertauschungen die Unbekannten $x_1, x_2, \ldots, x_n$ permutiert. Die Notwendigkeit der Pivot-Suche wurde schon durch das Beispiel auf Seite 63 angedeutet. Man nimmt Zeilenvertauschungen nicht nur vor, wenn ein Pivot-Element exakt Null ist, sondern zweckmäßigerweise bereits dann, wenn es sehr klein ist. Theoretisch ist eine Zeilenvertauschung zwar nicht notwendig, solange ein Pivot nicht exakt Null ist, beim numerischen Rechnen, d.h. bei einer Arithmetik mit endlicher Genauigkeit, resultieren jedoch bisweilen sehr ungenaue Ergebnisse, wenn ein Pivot-Element nahezu Null ist.

Beispiel:

Ohne Zeilenvertauschung ergibt sich bei dem LGS

$$\begin{pmatrix} 0.0001 & 1 \\ 1 & 1 \end{pmatrix} \cdot \begin{pmatrix} x_1 \\ x_2 \end{pmatrix} = \begin{pmatrix} 1 \\ 2 \end{pmatrix}$$

die transformierte Matrix $\begin{pmatrix} 0.0001 & 1 & | & 1 \\ 0 & 9999 & | & 9998 \end{pmatrix}$.

Daraus rechnet sich mit einer 3-Dezimalen Arithmetik:

$x_2 = \dfrac{9998}{9999} = 1$, $x_1 = 0$. *Diese Lösung ist ziemlich falsch.*

Vertauscht man dagegen die beiden Zeilen, so erhält man:

$$\begin{pmatrix} 1 & 1 \\ 0.0001 & 1 \end{pmatrix} \cdot \begin{pmatrix} x_1 \\ x_2 \end{pmatrix} = \begin{pmatrix} 2 \\ 1 \end{pmatrix}$$

Die transformierte Matrix ist $\begin{pmatrix} 1 & 1 & | & 2 \\ 0 & 1 & | & 1 \end{pmatrix}$.

Dies ist die bzgl. der angenommenen Genauigkeit richtige Lösung.

Es gibt Fälle, bei denen Spaltenpivotsuche bzw. maximale Spaltenpivotsuche bei numerischer Rechnung nicht immer zu einer brauchbaren Lösung führt.

Beispiel:

Multipliziert man bei obigem Gleichungssystem die erste Gleichung mit 10^4, *so erhält man:*

$$\begin{pmatrix} 1 & 10000 \\ 1 & 1 \end{pmatrix} \cdot \begin{pmatrix} x_1 \\ x_2 \end{pmatrix} = \begin{pmatrix} 10000 \\ 2 \end{pmatrix}$$

$$(A, b) = \begin{pmatrix} 1 & 10000 & | & 10000 \\ 1 & 1 & | & 2 \end{pmatrix} \rightarrow \begin{pmatrix} 1 & 10000 & | & 10000 \\ 0 & -9999 & | & -9998 \end{pmatrix}$$

$x_2 = \dfrac{9998}{9999} = 0.99990 \Rightarrow x_2 = 1$, $x_1 = 0$ *(mit 3-Stellen-Arithmetik). Spaltenpivotsuche führt also nicht zum Ziel. Hier ist totale Pivot-Suche zweckmäßig:*

$$\begin{pmatrix} 10000 & 1 \\ 1 & 1 \end{pmatrix} \cdot \begin{pmatrix} x_2 \\ x_1 \end{pmatrix} = \begin{pmatrix} 10000 \\ 2 \end{pmatrix}$$

Man erhält nun wieder die im Rahmen der Rechengenauigkeit richtige Lösung $x_1 = 1.00$, $x_2 = 1.00$.

Diese kurzen Bemerkungen sollen andeuten, daß es nicht ganz einfach ist, einen Universalalgorithmus anzugeben, der für ein allgemeines Gleichungssystem stets befriedigende Ergebnisse liefert. Die Schwierigkeiten des Demonstrationsbeispiels rühren daher, daß die Koeffizientenmatrix Elemente von stark unterschiedlicher Größenordnung enthält.

Numerisch erhält man befriedigende Ergebnisse, wenn die Koeffizientenmatrix einigermaßen equilibriert ist, d.h. daß alle Zeilen- und Spaltenvektoren ungefähr denselben Betrag haben. Man kann jedoch keinen allgemein gültigen Algorithmus angeben, der diese Equilibrierung einer Koeffizientenmatrix durchführt.

Eine besonders gutartige Gruppe von Matrizen sind symmetrische, positiv definite Matrizen. Eine Matrix heißt **positiv definit**, wenn für beliebige Vektoren x ($x \neq 0$) gilt: $x' \cdot A \cdot x > 0$. Für diese Gruppe von Matrizen ist keine Pivot-Suche erforderlich. Positiv definite Matrizen lassen sich auch symmetrisch dreieckszerlegen, d.h. in Matrizen $\tilde{L}$ und R mit $R = \tilde{L}^T$, also: $A = \tilde{L} \cdot \tilde{L}^T$ (**Cholesky-Zerlegung**). Dabei hat $\tilde{L}$ i.a. von 1 verschiedene Diagonalelemente.

Aufgaben

1. An einem bestimmten Tag möchte jemand seinen Tagesbedarf an Eiweiß, Kohlenhydraten und Fett durch Weißbier, Brezeln und Weißwürste decken. Der Nährstoffgehalt der einzelnen Lebensmittel und der zu deckende Tagesbedarf ist in folgender Tabelle angegeben:

	Eiweiß	Kohlenhydrate	Fett
1/2 l Weißbier	3.2	28	0
1 Brezel	3.6	27	0
1 Weißwurst	7.6	0	15
Tagesbedarf	66	165	90

   Wieviel Halbe Weißbier, wieviel Brezeln und wieviel Weißwürste muß er zu sich nehmen, um den Tagesbedarf zu erfüllen? Zur Beantwortung dieser Frage stelle man ein lineares Gleichungssystem $A \cdot x = b$ auf und löse es nach dem Gauß-Verfahren. Ist es möglich, auch andere Tagesbedarf-Werte für die drei Nährstoffe mit diesen drei Lebensmitteln zu erfüllen?

2. Ein landwirtschaftlicher Betrieb will auf seinen 60 ha landwirtschaftlicher Nutzfläche Zuckerrüben, Winterweizen und Wintergerste anbauen. Dem Landwirt stehen 1725 Arbeitskraftstunden (AKh) und 1200 Schlepperstunden (Sh) im Jahr zur Verfügung. Für Zuckerrüben werden 60 AKh/ha und 40 Sh/ha, für Winterweizen 15 AKh/ha und 10 Sh/ha, für Wintergerste 10 Akh/ha und 10 Sh/ha veranschlagt. Wieviel ha von jeder Frucht kann der Betrieb anbauen?

3. Ein Bauer will seine Kapazitäten Fläche, Stallraum und Arbeitszeit auf Milchkühe, Mastbullen und Schafe aufteilen. In der folgenden Tabelle finden Sie die Ansprüche und verfügbaren Gesamtkapazitäten. Wieviel Stück Vieh von jeder Tierart kann er aufstellen? Geben Sie dazu das Gleichungssystem an.

Ansprüche	Kühe	Bullen	Schafe	Verfügbarkeit
Fläche [ha/Tier]	0.65	0.45	0.10	65
Stallraum [m³/Tier]	6.5	2.5	1.5	550
Arbeitszeit [AKh/Jahr]	91	42	12	7850

4. In der Mastschweinefütterung soll für ein 70 kg schweres Schwein eine bedarfsgerechte Futterration mit den Futtermitteln Corn Cob Mix (CCM), Winterweizen (WW), Sojaextraktionsschrot (Soja) und Wintergerste (WG) erstellt werden.

	CCM	WW	Soja	WG	Bedarf
verd. Eiweiß [g]	25	90	400	80	280
Rohfaser [g]	50	30	60	50	120
Trockensubstanz [g]	500	900	880	870	2200
Energie [GN]	350	810	700	700	1800

5. Man löse das folgende LGS durch Dreieckszerlegung der Koeffizientenmatrix.

$$\begin{aligned}
2x_1 - x_2 - x_3 + 3x_4 + 2x_5 &= 6 \\
6x_1 - 2x_2 + 3x_3 \qquad\quad - x_5 &= -3 \\
-4x_1 + 2x_2 + 3x_3 - 3x_4 - 2x_5 &= -5 \\
2x_1 \qquad\quad + 4x_3 - 7x_4 - 3x_5 &= -8 \\
x_2 + 8x_3 - 5x_4 - x_5 &= -3
\end{aligned}$$

6. Man bestimme die Inverse der Matrix $A = \begin{pmatrix} 2 & 3 & 1 & 4 \\ 4 & 4 & 5 & 2 \\ 6 & 1 & 6 & 6 \\ 2 & -1 & -2 & 1 \end{pmatrix}$.

7. Der arithmetische Aufwand zur Lösung von Linearen Gleichungssystemen wird gewöhnlich durch die Zahl der Multiplikationen und Divisionen gemessen. Man zähle nun die Anzahl der benötigten Operationen, die zur Lösung eines Systems $A \cdot x = b$ ($A = n \times n$-Matrix) mit Gaußscher Elimination gebraucht werden. Wieviele Operationen braucht man, um das LGS mit einer anderen rechten Seite zu lösen, wenn man davon ausgeht, daß die Dreieckszerlegung gespeichert wurde?

Lösungen

1. Mit x_1 = Anzahl Weißbiere, x_2 = Anzahl Brezeln, x_3 = Anzahl Weißwürste lautet das LGS:

$$\begin{pmatrix} 3.2 & 3.6 & 7.6 \\ 28 & 27 & 0 \\ 0 & 0 & 15 \end{pmatrix} \cdot \begin{pmatrix} x_1 \\ x_2 \\ x_3 \end{pmatrix} = \begin{pmatrix} 66 \\ 165 \\ 90 \end{pmatrix}$$

Das Gauß-Verfahren liefert:

$$\begin{pmatrix} 3.2 & 3.6 & 7.6 & | & 66 \\ 28 & 27 & 0 & | & 165 \\ 0 & 0 & 15 & | & 90 \end{pmatrix} \quad \text{1. Zeile} \cdot 2.5 \longrightarrow$$

$$\longrightarrow \begin{pmatrix} 8 & 9 & 19 & | & 165 \\ 28 & 27 & 0 & | & 165 \\ 0 & 0 & 15 & | & 90 \end{pmatrix} \quad \text{2. Zeile} - 3.5 \cdot \text{1. Zeile} \longrightarrow$$

$$\longrightarrow \begin{pmatrix} 8 & 9 & 19 & | & 165 \\ 0 & -4.5 & -66.5 & | & -412.5 \\ 0 & 0 & 15 & | & 90 \end{pmatrix} \quad \begin{array}{l} \text{2. Zeile} \cdot (-2) \longrightarrow \\ \text{3. Zeile}/15 \end{array}$$

$$\longrightarrow \begin{pmatrix} 8 & 9 & 19 & | & 165 \\ 0 & 9 & 133 & | & 825 \\ 0 & 0 & 1 & | & 6 \end{pmatrix}$$

Als Lösung erhält man: $x_3 = 6$ Weißwürste, $x_2 = 3$ Brezeln, $x_1 = 3$ Weißbier.

Weil die Koeffizientenmatrix regulär ist, kann man damit beliebige rechte Seiten, d.h. beliebige Tagesbedarfswerte decken.

2. Die Durchführung des Gaußschen Eliminationsverfahrens liefert:

$$\begin{pmatrix} 1 & 1 & 1 & | & 60 \\ 40 & 10 & 10 & | & 1200 \\ 60 & 15 & 10 & | & 1725 \end{pmatrix} \longrightarrow \begin{pmatrix} 1 & 1 & 1 & | & 60 \\ 0 & -30 & -30 & | & -1200 \\ 0 & 0 & -5 & | & -75 \end{pmatrix}$$

$x_1 = 20$ ha Zuckerrüben, $x_2 = 25$ ha Winterweizen, $x_3 = 15$ ha Wintergerste.

3.
$$\begin{pmatrix} 0.65 & 0.45 & 0.10 & | & 65 \\ 6.5 & 2.5 & 1.5 & | & 550 \\ 91 & 42 & 12 & | & 7850 \end{pmatrix} \quad \begin{array}{l} -10 \cdot \text{1. Zeile} \longrightarrow \\ -140 \cdot \text{1. Zeile} \end{array}$$

$$\longrightarrow \begin{pmatrix} 0.65 & 0.45 & 0.10 & | & 65 \\ 0 & -2 & 0.5 & | & -100 \\ 0 & -21 & -2 & | & -1250 \end{pmatrix} \quad \begin{array}{l} \\ -10.5 \cdot \text{2. Zeile} \end{array} \longrightarrow$$

$$\longrightarrow \begin{pmatrix} 0.65 & 0.45 & 0.10 & | & 65 \\ 0 & -2 & 0.5 & | & -100 \\ 0 & 0 & -7.25 & | & -200 \end{pmatrix}$$

$x_1 = 56.4$, $x_2 = 56.9$, $x_3 = 27.6$. Der Bauer kann also 56 Milchkühe, 56 Mastbullen und 27 Schafe aufstellen, um seine Kapazitäten auszulasten.

4. Das Gleichungssystem lautet:

$$25x_1 + 90x_2 + 400x_3 + 80x_4 = 280$$
$$50x_1 + 30x_2 + 60x_3 + 50x_4 = 120$$
$$500x_1 + 900x_2 + 880x_3 + 870x_4 = 2200$$
$$350x_1 + 810x_2 + 700x_3 + 700x_4 = 1800$$

Die Matrizenumformung liefert:

$$\left(\begin{array}{cccc|c} 25 & 90 & 400 & 80 & 280 \\ 0 & -150 & -740 & -110 & -440 \\ 0 & 0 & -2680 & -70 & -760 \\ 0 & 0 & 0 & -20 & -40 \end{array} \right)$$

Die exakte Lösung ist: $x_1 = -0.073$ kg Corn Cob Mix, $x_2 = 0.327$ kg Winterweizen, $x_3 = 0.231$ kg Soja, $x_4 = 2.000$ kg Wintergerste. In der praktischen Fütterung würde man die 73 g CCM weglassen und etwa 2 kg Gerste, 330 g Weizen und 230 g Soja verfüttern.

5. Die erweiterte Koeffizientenmatrix des LGS lautet:

$$(A, b) = \left(\begin{array}{ccccc|c} 2 & -1 & -1 & 3 & 2 & 6 \\ 6 & -2 & 3 & 0 & -1 & -3 \\ -4 & 2 & 3 & -3 & -2 & -5 \\ 2 & 0 & 4 & -7 & -3 & -8 \\ 0 & 1 & 8 & -5 & -1 & -3 \end{array} \right)$$

Die durch das Gauß-Verfahren sich ergebende Dreieckszerlegung der Matrix A ist nachfolgend in Kompaktschreibweise angegeben. Als zusätzliche Spalte ist die transformierte rechte Seite aufgeführt:

$$\left(\begin{array}{ccccc|c} 2 & -1 & -1 & 3 & 2 & 6 \\ 3 & 1 & 6 & -9 & -7 & -21 \\ -2 & 0 & 1 & 3 & 2 & 7 \\ 1 & 1 & -1 & 2 & 4 & 14 \\ 0 & 1 & 2 & -1 & 6 & 18 \end{array} \right)$$

Daraus ergibt sich: $y_1 = 6$, $y_2 = -21$, $y_3 = 7$, $y_4 = 14$, $y_5 = 18$.
Auflösung von $R \cdot x = y$ liefert: $x_5 = 3$, $x_4 = 1$, $x_3 = -2$, $x_2 = 21$, $x_1 = 8$.

6. Dreieckszerlegung von A:

$$\left(\begin{array}{cccc} 2 & 3 & 1 & 4 \\ 2 & -2 & 3 & 4 \\ 3 & 4 & -9 & 18 \\ 1 & 2 & 1 & -9 \end{array} \right)$$

Berechnung von L^{-1}:

$$\left(\begin{array}{cccc|cccc}
1 & & & & 1 & & & \\
2 & 1 & & & 0 & 1 & & \\
3 & 4 & 1 & & 0 & 0 & 1 & \\
1 & 2 & 1 & 1 & 0 & 0 & 0 & 1
\end{array}\right) \rightarrow$$

$$\rightarrow \left(\begin{array}{cccc|cccc}
1 & & & & 1 & & & \\
0 & 1 & & & -2 & 1 & & \\
0 & 0 & 1 & & 5 & -4 & 1 & \\
0 & 0 & 0 & 1 & -2 & 2 & -1 & 1
\end{array}\right)$$

Berechnung von R^{-1}:

$$\left(\begin{array}{cccc|cccc}
2 & 3 & 1 & 4 & 1 & 0 & 0 & 0 \\
& -2 & 3 & -6 & & 1 & 0 & 0 \\
& & -9 & 18 & & & 1 & 0 \\
& & & -9 & & & & 1
\end{array}\right) \rightarrow$$

$$\rightarrow \left(\begin{array}{cccc|cccc}
1 & \frac{3}{2} & \frac{1}{2} & 2 & \frac{1}{2} & 0 & 0 & 0 \\
& 1 & -\frac{3}{2} & 3 & & -\frac{1}{2} & 0 & 0 \\
& & 1 & -2 & & & -\frac{1}{9} & 0 \\
& & & 1 & & & & -\frac{1}{9}
\end{array}\right) \rightarrow$$

$$\rightarrow \left(\begin{array}{cccc|cccc}
1 & 0 & 0 & 0 & \frac{1}{2} & \frac{3}{4} & \frac{11}{36} & \frac{3}{9} \\
& 1 & 0 & 0 & & -\frac{1}{2} & -\frac{1}{6} & 0 \\
& & 1 & 0 & & & -\frac{1}{9} & -\frac{2}{9} \\
& & & 1 & & & & -\frac{1}{9}
\end{array}\right)$$

$$A^{-1} = R^{-1} \cdot L^{-1} = \frac{1}{36}\left(\begin{array}{cccc}
-5 & 7 & -1 & 12 \\
6 & 6 & -6 & 0 \\
-4 & 0 & 4 & -8 \\
8 & -8 & 4 & -4
\end{array}\right)$$

7. Anzahl der Operationen für Transformation von A auf Dreiecksgestalt und Transformation der rechten Seite:

$$n \cdot (n-1) + (n-1) \cdot (n-2) + \ldots + 3 \cdot 2 + 2 \cdot 1 = \sum_{i=1}^{n-1} i(i+1) =$$

$$= \sum_{i=1}^{n-1} i^2 + \sum_{i=1}^{n-1} i = \frac{(n-1) \cdot n \cdot (2n-1)}{6} + \frac{(n-1) \cdot n}{2} = \frac{n^3}{3} - \frac{n}{3}$$

Anzahl der Operationen für Rückwärtssubstitution:

$$1 + 2 + \ldots + n = \sum_{i=1}^{n} i = \frac{n^2}{2} + \frac{n}{2}$$

3.6   Lösung allgemeiner linearer Gleichungssysteme

Weitaus am häufigsten treten in der Praxis Gleichungssysteme mit quadratischer, regulärer Koeffizientenmatrix auf, deren Lösung in 3.5 ausführlich behandelt wurde. In diesem Abschnitt wird noch kurz auf allgemeine Systeme, d.h. solche mit einer $m \times n$-Koeffizientenmatrix bzw. einer singulären, quadratischen Koeffizientenmatrix eingegangen.

Zu lösen ist also das LGS $A \cdot x = b$, bzw. ausführlich:

$$
\begin{pmatrix} a_{11} & \cdots & a_{1n} \\ \vdots & & \vdots \\ a_{m1} & \cdots & a_{mn} \end{pmatrix} \begin{pmatrix} x_1 \\ \vdots \\ x_n \end{pmatrix} = \begin{pmatrix} b_1 \\ \vdots \\ b_m \end{pmatrix} \tag{3.69}
$$

Die Koeffizientenmatrix A, von der Ordnung $m \times n$, habe den Rang $\operatorname{rg}(A) = r \ (\leq \min(m, n))$.

Mit derselben Vorgehensweise wie man eine reguläre Matrix auf Dreiecksgestalt bringt (vgl. 3.5.1), kann die $m \times n$-Matrix A in eine Matrix C von sog. **Trapezform** transformiert werden:

$$
C = \left.\begin{pmatrix} c_{11} & \cdots & \cdots & c_{1r} & \cdots & c_{1n} \\ 0 & \ddots & & \vdots & & \vdots \\ \vdots & \ddots & \ddots & \vdots & & \vdots \\ 0 & \cdots & 0 & c_{rr} & \cdots & c_{rn} \\ \hline 0 & \cdots & \cdots & 0 & \cdots & 0 \\ \vdots & & & \vdots & & \vdots \\ 0 & \cdots & \cdots & 0 & \cdots & 0 \end{pmatrix}\right\} \begin{matrix} r \\[4em] m-r \end{matrix} \tag{3.70}
$$

$$
\underbrace{}_{r} \quad \underbrace{}_{n-r}
$$

Es können hierbei auch wiederum Zeilenvertauschungen notwendig sein. Doch ist es möglich, daß dies nicht ausreicht. Dann führen Spaltenvertauschungen – mit entsprechender Umnumerierung der Unbekannten – zum gewünschten Ziel der dargestellten Trapezform. Um die Lösung des LGS zu erhalten, sind die Zeilenoperationen auch auf die rechte Seite b anzuwenden, die somit übergeht in den transformierten Vektor y.

Insgesamt hat man nun das System $C \cdot x = y$:

$$
\left(
\begin{array}{cccc|cc}
c_{11} & \cdots & \cdots & c_{1r} & \cdots & c_{1n} \\
0 & \ddots & & \vdots & & \vdots \\
\vdots & \ddots & \ddots & \vdots & & \vdots \\
0 & \cdots & 0 & c_{rr} & \cdots & c_{rn} \\
\hline
0 & \cdots & \cdots & \cdots & \cdots & 0
\end{array}
\right)
\left.
\begin{array}{c}
\left.\begin{array}{c} x_1 \\ \vdots \\ \vdots \\ x_r \end{array}\right\} r \\
\left.\begin{array}{c} \vdots \\ \vdots \\ x_n \end{array}\right\} n-r
\end{array}
\right\}
=
\begin{array}{c}
\left.\begin{array}{c} y_1 \\ \vdots \\ y_r \end{array}\right\} r \\
\left.\begin{array}{c} \vdots \\ y_n \end{array}\right\} m-r
\end{array}
\tag{3.71}
$$

Durch Einführung von Untermatrizen erhält man folgende Kurzschreibweise:

$$
\left(
\begin{array}{c|c}
C^{(1)} & C^{(2)} \\
\hline
0 & 0
\end{array}
\right)
\left(
\frac{x^{(1)}}{x^{(2)}}
\right)
=
\left(
\frac{y^{(1)}}{y^{(2)}}
\right)
\tag{3.72}
$$

bzw.

$$
\begin{array}{l}
C^{(1)} \cdot x^{(1)} + C^{(2)} \cdot x^{(2)} = y^{(1)} \\
0 \cdot x^{(1)} + 0 \cdot x^{(2)} \qquad = y^{(2)}
\end{array}
\tag{3.73}
$$

Hieraus ist sofort ersichtlich, daß das LGS nur lösbar ist, wenn

$$
y^{(2)} = (y_{r+1} \ldots y_n)' = (0 \ldots 0)'
\tag{3.74}
$$

ist. Dies ist gleichbedeutend mit dem in 3.5 gefundenen Lösbarkeitskriterium $rg(A, b) = rg(A)$. Zur Bestimmung der Lösung eines lösbaren LGS ist also nur der obere Teil von Gleichung (3.73) relevant. Man kann sie folgendermaßen schreiben:

$$
C^{(1)} \cdot x^{(1)} = y^{(1)} - C^{(2)} \cdot x^{(2)} = z
\tag{3.75}
$$

bzw. ausführlich:

$$
\left(
\begin{array}{ccc}
c_{11} & \cdots & c_{1r} \\
 & \ddots & \vdots \\
0 & & c_{rr}
\end{array}
\right)
\cdot
\left(
\begin{array}{c}
x_1 \\ \vdots \\ x_r
\end{array}
\right)
=
\left(
\begin{array}{c}
y_1 \\ \vdots \\ y_r
\end{array}
\right)
-
\left(
\begin{array}{ccc}
c_{1,r+1} & \cdots & c_{1n} \\
\vdots & & \vdots \\
c_{r,r+1} & \cdots & c_{rn}
\end{array}
\right)
\cdot
\left(
\begin{array}{c}
x_{r+1} \\ \vdots \\ x_n
\end{array}
\right)
=
\left(
\begin{array}{c}
z_1 \\ \vdots \\ z_r
\end{array}
\right)
\tag{3.76}
$$

Der r-dimensionale Vektor z beinhaltet die Variablen $x_{r+1}, \ldots, x_n$ als Parameter. Aus dem gestaffelten Gleichungssystem $C^{(1)} \cdot x^{(1)} = z$ lassen sich die

Unbekannten $x_1, \ldots, x_r$ in Abhängigkeit der $n-r$ Parameter $x_{r+1}, \ldots, x_n$ durch
Rückwärtssubstitution leicht ermitteln. Die Lösungsmenge eines (lösbaren) linearen $m \times n$-Gleichungssystem mit einer Koeffizientenmatrix vom Rang r
besitzt also $n - r$ Parameter, wie schon in 3.5 bemerkt wurde. Ist die rechte Seite b des Ausgangssystems gleich dem Nullvektor, so liegt ein homogenes
LGS vor. Dann ist natürlich auch $y = 0$ und der Vektor z ergibt sich einfach als $z = -C^{(2)} \cdot x^{(2)}$. Auch hier erhält man die Unbekannten $x_1, \ldots, x_r$ in
Abhängigkeit von $x_{r+1}, \ldots, x_n$ durch Lösen von $C^{(1)} \cdot x^{(1)} = z$.

Beispiele:

1. Gesucht ist die Lösung des homogenen Systems $A \cdot x = 0$.

$$A = \begin{pmatrix} 1 & 2 & -1 & 3 \\ 1 & 3 & 1 & 2 \\ 2 & 5 & 1 & 3 \\ 0 & 1 & 3 & -3 \\ 2 & 5 & 0 & 5 \end{pmatrix} \rightarrow \begin{pmatrix} 1 & 2 & -1 & 3 \\ 0 & 1 & 2 & -1 \\ 0 & 1 & 3 & -3 \\ 0 & 1 & 3 & -3 \\ 0 & 1 & 2 & -1 \end{pmatrix} \rightarrow$$

$$\rightarrow \begin{pmatrix} 1 & 2 & -1 & 3 \\ 0 & 1 & 2 & -1 \\ 0 & 1 & 3 & -3 \\ 0 & 0 & 0 & 0 \\ 0 & 0 & 0 & 0 \end{pmatrix} \rightarrow \begin{pmatrix} 1 & 2 & -1 & 3 \\ 0 & 1 & 2 & -1 \\ 0 & 0 & 1 & -2 \\ 0 & 0 & 0 & 0 \\ 0 & 0 & 0 & 0 \end{pmatrix}$$

A hat also den Rang 3. Der Vektor z lautet: $z = - \begin{pmatrix} 3 \\ -1 \\ -2 \end{pmatrix} \cdot x_4.$

Somit ist zu lösen:

$$\begin{pmatrix} 1 & 2 & -1 \\ 0 & 1 & 2 \\ 0 & 0 & 1 \end{pmatrix} \cdot \begin{pmatrix} x_1 \\ x_2 \\ x_3 \end{pmatrix} = x_4 \cdot \begin{pmatrix} -3 \\ 1 \\ 2 \end{pmatrix} \Rightarrow \begin{pmatrix} x_1 \\ x_2 \\ x_3 \end{pmatrix} = x_4 \cdot \begin{pmatrix} 5 \\ -3 \\ 2 \end{pmatrix}$$

Durch Einführung des Parameters λ für x_4 erhält man:

$$\begin{pmatrix} x_1 \\ x_2 \\ x_3 \\ x_4 \end{pmatrix} = \lambda \begin{pmatrix} 5 \\ -3 \\ 2 \\ 1 \end{pmatrix}$$

2. Zu lösen ist $A \cdot x = b$ mit $A = \begin{pmatrix} 1 & 2 & 1 & -1 \\ 2 & 5 & 4 & 3 \\ 3 & 7 & 5 & 2 \\ 1 & 3 & 3 & 4 \end{pmatrix}$ und $b = \begin{pmatrix} 1 \\ 6 \\ 7 \\ 5 \end{pmatrix}$.

$$\begin{pmatrix} 1 & 2 & 1 & -1 \;\big\|\; 1 \\ 2 & 5 & 4 & 3 \;\big\|\; 6 \\ 3 & 7 & 5 & 2 \;\big\|\; 7 \\ 1 & 3 & 3 & 4 \;\big\|\; 5 \end{pmatrix} \rightarrow \begin{pmatrix} 1 & 2 & 1 & -1 \;\big\|\; 1 \\ 0 & 1 & 2 & 5 \;\big\|\; 4 \\ 0 & 1 & 2 & 5 \;\big\|\; 4 \\ 0 & 1 & 2 & 5 \;\big\|\; 4 \end{pmatrix} \rightarrow \left(\begin{array}{cc|cc||c} 1 & 2 & 1 & -1 & 1 \\ 0 & 1 & 2 & 5 & 4 \\ \hline 0 & 0 & 0 & 0 & 0 \\ 0 & 0 & 0 & 0 & 0 \end{array} \right)$$

Es ist also $\mathrm{rg}(A) = 2$ und man erhält:

$$z = \begin{pmatrix} 1 \\ 4 \end{pmatrix} - \begin{pmatrix} 1 & -1 \\ 2 & 5 \end{pmatrix} \begin{pmatrix} x_3 \\ x_4 \end{pmatrix} = \begin{pmatrix} 1 - x_3 + x_4 \\ 4 - 2x_3 - 5x_4 \end{pmatrix}$$

Aus $\begin{pmatrix} 1 & 2 \\ 0 & 1 \end{pmatrix} \begin{pmatrix} x_1 \\ x_2 \end{pmatrix} = \begin{pmatrix} 1 - x_3 + x_4 \\ 4 - 2x_3 - 5x_4 \end{pmatrix}$ ergibt sich

$$\begin{pmatrix} x_1 \\ x_2 \end{pmatrix} = \begin{pmatrix} -7 + 3x_3 + 11x_4 \\ 4 - 2x_3 - 5x_4 \end{pmatrix}$$

Durch Einführung der Parameter λ und μ kann man auch schreiben:

$$x = \begin{pmatrix} x_1 \\ x_2 \\ x_3 \\ x_4 \end{pmatrix} = \begin{pmatrix} -7 \\ 4 \\ 0 \\ 0 \end{pmatrix} + \lambda \begin{pmatrix} 3 \\ -2 \\ 1 \\ 0 \end{pmatrix} + \mu \begin{pmatrix} 11 \\ -5 \\ 0 \\ 1 \end{pmatrix}$$

Kapitel 4

Kombinatorik

Bei vielen Problemen, insbesondere in der Wahrscheinlichkeitstheorie, tritt die Frage auf, wieviele verschiedene Anordnungen von Elementen einer Menge es gibt. Die Kombinatorik gibt Auskunft über mögliche Zusammenstellungen und Anordnungen von endlich vielen, beliebig gegebenen Elementen einer Menge. Zwei Zusammenstellungen gelten zunächst als verschieden, wenn in ihnen nicht genau die gleichen Elemente auftreten oder die Elemente in verschiedener Anzahl vorkommen. Darüberhinaus unterscheidet man je nach Problemstellung, ob Zusammenstellungen mit den gleichen Elementen und der gleichen Anzahl als gleich oder verschieden betrachtet werden. Man differenziert im einzelnen:

- Zusammenstellungen ohne Berücksichtigung der Anordnung
- Zusammenstellungen mit Berücksichtigung der Anordnung

Je nachdem, ob in einer Zusammenstellung dieselben Elemente mehrmals auftreten oder nicht, unterscheidet man außerdem zwischen:

- Zusammenstellungen mit Wiederholungen
- Zusammenstellungen ohne Wiederholung

Es gibt im wesentlichen drei Arten von Zusammenstellungen. Man bezeichnet diese wie folgt:

- **Permutationen** sind Zusammenstellungen, die alle gegebenen Elemente einer Menge enthalten.
- **Variationen** sind Zusammenstellungen von k Elementen aus einer Menge von n Elementen mit Berücksichtigung der Anordnung (Variationen k-ter Klasse).
- **Kombinationen** sind Zusammenstellungen von k Elementen aus einer Menge von n Elementen ohne Berücksichtigung der Anordnung (Kombinationen k-ter Klasse).

4.1   Permutationen

Eine Zusammenstellung, in der alle n Elemente einer gegebenen Menge in irgendeiner Anordnung stehen, heißt **Permutation**. Unterschiedliche Anordnungen der n gegebenen Elemente sollen stets als verschiedene Permutationen aufgefaßt werden.

4.1.1   Permutationen ohne Wiederholung

Es seien n verschiedene Elemente (z.B. Personen, Gegenstände, Zahlen) gegeben, die mit $a_1, a_2, \ldots, a_n$ oder lediglich durch die Zahlen $1, 2, \ldots, n$ gekennzeichnet seien. Diese Elemente lassen sich auf mehrere Arten nebeneinander anordnen. P_n sei die Anzahl der unterschiedlichen Permutationen von n verschiedenen Elementen. Für $n = 1, 2, 3$ gibt es folgende verschiedenen Permutationen:

Elemente	n	Permutationen						P_n
1	1	1						$1 = 1$
1, 2	2		12	21				$2 = 1 \cdot 2$
1, 2, 3	3	123	213	312	132	231	321	$6 = 1 \cdot 2 \cdot 3$

Man kann sich Permutationen auch durch Anordnung verschieden farbiger Kugeln klarmachen (Bild 4.1).

$n = 1$ ⓡ   1

$n = 2$ ⓡⓖ ⓖⓡ   2

$n = 3$ ⓡⓖⓑ ⓡⓑⓖ ⓖⓡⓑ ⓖⓑⓡ ⓑⓡⓖ ⓑⓖⓡ 6

Bild 4.1: Permutationen ohne Wiederholung

Entwickelt man dieses Schema weiter für größere n, so folgt:

Die Anzahl P_n der **Permutationen ohne Wiederholung**, d.h. die Anordnung von n verschiedenen Elementen ist:

$$P_n = 1 \cdot 2 \cdot 3 \cdot \ldots \cdot n = \prod_{i=1}^{n} i = n! \tag{4.1}$$

$n! = \prod_{i=1}^{n} i$ wird als "n-Fakultät" bezeichnet (vgl. Kap. 1.4).

Der Beweis von Satz (4.1) erfolgt durch vollständige Induktion.

Beispiel:

Vier Personen A,B,C,D *sollen nebeneinander in einer Reihe aufgestellt werden.*
Es gibt $P_4 = 4! = 24$ *verschiedene Anordnungen:*

ABCD	ABDC	ACBD	ACDB	ADBC	ADCB
BACD	BADC	BCAD	BCDA	BDAC	BDCA
CABD	CADB	CBAD	CBDA	CDAB	CDBA
DABC	DACB	DBAC	DBCA	DCAB	DCBA

Die obige Auflistung bezeichnet man als **lexikographische Reihenfolge** der
Permutationen, da die einzelnen Permutationen wie in einem Lexikon der Reihe
nach aufgeführt sind.

4.1.2   Permutationen mit Wiederholungen

Mit den 3 Elementen a_1, a_2, b kann man $3! = 6$ Permutationen bilden:

$$a_1a_2b \quad a_2a_1b \quad a_1ba_2 \quad a_2ba_1 \quad ba_1a_2 \quad ba_2a_1$$

Ist nun $a_1 = a_2 = a$, so tritt das Element a zweimal auf. Von den 6 Permutationen kann man nun diejenigen nicht mehr voneinander unterscheiden, die
sich nur durch eine Vertauschung der beiden Elemente a_1 und a_2 ergeben:

a_1a_2b	a_2a_1b	a_1ba_2	a_2ba_1	ba_1a_2	ba_2a_1
a a b	a a b	a ba	a ba	ba a	ba a

$$\underbrace{\qquad\qquad}_{aab} \quad \underbrace{\qquad\qquad}_{aba} \quad \underbrace{\qquad\qquad}_{baa}$$

Auch hier kann man das Kugelbeispiel zur Verdeutlichung heranziehen (Bild
4.2).

Bild 4.2: Permutationen mit Wiederholungen

Untereinander abgebildete Kugelfolgen sind identisch, denn es interessiert nur
die Kugelfarbe. Die beiden roten Kugeln können also beliebig vertauscht werden, ohne daß sich die Anordnung ändert. Es gibt also nur noch $\dfrac{3!}{2!}$ verschiedene
Permutationen.

Ähnlich überlegt man sich, daß bei den 24 Permutationen der Elemente a_1, a_2, a_3 und b diejenigen zusammenfallen, die sich nur durch eine Permutation der Elemente a_1, a_2 und a_3 unterscheiden, wenn man $a_1 = a_2 = a_3 = a$ zuläßt, also das Element a dreimal vorkommt. Es gibt $3! = 6$ verschiedene Anordnungen der 3 Elemente a_1, a_2 und a_3. Also gibt es letztlich $\dfrac{4!}{3!} = \dfrac{24}{6} = 4$ verschiedene Permutationen von vier Elementen, von denen drei gleich sind:

$$a\,a\,a\,b, \quad a\,a\,b\,a, \quad a\,b\,a\,a, \quad b\,a\,a\,a$$

Es gilt allgemein: Sind unter den n Elementen genau r gleiche Elemente, so wird eine Anordnung der n Elemente durch Permutation der gleichen Elemente nicht geändert. Sämtliche Anordnungen lassen sich daher zusammenfassen in Gruppen von je $r!$ gleichen Anordnungen. Es gibt also $\dfrac{n!}{r!}$ verschiedene Permutationen. Dieser Schluß läßt sich verallgemeinern auf den Fall, daß unter den n Elementen nicht nur gleiche Elemente einer Art, sondern je $r_1, r_2, \ldots, r_p$ Elemente einander gleich sind:

Die Anzahl $\tilde{P}_n$ der verschiedenen **Permutationen mit Wiederholungen**, also bei $r_1, r_2, \ldots, r_p$ gleichen Elementen, ist:

$$\tilde{P}_n = \frac{n!}{r_1! \cdot r_2! \cdot \ldots \cdot r_p!} \tag{4.2}$$

Beispiele:

1. *Wie groß ist die Anzahl der Permutationen aus den 10 Elementen:* a, a, a, a, b, b, c, d, d, d? *Es ist* $n = 10$, $r_1 = 4$, $r_2 = 2$, $r_3 = 1$, $r_4 = 3$. *Die Anzahl* $\tilde{P}_{10}$ *der verschiedenen Anordnungen ist:* $\tilde{P}_{10} = \dfrac{10!}{4! \cdot 2! \cdot 1! \cdot 3!} = 12600$

2. *Zwei Zwillingspaare (eineiig)* $A_1\ A_2$ *und* $B_1\ B_2$ *sollen nebeneinander in einer Reihe aufgestellt werden. Die Zwillinge sind nicht zu unterscheiden. Es gibt dann* $\tilde{P}_4 = \dfrac{4!}{2! \cdot 2!} = 6$ *verschiedene Anordnungen:*

   AABB   ABAB   ABBA   BBAA   BABA   BAAB

4.2 Variationen

Zusammenstellungen von k Elementen aus n Elementen ($k \leq n$) unter Berücksichtigung ihrer Anordnung nennt man **Variationen** von n Elementen zur k-
ten Klasse. Ihre Anzahl bezeichnet man mit $V_n^{(k)}$. Auch hier wird unterschieden
zwischen Variationen mit oder ohne Wiederholungen, je nachdem ob einzelne
Elemente mehrmals auftreten oder nicht.

4.2.1 Variationen ohne Wiederholung

Aus n verschiedenen Elementen kann man Gruppen aus k Elementen bilden.
Dies entspricht prinzipiell dem Ziehen von Kugeln aus einer Urne ohne Zurücklegen. Sind 3 Kugeln der Farbe rot, grün und blau in der Urne, dann kann man
$V_3^{(1)}$ Anordnungen mit einer Kugel, $V_3^{(2)}$ mit zwei Kugeln und $V_3^{(3)}$ Anordnungen mit 3 Kugeln bilden (Bild 4.3).

Das Ziehen jeweils einer Kugel führt zu $V_3^{(1)} = 3$ verschiedenen Möglichkeiten.
Beim zweiten Zug ist eine Kugel weniger in der Urne. Infolgedessen hat man
nur noch zwei Möglichkeiten, eine Kugel zu ziehen. Mit den drei Möglichkeiten
des ersten Zugs ergibt sich $V_3^{(2)} = 3 \cdot 2 = 6$. Beim dritten Zug ist nur noch
eine Kugel in der Urne. Es existiert nur noch eine Möglichkeit. Die Anzahl der
Variationen von drei Kugeln ist demnach $V_3^{(3)} = 3 \cdot 2 \cdot 1 = 6$. Dies ist gleich der
Anzahl der Permutationen von drei Kugeln.

Für n Kugeln hat man folgende Möglichkeiten:

Zug	Möglichkeiten
1.	n
2.	$n-1$
3.	$n-2$
⋮	⋮
k.	$n-k+1$

Daraus folgt:

Die Anzahl $V_n^{(k)}$ der **Variationen ohne Wiederholung** von n Elementen zur
k-ten Klasse beträgt:

$$V_n^{(k)} = n \cdot (n-1) \cdot \ldots \cdot (n-k+1) = \frac{n!}{(n-k)!} \qquad (4.3)$$

Permutationen können auch als Variationen n-ter Klasse aus n Elementen aufgefaßt werden:

$$P_n = V_n^{(n)} \qquad (4.4)$$

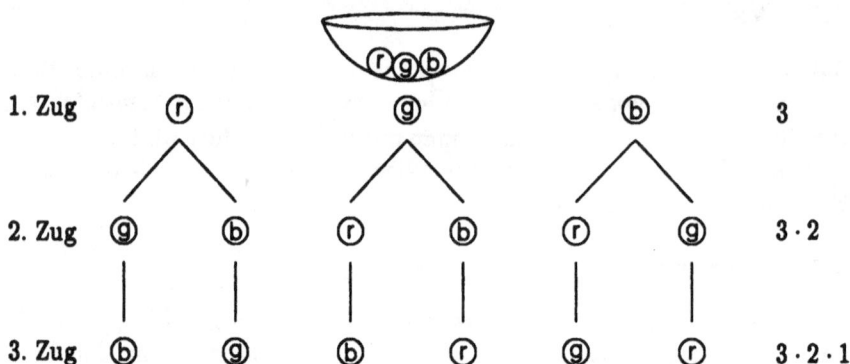

Bild 4.3: Variationen ohne Wiederholung

Beispiel:

Aus den vier Nucleotiden Adenin, Thymin, Guanin und Cytosin kann man

$$V_4^{(3)} = \frac{4!}{(4-3)!} = \frac{4!}{1!} = 4! = 24$$

Triplets mit verschiedenen Basen bilden.

4.2.2   Variationen mit Wiederholungen

Können in den Anordnungen Elemente auch mehrmals vorkommen, so erhält man Variationen mit Wiederholungen $\tilde{V}_n^{(k)}$. Die entspricht dem Ziehen von Kugeln aus einer Urne mit Zurücklegen (Bild 4.4).

Bei drei verschieden farbigen Kugeln hat man pro Zug 3 Möglichkeiten. Für n Kugeln existieren pro Zug n Möglichkeiten. Folglich gilt:

Die Anzahl $\tilde{V}_n^{(k)}$ der **Variationen mit Wiederholungen** von n Elementen zur k-ten Klasse beträgt:

$$\tilde{V}_n^{(k)} = n^k \tag{4.5}$$

Beispiel:

Aus den vier Nucleotiden Adenin, Thymin, Guanin und Cytosin kann man

$$\tilde{V}_4^{(3)} = 4^3 = 64$$

Triplets bilden, wenn gleiche Basen auch mehrfach auftreten dürfen.

Bei Variationen mit Wiederholungen kann $k > n$ sein, denn man kann beim Ziehen von Kugeln mit Zurücklegen beliebig oft ziehen.

1. Zug   (r)   (g)   (b)   3

2. Zug   (r) (g) (b)   (r) (g) (b)   (r) (g) (b) 3^2

3. Zug (r)(g)(b) (r)(g)(b) (r)(g)(b) (r)(g)(b) (r)(g)(b) (r)(g)(b) (r)(g)(b) (r)(g)(b) (r)(g)(b) 3^3

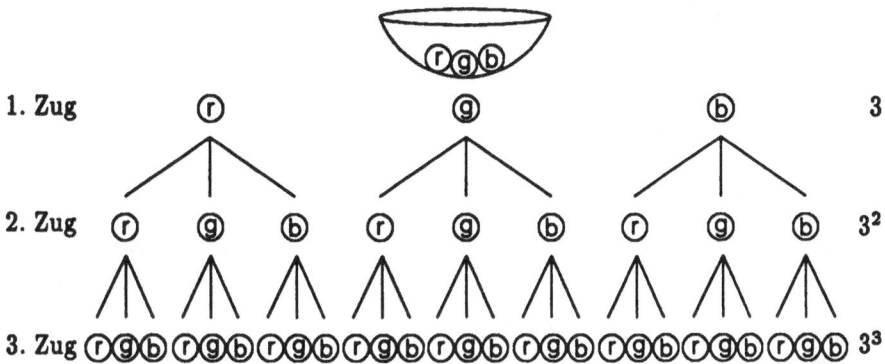

Bild 4.4: Variationen mit Wiederholungen

Beispiel:

Das Genom eines Bakteriums besteht aus ca. 4 Mio. Nucleotiden. Die Anzahl aller möglichen Nucleotidsequenzen dieser Länge beträgt:

$$\widetilde{V}_4^{(4 \text{ Mio.})} = 4^{(4 \text{ Mio.})} \approx 10^{(2.4 \text{ Mio.})}$$

Zum Vergleich: Die Gesamtzahl aller stabilen Elementarteilchen des Universums wird auf ca. 10^{80} geschätzt.

4.3   Kombinationen

Verzichtet man bei Zusammenstellungen von k Elementen aus einer Menge von n Elementen auf die Berücksichtigung der Anordnung, so erhält man **Kombinationen k-ter Klasse.**

4.3.1   Kombinationen ohne Wiederholung

Betrachtet man zunächst wieder den Fall lauter verschiedener Elemente in einer Kombination. Es gibt $\dfrac{n!}{(n-k)!}$ verschiedene Variationen k-ter Klasse, jedoch zählen alle Variationen, die die gleichen Elemente enthalten, nur als eine einzige Kombination. Bei k Elementen sind das $k!$ Möglichkeiten (Permutationen), d.h. $k!$ Variationen gelten als jeweils gleich. In Bild 4.5 werden die untereinander stehenden Kugelfolgen nicht unterschieden, da lediglich die Reihenfolge der Kugeln verschieden ist.

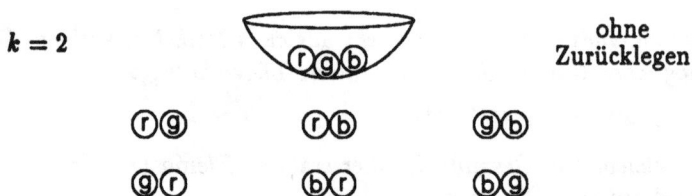

$$k = 2 \qquad\qquad\qquad\qquad\qquad\qquad\qquad \text{ohne Zurücklegen}$$

Bild 4.5: Kombinationen ohne Wiederholung

Mit Berücksichtigung der Anordnung gäbe es $V_3^{(2)} = 6$ Möglichkeiten. Da jedoch die untereinander stehenden Anordnungen in diesem Fall als gleich gelten, reduzieren sich die Möglichkeiten um den Faktor $P_2 = 2$. Es ist also:

$$C_3^{(2)} = \frac{V_3^{(2)}}{P_2} = \frac{6}{2} = 3$$

Für beliebige n gilt: $C_n^{(k)} = \dfrac{V_n^{(k)}}{P_k}$ Daraus folgt:

Die Anzahl $C_n^{(k)}$ der **Kombinationen ohne Wiederholung** aus n Elementen zur k-ten Klasse beträgt:

$$C_n^{(k)} = \frac{n \cdot (n-1) \cdot \ldots \cdot (n-k+1)}{1 \cdot 2 \cdot \ldots \cdot k} = \frac{n!}{(n-k)! \cdot k!} = \binom{n}{k} \qquad (4.6)$$

Die abkürzende Schreibweise $\binom{n}{k}$ wird gesprochen als "n über k". Die Ausdrücke $\binom{n}{k}$ heißen **Binomialkoeffizienten** (vgl. Kap. 1.5).

Beispiel:

Im Zahlenlotto 6 aus 49 gibt es $\binom{49}{6} \approx 14$ Mio. mögliche Tips.

Die Möglichkeiten, einen Vierer zu tippen sind $\binom{6}{4} \cdot \binom{43}{2} = 13545$, denn die

vier Richtigen lassen sich auf $\binom{6}{4}$ Arten aus den sechs Richtigen ziehen, die

zwei Falschen auf $\binom{43}{2}$ Arten aus den Falschen.

4.3.2   Kombinationen mit Wiederholungen

Ähnlich wie bei den Variationen mit Wiederholung erhält man Kombinationen mit Wiederholung, indem man aus einer n-elementigen Menge k-mal ein Element zieht und wieder zurücklegt (Bild 4.6).

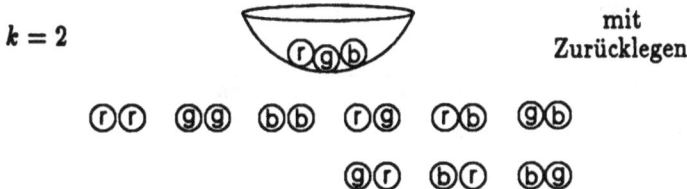

Bild 4.6: Kombinationen mit Wiederholungen

Die Anzahl der Kombinationen mit Wiederholung läßt sich berechnen zu:

$$\widetilde{C}_3^{(2)} = \frac{(3+2-1)\cdot(3+2-2)}{1\cdot 2} = \binom{3+2-1}{2} = 6$$

Für beliebige n gilt:

Die Anzahl $\widetilde{C}_n^{(k)}$ der **Kombinationen mit Wiederholungen** aus n Elementen zur k-ten Klasse beträgt:

$$\widetilde{C}_n^{(k)} = \binom{n+k-1}{k} = \frac{(n+k-1)\cdot(n+k-2)\dots(n+1)\cdot n}{1\cdot 2\cdot\dots\cdot k} \tag{4.7}$$

Auch bei Kombinationen mit Wiederholungen ist $k > n$ möglich.

Beispiel:

Ein Strauß mit 10 Tulpen aus 5 verschiedenfarbigen Sorten kann auf

$$\widetilde{C}_5^{(10)} = \binom{5+10-1}{10} = \binom{14}{10} = \frac{14!}{4!\cdot 10!} = 1001$$

Arten zusammengestellt werden.

4.4   Zusammenfassung

Häufig bereitet es Schwierigkeiten, zu entscheiden, welche Anordnung von Elementen vorliegt. Es empfiehlt sich folgende Vorgehensweise:

- Man entscheidet zunächst welche Art der Anordnung vorliegt.

  Besteht die Anordnung aus allen Elementen einer Menge, dann liegt eine Permutation vor. Im anderen Fall kommt Variation oder Kombination in Frage.

  Wird die Reihenfolge der Elemente berücksichtigt, so handelt es sich um eine Variation, ansonsten um eine Kombination.

- Nachdem man entschieden hat, welche Anordnung vorliegt, fragt man, ob Wiederholungen vorkommen oder nicht.

Die folgende Tabelle zeigt einen Überblick über die verschiedenen Arten der Anordnung von Elementen und die Berechnung der Anzahl der unterschiedlichen Möglichkeiten:

Anordnung	Anzahl der Anordnungen	
Permutation		
ohne Wiederholung	$n!$	
mit Wiederholungen	$\dfrac{n!}{r_1! \cdot r_2! \cdot \ldots \cdot r_k!}$	
Variation		
ohne Wiederholung	$\dfrac{n!}{(n-k)!}$	$(k \leq n)$
mit Wiederholungen	n^k	$(k > n \text{ möglich})$
Kombination		
ohne Wiederholung	$\dbinom{n}{k} = \dfrac{n!}{(n-k)! \cdot k!}$	$(k \leq n)$
mit Wiederholung	$\dbinom{n+k-1}{k} = \dfrac{(n+k-1)!}{(n-1)! \cdot k!}$	$(k > n \text{ möglich})$

Aufgaben

1. Proteine sind Molekülketten unterschiedlicher Länge, in denen maximal 20 verschiedene Aminosäuren vorkommen.

   a) Auf wieviele Arten lassen sich die 20 Aminosäuren anordnen?

   b) Auf wieviele Arten lassen sich die 20 Aminosäuren anordnen, wenn nur aromatische, schwefelhaltige und sonstige Aminosäuren unterschieden werden? Schwefelhaltige Aminosäuren sind Cystin, Cystein und Methionin, aromatisch sind Phenylalanin, Tyrosin, Histidin und Tryptophan.

   c) Wieviele Peptide aus 10 Aminosäuren kann man bilden, wenn jede Aminosäure nur einmal vorkommen darf?

   d) Wieviele Peptide aus 25 Aminosäuren kann man bilden, wenn Aminosäuren auch mehrfach vorkommen dürfen?

   e) Wieviele Möglichkeiten gibt es, aus den 20 Aminosäuren 10 auszuwählen?

   f) Wieviele Peptide aus 8 Aminosäuren gibt es, wenn die erste und die dritte Alanin sein soll?

2. Die m-RNA (messenger-Ribonucleinsäure) besteht aus Nucleotidketten. In diesen Ketten kommen 4 Nucleotide mit den Basen Adenin (A), Uracil (U), Guanin (G) und Cytosin (C) vor.

   a) Auf wieviele Arten lassen sich die 4 Basen anordnen?

   b) Auf wieviele Arten lassen sich 3 Adenin-, 2 Uracil- und 4 Cytosin-Nucleotide anordnen?

   c) Eine Nucleotidsequenz aus 3 Basen (Codon) codiert für eine Aminosäure. Reicht die Anzahl der Codons für 20 Aminosäuren aus, wenn gleiche Basen in einem Codon mehrfach vorkommen dürfen?

   d) Würde die Anzahl der Codons für 20 Aminosäuren ausreichen, wenn ein Codon nur aus zwei Basen bestünde?

   e) Die Aminosäure Alanin wird durch die Basentriplets GCA, GCU, GCG und GCC codiert. In einem m-RNA-Abschnitt aus 36 Nucleotiden (12 Codons) codiert jedes dritte Codon für Alanin. Alle alanincodierenden Triplets an diesen Positionen sind jedoch verschieden. Wieviele mögliche Basensequenzen gibt es?

3. Aus den Biersorten Weißbier, Hell und Pils soll ein Kasten Bier (20 Flaschen) zusammengestellt werden.

   a) Wieviele Zusammenstellungen gibt es?

   b) Wieviele Zusammenstellungen gibt es, wenn mindestens eine Flasche jeder Sorte im Kasten sein soll?

c) Wieviele Möglichkeiten gibt es, wenn vom Weißbier 20, vom Pils 10 und vom Hellen 5 Flaschen zur Verfügung stehen?

4. In einem Düngungsversuch sollen die Düngerwirkungen von N, P und K getestet werden.

   a) Wieviele Parzellen muß man anlegen, wenn man alle Düngerkombinationen testen will, also ohne Dünger, jeden allein, jeden mit einem anderen Dünger und alle drei zusammen?

   b) Wieviele Parzellen muß man anlegen, wenn die Düngemittel in vier verschiedenen Mengen gegeben werden sollen und davon alle Kombinationen erstellt werden?

5. Wieviele Möglichkeiten gibt es,

   a) beim Lotto einen 5er zu haben?

   b) einen Schein für die 11er-Wette im Fußballtoto (11 Spiele, 3 Ausgänge 0, 1, 2) auszufüllen?

   c) 4 Ober und 4 Unter beim Schafkopfen (32 Karten zu 4 Farben) zu bekommen?

6. Fünf Studenten haben sich einen Gebrauchtwagen angeschafft, um damit zur Uni zu fahren. Im Auto sitzen 2 Personen vorne und 3 hinten.

   a) Wieviele mögliche Sitzkonstellationen gibt es, wenn es nur darauf ankommt, vorne oder hinten zu sitzen?

   b) Die Sitzkonstellation wird täglich gleichmäßig durchgewechselt. Unter den 5 Studenten ist einer etwas korpulenter. Wie oft wird es hinten eng, weil dieser hinten sitzt?

7. a) In der Stearinsäure (C_{20}-Skelett) sind 2 Kohlenstoffatome radioaktiv. Wieviele möglich Konstellationen gibt es für 2 benachbarte radioaktive Isotope?

   b) Wieviele Möglichkeiten gibt es im Benzolring (C_6-Ring)?

8. An einem Fußballturnier beteiligen sich 8 Mannschaften.

   a) Wieviele Spiele gibt es, wenn alle 8 Mannschaften gegeneinander spielen?

   b) Wieviele Spiele gibt es, wenn 2 Gruppen zu 4 Mannschaften gebildet werden und die Gruppensieger das Endspiel austragen?

9. Wieviele Möglichkeiten gibt es, aus einer Sendung von 8 Artikeln eine Stichprobe vom Umfang 4 zu ziehen? Man bestimme die Anzahl der Möglichkeiten, daß unter den 4 gezogenen Artikeln 0, 1, 2 defekte sind, wenn die Sendung insgesamt 2 defekte Artikel enthält.

Lösungen

1. a) $P_{20} = 20! \approx 2.4 \cdot 10^{18}$

   b) Von den 20 Aminosäuren werden jeweils 4, 3 und 13 als gleich angesehen:
   $$\widetilde{P}_{20} = \frac{20!}{4! \cdot 3! \cdot 13!} = 2713200$$

   c) $V_{20}^{(10)} = \dfrac{20!}{(20-10)!} \approx 6.7 \cdot 10^{11}$

   d) $\widetilde{V}_{20}^{(25)} = 20^{25} \approx 3.4 \cdot 10^{32}$

   e) $C_{20}^{(10)} = \dbinom{20}{10} = \dfrac{20!}{(20-10)! \cdot 10!} = 3628800$

   f) Die erste und dritte ist vorgegeben, d.h. man kann noch an den restlichen 6 Positionen beliebig variieren: $\widetilde{V}_{20}^{(6)} = 20^6 = 6.4 \cdot 10^7$

2. a) $P_4 = 4! = 4 \cdot 3 \cdot 2 \cdot 1 = 24$

   b) In diesem Fall müssen 9 Elemente angeordnet werden, von denen jeweils 3, 2 und 4 identisch sind: $\widetilde{P}_9 = \dfrac{9!}{3! \cdot 2! \cdot 4!} = 1260$

   c) Aus 3 Basen kann man 64 verschiedene Codons bilden (vgl. Beispiel auf Seite 162). Es können also 20 Aminosäuren codiert werden.

   d) Aus 2 Basen kann man nur $\widetilde{V}_4^{(2)} = 4^2 = 16$ Codons bilden. Diese Anzahl würde für 20 Aminosäuren also nicht ausreichen.

   e) Im RNA-Abschnitt gibt es insgesamt 36 Positionen, von denen jedoch 12 fest vorgegeben sind. Die übrigen 24 können aus 4 Basen beliebig zusammengestellt werden: $\widetilde{V}_4^{(24)} = 4^{24} \approx 2.8 \cdot 10^{14}$

3. a) $\widetilde{C}_3^{(20)} = \dbinom{3 + 20 - 1}{20} = \dfrac{22!}{2! \cdot 20!} = 11 \cdot 21 = 231$

   b) 3 Flaschen im Kasten sind vorgegeben, die restlichen sind beliebig kombinierbar: $\widetilde{C}_3^{(17)} = \dbinom{3 + 17 - 1}{17} = \dfrac{19!}{2! \cdot 17!} = \dfrac{19 \cdot 18}{2} = 171$

   c) Angenommen, man hat schon 5 Helle im Kasten, dann kann man zwischen 0 und 10 Pils zufügen und den Rest mit Weißbier auffüllen. Es gibt also 11 Möglichkeiten, einen Kasten mit 5 Hellen zu bekommen. Für 4 bis 0 Helle hat man ebensoviele Möglichkeiten. Die Gesamtmöglichkeiten sind also $6 \cdot 11 = 66$.

4. a) $C_{ges} = C_3^{(0)} + C_3^{(1)} + C_3^{(2)} + C_3^{(3)} = 1 + 3 + 3 + 1 = 8 = 2^3$

   b) Wählt man die Anzahl der Stufen als $n = 4$, dann muß man daraus 3 auswählen, wobei Wiederholungen zugelassen sind: $\widetilde{V}_4^{(3)} = 4^3 = 64$

5. a) $\binom{6}{5} \cdot \binom{43}{1} = 6 \cdot \dfrac{43!}{42! \cdot 1!} = 6 \cdot 43 = 258$

   b) $\tilde{V}_3^{(11)} = 11^3 = 177147$

   c) 1 Möglichkeit

6. a) $\tilde{P}_5 = \dfrac{5!}{3! \cdot 2!} = 10$

   b) Bei den 10 Sitzkonstellationen sitzt der korpulente Student 6 mal hinten.

7. a) 19 Konstellationen

   b) 6 Möglichkeiten, wenn man die C-Atome durchnumeriert, 1 Möglichkeit, wenn die Wahl des C-Atoms egal ist.

8. a) $C_8^{(2)} = \binom{8}{2} = 28$

   b) $2 \cdot \binom{4}{2} + 1 = 13$

9. Es gibt $\binom{8}{4} = 70$ Möglichkeiten, aus den 8 Artikeln eine Stichprobe vom Umfang 4 zu ziehen. Für 0 defekte Artikel in der Stichprobe gibt es $\binom{6}{4} = \binom{6}{2} = \dfrac{6 \cdot 5}{2} = 15$ Möglichkeiten, für einen defekten hat man $2 \cdot \binom{6}{3} = 2 \cdot \dfrac{6 \cdot 5 \cdot 4}{2 \cdot 3} = 40$ Möglichkeiten und für 2 schließlich $\binom{6}{2} = 15$ Möglichkeiten.

Kapitel 5

Wahrscheinlichkeitsrechnung

Die Umgangssprache verwendet einen ungenauen Wahrscheinlichkeitsbegriff durch Redensarten wie: "Morgen wird es wahrscheinlich regnen" oder "Es ist sehr unwahrscheinlich, zweimal hintereinander vier Buben beim Skatspielen zu erhalten". In der Mathematik benötigt man jedoch einen eindeutig quantifizierbaren Wahrscheinlichkeitsbegriff. Die Wahrscheinlichkeitstheorie betrachtet daher mathematische Modelle für zufällig ablaufende Experimente und definiert eine objektive mathematische Wahrscheinlichkeit.

5.1 Zufallsereignisse

Kausal-determinierte Experimente sind Experimente, deren Ergebnisse eindeutig vorhersagbar sind wie z.B. die Fallzeit beim freien Fall einer Kugel, die Bahnkurve eines Satelliten in einer Erdumlaufbahn, die Konzentration eines chemischen Reaktionsprodukts oder Schmelz- und Siedetemperatur von Eis bzw. Wasser.

Zufallsexperimente sind Experimente, die man beliebig oft in genau der gleichen Weise wiederholen kann und deren Ergebnisse nicht eindeutig vorhersagbar sind, sondern vom Zufall abhängen wie z.B. beim Werfen eines Würfels, beim Ziehen von Losen, der radioaktive Zerfall eines bestimmten Uranatoms, die Milchleistung einer zufällig ausgewählten Kuh aus einer Population, der Kornertrag einer Einzelpflanze aus einem Getreidefeld oder der Einschlagpunkt eines Schusses auf eine Scheibe.

Bei der Ausführung eines Zufallsexperiments treten in der Regel verschiedene **Ergebnisse** oder **Ereignisse** auf.

Ein **Elementarereignis** ist ein Ergebnis bei einmaliger Ausführung eines Zufallsexperiments.

Beispiele:

1. *Beim Würfeln existieren als mögliche Elementarereignisse die Augenzahlen 1, 2, 3, 4, 5 und 6.*

2. *Bei einem Münzwurf mit einem Zweimarkstück gibt es nur zwei mögliche Ausgänge: Das Obenliegen von "Kopf" oder von "Zahl".*

3. *Die Milchleistung von zufällig ausgewählten Kühen kann innerhalb eines gewissen Intervalls (z.B. 0...5000 kg/Jahr) liegen. In diesem Fall sind unendlich viele Elementarereignisse möglich.*

4. *Die Ergebnisse der bisherigen Beispiele kann man mit einer einzigen Zahl beschreiben. Für das Ergebnis eines Schusses auf eine Scheibe ist es zweckmäßig, die x- und y-Koordinate des Treffers bezogen auf einen Nullpunkt anzugeben. Die Menge der Elementarereignisse besteht in diesem Fall aus allen Zahlenpaaren ($x, y \in \mathbb{R}$)*

Die Menge Ω aller Elementarereignisse oder Ergebnisse eines Zufallsexperiments heißt **Ergebnisraum**.

Beispiele:

1. $\Omega_{\text{Würfel}} = \{1, 2, 3, 4, 5, 6\}$

2. $\Omega_{\text{Münze}} = \{\text{Kopf, Zahl}\}$

3. $\Omega_{\text{Milchleistung}} = \{0 \ldots 5000 \text{ kg/Jahr}\}$

4. $\Omega_{\text{Schuß}} = \{(x, y) : x, y \in \mathbb{R}\}$

Die mehrmalige Ausführung eines Zufallsexperiments liefert nacheinander mehrere Ergebnisse. Man kann den Versuchsausgang auf bestimmte Merkmale untersuchen. Tritt ein Ergebnis mit diesem Merkmal auf, so sagt man, das zugehörige Ereignis ist eingetreten.

Ein **Zufallsereignis** (oder kurz **Ereignis**) A ist eine Teilmenge des Ergebnisraums. Ein Ereignis A tritt ein, wenn das eintretende Elementarereignis zur Teilmenge A gehört. Die Menge aller Ereignisse heißt **Ereignisraum**. Der Ereignisraum ist die Potenzmenge $P(\Omega)$ des Ergebnisraums Ω, da die Potenzmenge die Menge aller Teilmengen ist.

Beispiele:

1. *Werfen einer Münze:* $\Omega_{\text{Münze}} = \{\text{Kopf, Zahl}\}$. *Alle möglichen Teilmengen von* $\Omega_{\text{Münze}}$ *sind Ereignisse, also:*

   $A_1 = \emptyset$, $A_2 = \{\text{Kopf}\}$, $A_3 = \{\text{Zahl}\}$, $A_4 = \{\text{Kopf, Zahl}\}$

   Wirft man mit der Münze "Kopf", dann sind die Ereignisse A_2 und A_4 eingetreten.

2. *Ziehen von Losen:* $\Omega_{\text{Lose}} = \{\text{Gewinn, Niete}\}$. *Zieht man überhaupt kein Los, dann ist das Ereignis $A = \emptyset$ eingetreten.*

3. *Spiel mit einem Würfel:* $\Omega_{\text{Würfel}} = \{1, 2, \ldots, 6\}$

Merkmal	Ereignis
Augenzahl ist 6	$A_1 = \{6\}$
Augenzahl ist ungleich 3	$A_2 = \{1, 2, 4, 5, 6\}$
Augenzahl ist zwischen 4 und 6	$A_3 = \{5\}$
Augenzahl ist Primzahl	$A_4 = \{2, 3, 5\}$
Augenzahl ist 7	$A_5 = \emptyset$
Augenzahl ist ungerade	$A_6 = \{1, 3, 5\}$

4. *Ermittlung der Milchleistung einer Milchkuh aus einer Population. Sei $A = \{x | 3500 \leq x \leq 4000\}$. Das Ereignis A tritt ein, wenn eine Kuh eine Milchleistung zwischen 3500 und 4000 kg hat. Sei $B = \{x | x > 4000\}$. Das Ereignis B besteht darin, eine Kuh herauszugreifen, deren Milchleistung größer als 4000 kg ist.*

Während man in den ersten drei Beispielen alle Teilmengen von Ω aufzählen kann, ist dies im 4. Beispiel nicht möglich.

5.2   Verknüpfung von Zufallsereignissen

Bei der Durchführung eines Zufallsexperiments ist es möglich, daß mehrere Ereignisse, die aus Verknüpfungen von Ereignissen $A, B, C\dots$ hervorgehen, gleichzeitig eintreten.

Ein Ereignis $A + B$ ist die Menge aller Elementarereignisse, die mindestens zu einem der beiden Ereignisse A oder B gehören, also die Vereinigungsmenge von A und B (Bild 5.1 a):

$$A + B = A \cup B \tag{5.1}$$

Ein Ereignis $A \cdot B$ ist die Menge aller Elementarereignisse, die sowohl zu A als auch zu B gehören, also die Durchschnittsmenge von A und B (Bild 5.1 b):

$$A \cdot B = A \cap B \tag{5.2}$$

Das Ereignis $A - B = A \cdot \overline{B}$ besteht aus allen Elementen von A, die nicht zu B gehören. $A - B$ ist also die Differenzmenge von A und B (Bild 5.1 c):

$$A - B = A \setminus B \tag{5.3}$$

$\overline{A}$ heißt das **Komplementärereignis** von A bezüglich Ω. $\overline{A}$ besteht aus allen Elementen von Ω, die nicht zu A gehören, d.h. $\overline{A}$ ist die Komplementärmenge von A (Bild 5.1 d):

$$\overline{A} = \Omega - A \tag{5.4}$$

Für die Verknüpfung von Ereignissen gelten die aus der Mengenlehre bekannten Regeln.

Beispiel:

Würfeln (vgl. Tabelle oben)

Merkmal	Ereignis
Augenzahl: 6 oder Primzahl	$A_1 + A_4 = \{2, 3, 5, 6\}$
Augenzahl: ungerade, ungleich 3	$A_6 \cdot A_2 = \{1, 5\}$
Augenzahl: gerade	$\overline{A_6} = \Omega - A_6 = \{2, 4, 6\}$
Augenzahl: prim, ungleich 5	$A_4 - A_3 = A_4 \cdot \overline{A_3} = \{2, 3\}$

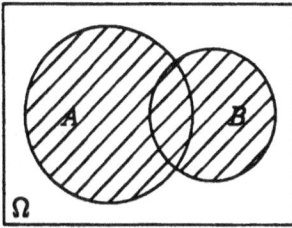

a) $A + B$

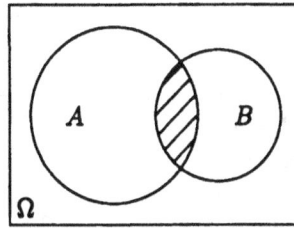

b) $A \cdot B$

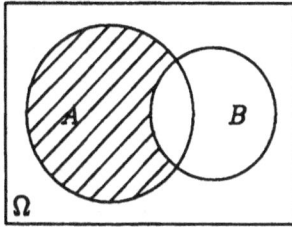

c) $A - B$

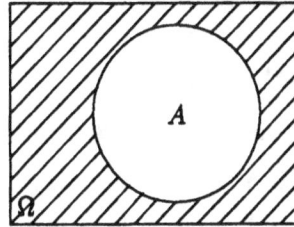

d) $\overline{A}$

Bild 5.1: Verknüpfung von Ereignissen

5.3   Der Borelsche Mengenkörper

Jede Teilmenge aus der Menge Ω ist ein Zufallsergebnis. Man betrachtet nun insbesondere bei überabzählbar[1] unendlich großen Mengen Ω nicht alle theoretisch möglichen Teilmengen (also die Potenzmenge), sondern beschränkt sich zweckmäßigerweise auf eine bestimmte Menge F von Teilmengen, sodaß man diesen Teilmengen bzw. Zufallsereignissen bequem Wahrscheinlichkeiten zuordnen kann. Diese Menge F wird durch folgende Eigenschaften charakterisiert:

1. F enthält als Element die Menge Ω.

2. Wenn A und B Elemente aus F sind, so enthält F auch die Mengen (Ereignisse) $A + B$, $A \cdot B$, $\overline{A}$, $\overline{B}$.

Aus diesen beiden Eigenschaften folgt:

a) Nach 1. enthält F die Menge Ω, nach 2. auch die Menge $\overline{\Omega}$, das ist die Menge, die gar kein Elementarereignis enthält, also die leere Menge $\emptyset$.

b) Mit endlich vielen Ereignissen $A_1, A_2, \ldots, A_n$ gehört auch stets das Ereignis $A_1 + A_2 + \ldots + A_n$ zur Menge F.

Man verlangt von F noch eine weitere Eigenschaft:

3. Gehören abzählbar unendlich viele Ereignisse $A_1, A_2, \ldots, A_n \ldots$ zu F, so gehören auch die Ereignisse $A_1 \cdot A_2 \cdot \ldots \cdot A_n \cdot \ldots$ und $A_1 + A_2 + \ldots + A_n + \ldots$ zu F.

F ist dann ein sog. **Borelscher Mengenkörper**.

Zur eindeutigen Festlegung von F braucht man nicht alle drei Eigenschaften zu fordern. Das soll aber nicht weiter interessieren, denn es wird nur versucht, einige charakterisierende Eigenschaften der Menge F aufzuzählen. Der Grund für die Forderung der genannten drei Eigenschaften besteht darin, daß man den Ereignissen, welche die Elemente von F darstellen, Wahrscheinlichkeiten zuordnen kann. Den Elementen der Menge aller Teilmengen von Ω kann man dagegen nicht immer eine Wahrscheinlichkeit zuordnen. Darum beschränkt man sich auf die Menge F.

---

[1] Eine Menge heißt "abzählbar", wenn man alle ihre Elemente mit den natürlichen Zahlen $1, 2, \ldots$ durchnumerieren kann. Eine Menge heißt "nicht abzählbar" oder "überabzählbar", wenn die natürlichen Zahlen $1, 2, \ldots$ nicht ausreichen, um sie durchzunumerieren. So ist z.B. die Menge der Punkte zwischen 0 und 1 auf der Zahlengeraden eine solche nicht abzählbare Menge. Es läßt sich zeigen, daß man zu jeder möglichen Numerierung immer neue reelle Zahlen aus diesem Intervall angeben kann, die nicht von der vorgeschlagenen Numerierung erfaßt werden.

5.4   Unvereinbare Ereignisse

Zwei zufällige Ereignisse A und B heißen **unvereinbar**, wenn sie keine gemeinsamen Elemente (Elementarereignisse) haben, also wenn ihr Durchschnitt $A \cdot B$ die leere Menge $\emptyset$ ist: $A \cdot B = \emptyset$.

Beispiel:

Würfeln: $\Omega = \{1, 2, 3, 4, 5, 6\}$
A : Augenzahl gerade, B : Augenzahl ungerade, $A \cdot B = \emptyset$
A und B sind also unvereinbar.

5.5   Sicheres und unmögliches Ereignis

Ist $A = \Omega$, so nennt man A das **sichere Ereignis**.

Ist $A = \overline{\Omega} = \emptyset$, also die leere Menge, so heißt A das **unmögliche Ereignis**.

Beispiel:

Würfeln: $\Omega = \{1, 2, 3, 4, 5, 6\}$
A : Augenzahl zwischen 1 und 6, $A = \Omega$, also ist A das sichere Ereignis. Ein unmögliches Ereignis ist das Würfeln der Zahl 7 oder gar keiner Zahl.

5.6   Die mathematische Wahrscheinlichkeit

Es wird ein Borelscher Mengenkörper F zugrunde gelegt. Die mathematische Wahrscheinlichkeit definiert man durch folgende vier Axiome:

1. Jedem zufälligen Ereignis A aus F wird eine nichtnegative Zahl $P(A)$ zugeordnet. Diese Zahl $P(A)$ heißt die **mathematische Wahrscheinlichkeit** des Ereignisses A:

$$P(A) \geq 0 \qquad (5.5)$$

2. Die Menge aller Elementarereignisse erhält die Wahrscheinlichkeit 1, mit anderen Worten, die Wahrscheinlichkeit des sicheren Ereignisses ist 1:

$$P(\Omega) = 1 \qquad (5.6)$$

3. Sind die zufälligen Ereignisse A und B unvereinbar, so gilt:

$$P(A + B) = P(A) + P(B) \qquad (5.7)$$

4. Für die Folge $A_1, A_2, \ldots, A_n, \ldots$ von paarweise unvereinbaren Ereignissen gilt:

$$P(A_1 + A_2 + \ldots + A_n + \ldots) = P(A_1) + P(A_2) + \ldots + P(A_n) + \ldots \quad (5.8)$$

Axiom (5.8) unterscheidet sich von Axiom (5.7) durch die unendliche Folge von Ereignissen $A_1, A_2, \ldots, A_n, \ldots$
$A_1 + A_2 + \ldots + A_n + \ldots$ ist das Ereignis, das genau dann eintritt, wenn mindestens eines der genannten unendlich vielen Ereignisse eintritt.

Folgerungen:

1. Die Wahrscheinlichkeit für das Eintreffen des Komplementärereignisses ist:

$$P(\overline{A}) = 1 - P(A) \qquad (5.9)$$

A und $\overline{A}$ sind unvereinbar ($A \cdot \overline{A} = \emptyset$) und $A + \overline{A} = \Omega$
$\Rightarrow 1 = P(\Omega) = P(A + \overline{A}) = P(A) + P(\overline{A}) \Leftrightarrow P(\overline{A}) = 1 - P(A)$

2. $P(A)$ und $P(\overline{A})$ sind nach Axiom (5.5) nicht negativ, es kann $P(A)$ also höchstens 1 sein. Daher gilt:

$$0 \leq P(A) \leq 1 \qquad (5.10)$$

3. Das unmögliche Ereignis erhält die Wahrscheinlichkeit 0, das sichere Ereignis die Wahrscheinlichkeit 1. Es gilt jedoch nicht, daß ein Ereignis mit der Wahrscheinlichkeit 0 unmöglich eintreten kann. Ereignisse mit der Wahrscheinlichkeit 0 heißen **fast unmöglich**, solche mit der Wahrscheinlichkeit 1 heißen **fast sicher**.

4. Sind $A_1, A_2, \ldots, A_n$ paarweise unvereinbare Ereignisse von F, so gilt:

$$P(A_1 + A_2 + \ldots + A_n) = P(A_1) + P(A_2) + \ldots + P(A_n) \qquad (5.11)$$

Für beliebige Ereignisse A und B aus F ist $A + B = A + (B - A \cdot B)$ und $B = A \cdot B + (B - A \cdot B)$. Die einzelnen Summanden der rechten Seiten sind jeweils unvereinbare Ereignisse (vgl. Bild 5.2). Also gilt:

$$P(A + B) = P(A) + P(B - A \cdot B), \ P(B) = P(A \cdot B) + P(B - A \cdot B)$$

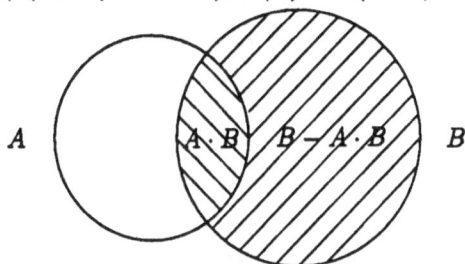

Bild 5.2: Veranschaulichung des Additionssatzes

Somit ergibt sich nach Substitution von $P(B - A \cdot B)$ der **allgemeine Additionssatz**:

$$P(A + B) = P(A) + P(B) - P(A \cdot B) \qquad (5.12)$$

Für drei Ereignisse A, B, C findet man entsprechend:

$$\begin{aligned} P(A + B + C) = P(A) + P(B) + P(C) - \\ - P(A \cdot B) - P(A \cdot C) - P(B \cdot C) + \\ + P(A \cdot B \cdot C) \end{aligned} \qquad (5.13)$$

5.7   Die klassische Wahrscheinlichkeit

Sind bei einem Zufallsexperiment endlich viele Elementarereignisse gleichwahrscheinlich, so ist die Wahrscheinlichkeit $P(A)$ eines beliebigen Zufallsereignisses A:

$$P(A) = \frac{\text{Anzahl der "günstigen" unvereinbaren gleichwahrscheinlichen Elementarereignisse}}{\text{Anzahl der "möglichen" unvereinbaren gleichwahrscheinlichen Elementarereignisse}} \qquad (5.14)$$

oder kurz:

$$P(A) = \frac{\text{GUGE}}{\text{MUGE}} \qquad (\text{"Merkregel"}) \qquad (5.15)$$

Diese sog. **Abzählregel** kann man aus den Axiomen und Rechenregeln für Wahrscheinlichkeiten ableiten. Wird das Experiment einmal realisiert, so tritt eines der gleichwahrscheinlichen Ereignisse $A_1, A_2, \ldots A_n$ ein. Es ist $A_1 + A_2 + \ldots + A_n = \Omega$. Die Ereignisse $A_1, A_2, \ldots, A_n$ bilden dann eine sog. **vollständige Ereignismenge**.

Liegt eine vollständige Ereignismenge vor, die aus paarweise unvereinbaren Ereignissen besteht, so gilt nach Gleichung (5.11):

$$P(A_1 + A_2 + \ldots + A_n) = P(A_1) + P(A_2) + \ldots + P(A_n) \qquad (5.16)$$

Wegen $A_1 + A_2 + \ldots + A_n = \Omega$ folgt:

$$P(A_1 + A_2 + \ldots + A_n) = P(\Omega) = 1 \qquad (5.17)$$

Außerdem sollen die Ereignisse gleichwahrscheinlich sein, d.h.:

$$P(A_1) = P(A_2) = \ldots = P(A_n) = \frac{1}{n} \qquad (5.18)$$

Betrachtet man nun ein Ereignis $A = A_1 + A_2 + \ldots + A_m$ ($m \leq n$). Dann ist nach Gleichung (5.11):

$$\begin{aligned} P(A) &= P(A_1 + A_2 + \ldots + A_m) \\ &= P(A_1) + P(A_2) + \ldots + P(A_m) = \\ &= \frac{m}{n} \end{aligned} \qquad (5.19)$$

$P(A)$ ist also der Quotient aus der Anzahl m der zu A gehörigen günstigen Ereignisse A_i ($i = 1, 2, \ldots, m$) und der Anzahl n aller Ereignisse der vollständigen Ereignismenge.

Beispiele:

1. *Wie groß ist die Wahrscheinlichkeit, sechs richtige Zahlen im Lotto zu tippen?*

   Es gibt nur eine einzige Möglichkeit, einen Sechser zu tippen, also:

   GUGE $= 1$.

   Die Anzahl der möglichen Zahlenkombinationen ist:

   $$\text{MUGE} = \binom{49}{6} = 13983816$$

   $$P(\text{6er}) = \frac{1}{13983816} \approx 7.15 \cdot 10^{-8}$$

   Die Wahrscheinlichkeit ist also ungefähr 1 : 14 Mio.

2. *Es interessiere die Wahrscheinlichkeit, mit zwei symmetrisch gebauten Würfeln bei einem Wurf die Augensumme 5 zu würfeln. Als Elementarereignis kann hier ein "Augenpaar", d.h. die vom "roten" und "grünen" Würfel gewürfelten Augenzahlen, betrachtet werden. Zum Ereignis $A =$ "Augensumme 5" gehören die vier Augenpaare $A_1 = (1, 4)$, $A_2 = (2, 3)$, $A_3 = (3, 2)$, $A_4 = (4, 1)$ von insgesamt $6 \cdot 6 = 36$ möglichen Augenpaaren. Also ist $P(5) = 4/36 = 1/9$. Die Anzahl m der "günstigen" Fälle für jede der in Frage kommenden Augensumme $s = 2, 3, \ldots, 12$ und die zugehörigen Wahrscheinlichkeiten $P(s) = \dfrac{m}{n}$ zeigt folgende Tabelle.*

s	2	3	4	5	6	7	8	9	10	11	12
	1,1	1,2	1,3	1,4	1,5	1,6	2,6	3,6	4,6	5,6	6,6
		2,1	2,2	2,3	2,4	2,5	3,5	4,5	5,5	6,5	
			3,1	3,2	3,3	3,4	4,4	5,4	6,4		
				4,1	4,2	4,3	5,3	6,3			
					5,1	5,2	6,2				
						6,1					
m	1	2	3	4	5	6	5	4	3	2	1
$P(s)$	$\dfrac{1}{36}$	$\dfrac{2}{36}$	$\dfrac{3}{36}$	$\dfrac{4}{36}$	$\dfrac{5}{36}$	$\dfrac{6}{36}$	$\dfrac{5}{36}$	$\dfrac{4}{36}$	$\dfrac{3}{36}$	$\dfrac{2}{36}$	$\dfrac{1}{36}$

3. *In einem Benzolring wurden zwei der sechs Kohlenstoffatome durch das radioaktive Nuklid C_{14} ersetzt. Wie groß ist die Wahrscheinlichkeit, daß beide C_{14}-Nuklide in ortho-Stellung sind, also nebeneinander liegen?*

   Es existieren genau 6 benachbarte Positionen: GUGE $= 6$. *Die Gesamtmöglichkeiten sind eine Permutation mit Wiederholung:* MUGE $= \tilde{P} = \dfrac{6!}{2! \cdot 4!} = 15$, *also* $P(\text{ortho}) = \dfrac{6}{15} = 0.4$.

4. *Bei Rindern ist das Allel "hornlos" H dominant über "gehörnt" h. Die Kreuzung zweier heterozygoter Rinder (Hh × Hh) ergibt folgendes Kreuzungsschema:*

	H	h
H	HH	Hh
h	Hh	hh

Wie groß ist die Wahrscheinlichkeit, daß ein Kalb gehörnt ist?

$$P(\text{hh}) = \frac{\text{GUGE}}{\text{MUGE}} = \frac{1}{4} = 0.25$$

Die klassische Definition der Wahrscheinlichkeit wurde von Laplace (1749-1837) eingeführt. Sie ist insbesondere im Bereich der Glücksspiele anwendbar, wenn endlich viele gleichmögliche Elementarereignisse vorhanden sind. Bei vielen anderen praktischen Zufallsexperimenten kann man aber die Menge der Elementarereignisse nicht in endlich viele gleichwahrscheinliche Fälle unterteilen. Der klassische Wahrscheinlichkeitsbegriff ist dann nicht mehr anwendbar. Ein Beispiel dafür ist ein Würfelspiel mit einem unsymmetrischen Würfel oder das zufällige Herausnehmen eines Tieres aus einer Population mit der Frage nach der Wahrscheinlichkeit, daß dessen Gewicht zwischen 100 und 120 kg liegt. Die Saatzuchtforschung fragt evtl. nach der Wahrscheinlichkeit einer ungewöhnlich hohen Ertragssteigerung mit einer bestimmten Sorte. Die pharmazeutische Industrie ist an der Wahrscheinlichkeit interessiert, mit der ein Heilerfolg bei einem neuen Medikament zu erwarten ist. In allen diesen Fällen kann man keine Einteilung in endlich viele gleichwahrscheinliche Elementarereignisse angeben. Insofern ist also die klassische Definition nach Laplace nicht immer eine befriedigende Definition. Man müßte z.B. schon vor der Festlegung der Wahrscheinlichkeiten wissen, wann verschiedene Ereignisse die gleiche Wahrscheinlichkeit besitzen.

Durch die Axiome (5.5) – (5.8) ist die Wahrscheinlichkeit für ein gegebenes Problem mit einer ganz bestimmten Menge von Elementarereignissen nicht eindeutig festgelegt. Man kann z.B. den Augenzahlen eines Würfels jeweils die gleiche Wahrscheinlichkeit, nämlich 1/6, zuordnen, wenn man einen symmetrischen Würfel unterstellt. Man könnte aber auch folgende Zuordnung von Wahrscheinlichkeiten zu den Elementarereignissen $1, 2, \ldots, 6$ treffen: $P(1) = 1/10$, $P(2) = 1/5$, $P(3) = 1/5$, $P(4) = 1/5$, $P(5) = 1/5$, $P(6) = 1/10$ und hätte dann einen "unsymmetrischen" Würfel.

Jede dieser beiden Wahrscheinlichkeitsbelegungen würde die Axiome erfüllen. Das bedeutet: Man kann den Elementarereignissen oder den Ereignissen der Borelschen Ereignismenge F auf verschiedene Arten Wahrscheinlichkeiten zuordnen. Eine feste Zuordnung bedeutet, daß man ein bestimmtes Wahrscheinlichkeitsmodell auf das Zufallsexperiment anwendet. Die primäre Forderung bei dieser Zuordnung von Wahrscheinlichkeiten ist jedoch, daß die Axiome nicht verletzt werden, denn sie stellen gewissermaßen die Grundrechenregeln dar, denen Wahrscheinlichkeiten unbedingt genügen müssen. Die Zuordnung von Wahrscheinlichkeiten in einem praktischen Problem muß aufgrund zusätzlicher Überlegungen getroffen werden und gibt dann die Verteilung der Wahrscheinlichkeiten, oder kurz die Wahrscheinlichkeitsverteilung des betreffenden zufälligen Experimentes an. Diese sind als Modelle aufzufassen, wie Wahrscheinlichkeiten Elementarereignissen oder Ereignissen zugeordnet werden können. Ob die gewählte Zuordnung mit dem zugrundeliegenden realen Sachverhalt übereinstimmt, ist eine andere Frage und muß separat überprüft werden.

Glaubt man z.B. einen symmetrischen Würfel vor sich zu haben, nimmt man die Gleichwahrscheinlichkeit für die sechs Augenzahlen an. Scheint der Würfel unsymmetrisch zu sein, liegt eine andere Wahrscheinlichkeitsverteilung vor. Einen Anhaltspunkt für diese schiefe Wahrscheinlichkeitsverteilung wird man u.U. aus empirischen Würfelversuchen mit diesem Würfel gewinnen und danach ein Modell aufstellen und dieses selbst wieder mit statistischen Prüfverfahren nachprüfen.

Im speziellen Fall von endlich vielen gleichwahrscheinlichen Elementarereignissen kann man die Wahrscheinlichkeit irgendeines Ereignisses einfach mit der Abzählregel bestimmen. In allen anderen Fällen wird die Wahrscheinlichkeit eines Ereignisses aufgrund der unterstellten Wahrscheinlichkeitsverteilung und den Rechenregeln für Wahrscheinlichkeiten bestimmt. Das Berechnen von Wahrscheinlichkeiten aufgrund von theoretischen Modellen oder Wahrscheinlichkeitsverteilungen ist die Hauptaufgabe der Wahrscheinlichkeitstheorie. Die Überprüfung, ob das gewählte Modell mit der Wirklichkeit nicht in Widerspruch steht, gehört u.a. zur Aufgabe der Statistik.

5.8 Die bedingte Wahrscheinlichkeit

In einer Urne seien 100 Lose, davon 40 rote und 60 blaue. Von den 40 roten seien 10 Gewinnlose, von den 60 blauen seien 30 Gewinnlose. Das Ziehen eines Loses stellt ein Elementarereignis dar. Unter der Voraussetzung, daß ein rotes Los gezogen wurde, will man die Wahrscheinlichkeit berechnen, daß dieses gezogene Los ein Gewinnlos ist. Man fragt also nach der Wahrscheinlichkeit $P(\text{Gewinn}|\text{rot})$, daß das Ereignis "Gewinn" eintritt unter der Bedingung "rot".

Nach der Abzählregel folgt: $P(\text{Gewinn}|\text{rot}) = \dfrac{10}{40} = 0.25$

Andererseits ist: $P(\text{Gewinn und rot}) = \dfrac{10}{100} = 0.10$

Das Ereignis "Gewinn und rot" unterscheidet sich vom Ereignis " Gewinn unter der Bedingung rot" dadurch, daß man von vorneherein nicht weiß, ob ein rotes Los gezogen wird.

Außerdem ist: $P(\text{rot}) = \dfrac{40}{100} = 0.4$

Man kann nun folgern:

$$P(\text{Gewinn}|\text{rot}) = \frac{P(\text{Gewinn und rot})}{P(\text{rot})} = \frac{10/100}{40/100} = 0.25$$

Ausgehend von diesem Beispiel, bei dem insgesamt n gleichmögliche Fälle unterschieden werden können, definiert man allgemein die bedingte Wahrscheinlichkeit $P(B|A)$ eines Ereignisses B aus F unter der Bedingung A, falls A nicht ein unmögliches oder fast unmögliches Ereignis ist.

Die **Wahrscheinlichkeit eines Ereignisses B unter der Bedingung A** ist:

$$P(B|A) = \frac{P(A \cdot B)}{P(A)}, \quad \text{falls } P(A) \neq 0 \tag{5.20}$$

Aus Gleichung (5.20) folgt unmittelbar der **allgemeine Multiplikationssatz**:

Die Wahrscheinlichkeit, daß sowohl das Ereignis A als auch das Ereignis B eintritt, ist gleich dem Produkt aus der Wahrscheinlichkeit von A und der Wahrscheinlichkeit von B unter der Bedingung, daß A eingetreten ist:

$$P(A \cdot B) = P(A) \cdot P(B|A) \tag{5.21}$$

Die bedingten Wahrscheinlichkeiten $P(B|A) = \dfrac{P(A \cdot B)}{P(A)}$ sind Wahrscheinlichkeiten in dem Sinn, wie sie früher eingeführt wurden, denn sie erfüllen die Axiome der Wahrscheinlichkeitsrechnung. Es gilt nämlich:

1. $P(B|A) \geq 0$ wegen $P(A \cdot B) \geq 0$ und $P(A) > 0$.
2. $P(\Omega|A) = \dfrac{P(A \cdot \Omega)}{P(A)} = \dfrac{P(A)}{P(A)} = 1$.
3. Falls die Ereignisse B und C unvereinbar sind, so sind auch die Ereignisse $A \cdot B$ und $A \cdot C$ unvereinbar, und es gilt:

$$P(A \cdot B + A \cdot C) = P(A \cdot B) + P(A \cdot C) \tag{5.22}$$

Daraus folgt:

$$
\begin{aligned}
P(B + C|A) &= \frac{P(A \cdot (B + C))}{P(A)} = \frac{P(A \cdot B + A \cdot C)}{P(A)} = \\
&= \frac{P(A \cdot B)}{P(A)} + \frac{P(A \cdot C)}{P(A)} = P(B|A) + P(C|A)
\end{aligned}
\tag{5.23}
$$

Es gilt also bei unvereinbaren Ereignissen B und C das Additionstheorem auch für bedingte Wahrscheinlichkeiten:

$$P(B + C|A) = P(B|A) + P(C|A) \tag{5.24}$$

speziell: $P(B + \overline{B}|A) = P(B|A) + P(\overline{B}|A) \Rightarrow P(\overline{B}|A) = 1 - P(B|A)$

Aus der Definition für die bedingte Wahrscheinlichkeit (5.20) und dem Multiplikationssatz (5.21) folgt für beliebige Ereignisse B und C aus F:

$$
\begin{aligned}
P(B \cdot C|A) &= \frac{P(A \cdot B \cdot C)}{P(A)} = \frac{P(A \cdot B) \cdot P(C|A \cdot B)}{P(A)} = \\
&= \frac{P(A) \cdot P(B|A) \cdot P(C|A \cdot B)}{P(A)}
\end{aligned}
\tag{5.25}
$$

Damit folgt der **Produktsatz** für bedingte Wahrscheinlichkeiten:

$$P(A \cdot B \cdot C) = P(A) \cdot P(B|A) \cdot P(C|A \cdot B) \tag{5.26}$$

Die Verallgemeinerung von Gleichung (5.26) auf mehrere Ereignisse liefert:

$$
\begin{aligned}
P(A_1 \cdot A_2 \cdot \ldots \cdot A_n) &= P(A_1) \cdot P(A_2 \cdot A_3 \cdot \ldots \cdot A_n|A_1) = \\
&= P(A_1) \cdot P(A_2|A_1) \cdot P(A_3 \cdot A_4 \cdot \ldots \cdot A_n|A_1 \cdot A_2) = \\
&= P(A_1) \cdot P(A_2|A_1) \cdot P(A_3|A_1 \cdot A_2) \cdot \ldots \cdot \\
&\qquad \cdot P(A_n|A_1 \cdot A_2 \cdot \ldots \cdot A_{n-1})
\end{aligned}
\tag{5.27}
$$

Beispiel:

Ein Obsthändler kauft aus drei verschiedenen Ländern jeweils eine Kiste Bananen. Davon sind in der ersten Kiste 2%, in der zweiten Kiste 5% und in der dritten Kiste 10% verfault. Die Wahrscheinlichkeit, daß eine Banane verfault ist, wenn man aus einer beliebigen Kiste eine Banane zieht, soll berechnet werden. In solchen Fällen ist es nützlich, ein Baumdiagrammm aufzustellen (Bild 5.3).

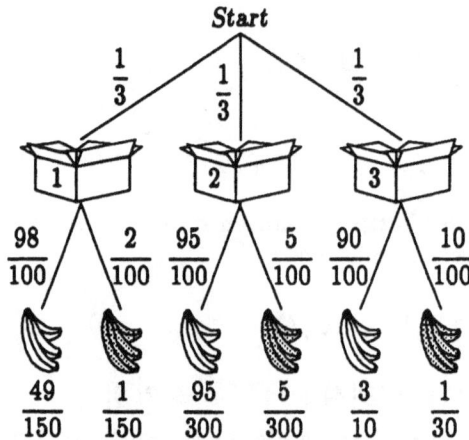

Bild 5.3: Baumdiagramm

Das Zufallsexperiment besteht aus zwei Schritten:

1. Auswahl der Kiste
2. Auswahl der Banane

Jeder Verzweigungs- oder Endpunkt bedeutet ein Ereignis, dessen Wahrscheinlichkeit angeschrieben ist. An den Zweigen selbst stehen die bedingten Wahrscheinlichkeiten.

Die Wahrscheinlichkeit $P(V|K_2)$, eine verfaulte Banane aus der zweiten Kiste zu ziehen, ist $5\% = 0.05$.

Die Endpunkte des Baums sind die aus einem einzigen Ergebnis bestehenden Ereignisse. Das Ereignis V (Banane verfault) besteht aus drei unvereinbaren Ereignissen.

$$P(V) = P(K_1 \cdot V) + P(K_2 \cdot V) + P(K_3 \cdot V) =$$
$$= P(K_1) \cdot P(V|K_1) + P(K_2) \cdot P(V|K_2) + P(K_3) \cdot P(V|K_3) =$$
$$= \frac{1}{3} \cdot \frac{1}{50} + \frac{1}{3} \cdot \frac{1}{20} + \frac{1}{3} \cdot \frac{1}{10} =$$
$$= 0.057 = 5.7\%$$

5.9   Unabhängige Ereignisse

Ein Ereignis B heißt **unabhängig** vom Ereignis A, wenn:

$$P(B|A) = P(B) \tag{5.28}$$

Aus $P(A \cdot B) = P(B \cdot A)$ folgt nach dem allgemeinen Multiplikationssatz (5.21) stets $P(A) \cdot P(B|A) = P(B) \cdot P(A|B)$. Falls $P(B|A) = P(B)$, so ist auch $P(A|B) = P(A)$.

Ist also das Ereignis B unabhängig von A, so ist auch A unabhängig von B, d.h. die Unabhängigkeit ist wechselseitig. Man kann daher sagen, die Ereignisse A und B sind "voneinander unabhängig". Der Produktsatz lautet dann speziell:

Sind A und B voneinander unabhängig, so ist:

$$P(A \cdot B) = P(A) \cdot P(B) \tag{5.29}$$

In diesem Zusammenhang soll noch einmal die Verschiedenartigkeit der Begriffe "Unvereinbarkeit zweier zufälliger Ereignisse" und "Unabhängigkeit zweier zufälliger Ereignisse" betont werden. Der Begriff der Unvereinbarkeit spielt eine besondere Rolle beim Additionstheorem. Der Begriff der Unabhängigkeit ist insbesondere für das Multiplikationstheorem wichtig.

Die Ereignisse A und B seien voneinander unabhängig, d.h. $P(B|A) = P(B)$ und $P(A|B) = P(A)$. Betrachtet man zusätzlich die komplementären Ereignisse $\overline{A}$ und $\overline{B}$, dann gilt $P(\overline{B}|A) = 1 - P(B|A)$ und somit: $P(\overline{B}|A) = 1 - P(B) = P(\overline{B})$. Wegen der wechselseitigen Unabhängigkeit ist auch $P(A|\overline{B}) = P(A)$. Damit sind A und $\overline{B}$ unabhängig. Ganz analog zeigt man die Unabhängigkeit für $\overline{A}$ und B sowie für $\overline{A}$ und $\overline{B}$. Sind A und B voneinander unabhängig, so gilt dies demnach auch für A und $\overline{B}$, $\overline{A}$ und B sowie $\overline{A}$ und $\overline{B}$.

Die Entscheidung, ob zwei Ereignisse unabhängig sind, kann man aufgrund der Definition (5.28) prüfen. Zwei Ereignisse sind dann unabhängig, wenn die Wahrscheinlichkeit für das Eintreten des einen Ereignisses stets dieselbe ist, ob nun das andere Ereignis eingetreten ist oder nicht. Bei manchen praktischen Aufgabenstellungen sieht man jedoch aus den Bedingungen des zufälligen Versuchs und der gewählten Zuordnung der Wahrscheinlichkeiten, daß der Eintritt des Ereignisses A unmöglich die Wahrscheinlichkeit für den Eintritt des Ereignisses B beeinflussen kann.

Beispiele:

1. *Aus einem gut gemischten Kartenspiel mit 32 Karten werden zwei Karten der Reihe nach gezogen. Wie groß ist die Wahrscheinlichkeit $P(KK)$, daß die beiden gezogenen Karten jeweils Könige sind, wenn*

a) *die zuerst gezogene Karte wieder in das Spiel zurückgemischt wird?*

Die Ereignisse K_1 = König beim 1. Zug und K_2 = König beim 2. Zug sind offenbar unabhängige Ereignisse. Also gilt:

$$P(KK) = P(K_1 \text{ und } K_2) = P(K_1 \cdot K_2) = P(K_1) \cdot P(K_2) =$$
$$= \frac{4}{32} \cdot \frac{4}{32} = \frac{1}{64} \approx 0.016$$

b) *die zuerst gezogene Karte nicht mehr zurückgelegt wird?*

Die Ereignisse K_1 und K_2 sind nicht mehr voneinander unabhängig.

$$P(KK) = P(K_1 \text{ und } K_2) = P(K_1 \cdot K_2) = P(K_1) \cdot P(K_2|K_1)$$

Es ist $P(K_1) = \frac{4}{32}$ und $P(K_2|K_1) = \frac{3}{31}$. Also folgt:

$$P(KK) = \frac{4}{32} \cdot \frac{3}{31} = \frac{3}{248} \approx 0.012$$

2. Es ist nicht immer intuitiv klar, ob Unabhängigkeit vorliegt oder nicht. Betrachtet man z.B. Familien mit drei Kindern und nimmt an, daß Knaben- und Mädchengeburten gleichwahrscheinlich sind, dann gibt es $2^3 = 8$ gleich-wahrscheinliche Möglichkeiten (jeweils mit Wahrscheinlichkeit $\frac{1}{8}$), wie sich das Merkmal "männlich-weiblich" auf die drei Kinder verteilt. A sei das Ereignis, eine Familie hat Kinder beiderlei Geschlechts und B das Ereignis, die Familie hat höchstens ein Mädchen. Mit den Bezeichnungen J für Junge und M für Mädchen gilt dann:

$$P(A) = P(JMM) + P(MJM) + P(MMJ) + P(JJM) +$$
$$+ P(JMJ) + P(MJJ) = \frac{6}{8} = 0.75$$

$$P(B) = P(JJJ) + P(MJJ) + P(JMJ) + P(JJM) = \frac{4}{8} = 0.5$$

Die Wahrscheinlichkeit, daß eine Familie Kinder beiderlei Geschlechts, aber höchstens ein Mädchen hat, ist:

$$P(A \cdot B) = P(MJJ) + P(JMJ) + P(JJM) = \frac{3}{8}$$

Es gilt $P(A \cdot B) = P(A) \cdot P(B)$. Also sind A und B voneinander unabhängig.

Nun betrachtet man Familien mit zwei Kindern. Hier ist

$$P(A) = P(JM) + P(MJ) = \frac{2}{4} = 0.5$$

$$P(B) = P(JJ) + P(JM) + P(MJ) = \frac{3}{4} = 0.75$$

Die Wahrscheinlichkeit, daß eine Familie Kinder beiderlei Geschlechts, aber höchstens ein Mädchen hat, ist:

$$P(A \cdot B) = P(JM) + P(MJ) = \frac{2}{4} = 0.5$$

Es gilt hier <u>nicht</u> $P(A \cdot B) = P(A) \cdot P(B)$. Also sind in diesem Fall die Ereignisse A und B nicht unabhängig voneinander.

Unabhängigkeit bei mehr als zwei Ereignissen

Wenn man den Begriff der Unabhängigkeit auf mehr als zwei Ereignisse anwenden will, genügt es nicht zu verlangen, daß die Ereignisse paarweise unabhängig sind. Es können z.B. die drei Ereignisse A_1, A_2 und A_3 paarweise voneinander unabhängig sein, aber dennoch A_3 vom Ereignis $A_1 \cdot A_2$ abhängig sein.

Beispiel:

Beim Spiel mit einem Würfel sei A_1 das Ereignis, beim ersten Wurf eine ungerade Augenzahl und A_2 das Ereignis beim zweiten Wurf eine ungerade Augenzahl zu würfeln. A_3 sei das Ereignis, daß die Summe der gewürfelten Zahlen ungerade ist. Die Ereignisse A_1, A_2, A_3 sind paarweise unabhängig. Es ist jedoch A_3 nicht unabhängig vom Ereignis $A_1 \cdot A_2$.

Man definiert daher:

Zufällige Ereignisse $A_1, A_2, \ldots, A_n$ heißen voneinander **unabhängig**, wenn jedes Ereignis A_i ($i = 1, 2, \ldots, n$) von jedem möglichen Ereignis $A_{i_1} \cdot A_{i_2} \cdot \ldots \cdot A_{i_k}$ ($i_\nu \neq i$ für $\nu = 1, 2, \ldots, k$ und $k = 1, 2, \ldots, n-1$) unabhängig ist.

Für unabhängige Ereignisse $A_1, A_2, \ldots, A_n$ gilt der **allgemeine Produktsatz**:

$$P(A_1 \cdot A_2 \cdot \ldots \cdot A_n) = P(A_1) \cdot P(A_2) \cdot \ldots \cdot P(A_n) \tag{5.30}$$

Beispiele:

1. *Ein Industrieprodukt bestehe aus drei Teilen. In der Fertigung bestehe Unabhängigkeit zwischen den Teilen. Die Wahrscheinlichkeit, daß ein Teil Ausschuß ist, betrage jeweils 5%. Wie groß ist die Wahrscheinlichkeit $P(\text{ok})$, daß ein Endprodukt völlig einwandfrei ist?*

   $P(\text{ok}) = P(\text{1. Teil ok und 2. Teil ok und 3. Teil ok}) =$
   $\qquad = P(\text{1. Teil ok}) \cdot P(\text{2. Teil ok}) \cdot P(\text{3. Teil ok}) =$
   $\qquad = 0.95^3 \approx 0.8574 = 85.74\%$

2. *Eine Münze wird fünfmal geworfen. Wie groß ist die Wahrscheinlichkeit, daß fünfmal hintereinander Wappen oben liegt?*

   Die fünf Würfe sind unabhängig voneinander. Die Wahrscheinlichkeit, daß einmal Wappen kommt, ist 0.5. Also ist die gesuchte Wahrscheinlichkeit $0.5^5 \approx 0.031$.

3. Bei Mais ist am Genlocus für die Kornfarbe das Allel B (blau) dominant über b (gelb). Die Kornform wird durch die Allele G (glatt) und g (gerunzelt) codiert. G (glatt) ist dominant über g (gerunzelt). Bei einem dihybriden Erbgang werden in der Elterngeneration P die Genotypen BBgg und bbGG gekreuzt. Daraus resultiert folgendes Kreuzungsschema:

P   BBgg   bbGG

     Bg × bG

F_1 BGbg

F_2	BG	Bg	bG	bg
BG	BBGG	BBGg	BbGG	BbGg
Bg	BBGg	BBgg	BbGg	Bbgg
bG	BbGG	BbGg	bbGG	bbGg
bg	BbGg	Bbgg	bbGg	bbgg

Genotypenverteilung:

1 BBGG	2 BbGG	1 bbGG	glatt
2 BBGg	4 BbGg	2 bbGg	glatt
1 BBgg	2 Bbgg	1 bbgg	gerunzelt
blau	blau	gelb	

Phänotypenverteilung:

blau, glatt	B-G-	9
gelb, glatt	bbG-	3
blau, gerunzelt	B-gg	3
gelb, gerunzelt	bbgg	1
		16

a) Die Wahrscheinlichkeit für ein gelbes Korn ergibt sich nach der Abzählregel aus der Phänotypenverteilung zu $P(bb) = \frac{3+1}{16} = \frac{4}{16} = \frac{1}{4} = 0.25$.

b) Die Wahrscheinlichkeit für ein glattes Korn ist $P(G-) = \frac{12}{16} = \frac{3}{4} = 0.75$.

c) Die Wahrscheinlichkeit für die Entstehung eines gelben, glatten Korns ist $P(bbG-) = P(bb \wedge G-) = P(bb) \cdot P(G-) = \frac{1}{4} \cdot \frac{3}{4} = \frac{3}{16} = 0.1875$.

d) Die Wahrscheinlichkeit für das Ereignis B- (blaues Korn) berechnet man leicht aus der Abzählregel oder über das Komplementärereignis $\overline{B-} = bb$: $P(B-) = 1 - P(bb) = 1 - \frac{1}{4} = \frac{3}{4} = 0.75$.

e) Die Wahrscheinlichkeit, ein gerunzeltes Korn zu bekommen, ist $P(gg) = 1 - P(G-) = 1 - \frac{3}{4} = \frac{1}{4} = 0.25$.

f) *Die Wahrscheinlichkeit für ein blaues, gerunzeltes Korn ist* $P(\text{B-gg}) =$
$\frac{1}{4} \cdot \frac{3}{4} = \frac{3}{16} = 0.1875 \neq 1 - P(\text{bbG-})$, *da die Ereignisse* B-gg *und* bbG-
nicht komplementär sind: $\{\text{B-gg} \cup \text{bbG-}\} \neq \Omega$).

g) *Die Wahrscheinlichkeit, unter den gelben Körnern ein glattes zu finden,*
ist die bedingte Wahrscheinlichkeit:
$$P(\text{G-}|\text{bb}) = \frac{P(\text{G-} \wedge \text{bb})}{P(\text{bb})} = \frac{3/16}{1/4} = \frac{3}{4} = 0.75.$$

h) *Die Wahrscheinlichkeit gelb und glatt war wegen der Unabhängigkeit*
der Ereignisse bb *und* G-: $P(\text{bb} \wedge \text{G-}) = P(\text{bb}) \cdot P(\text{G-}) = \frac{3}{16}$.

i) *Die Wahrscheinlichkeit* $P(\text{B-} \wedge \text{-b})$ *läßt sich über den allgemeinen Mul-*
tiplikationssatz (5.21) oder mit Hilfe der Abzählregel ausrechnen:
$$P(\text{B-} \wedge \text{-b}) = P(\text{B-}) \cdot P(\text{-b}|\text{B-}) = \frac{3}{4} \cdot \frac{8}{12} = \frac{1}{2}.$$

j) *Die Wahrscheinlichkeit für das Eintreffen der unvereinbaren Ereignisse*
B- *oder* bb *ist die Wahrscheinlichkeit, ein blaues oder gelbes Korn zu*
finden: $P(\text{B-} \vee \text{bb}) = P(\text{B-}) + P(\text{bb}) = 0.75 + 0.25 = 1$

k) *Für die nicht unvereinbaren Ereignisse* G- *und* -g *gilt:*
$$P(\text{G-} \vee \text{-g}) = P(\text{G-}) + P(\text{-g}) - P(\text{G-} \vee \text{-g}) =$$
$$= \frac{12}{16} + \frac{12}{16} - \frac{8}{16} = 1 \neq$$
$$\neq P(\text{G-}) + P(\text{-g}),$$
da diese nicht unvereinbar sind, denn $\{\text{G-}\} \cap \{\text{-g}\} \neq \emptyset$.

5.10   Das Bayessche Theorem

An dieser Stelle sei noch das berühmte **Theorem von Bayes** erwähnt.

Man betrachte n unvereinbare Ereignisse $A_1, A_2, \ldots, A_n$ einer vollständigen Ereignismenge $\Omega = A_1 + A_2 + \ldots + A_n$ und ein Ereignis B aus der Menge F. Dann sind auch die Ereignisse $B \cdot A_i$ und $B \cdot A_k$ ($i \neq k$) unvereinbare Ereignisse. Es gilt dann:

$$B = \Omega \cdot B = (A_1 + A_2 + \ldots + A_n) \cdot B = A_1 \cdot B + A_2 \cdot B + \ldots + A_n \cdot B$$

$$P(B) = \sum_{i=1}^{n} P(A_i \cdot B) = \sum_{i=1}^{n} P(A_i) \cdot P(B|A_i) \tag{5.31}$$

Falls $P(B) \neq 0$, erhält man:

$$P(A_i|B) = \frac{P(A_i \cdot B)}{P(B)} = \frac{P(A_i) \cdot P(B|A_i)}{P(B)} \tag{5.32}$$

Aus Gleichung (5.31) und (5.32) folgt der **Satz von Bayes**:

$$P(A_i|B) = \frac{P(A_i) \cdot P(B|A_i)}{\sum\limits_{k=1}^{n} P(A_k) \cdot P(B|A_k)} \tag{5.33}$$

Beispiel:

Ein Patient leide an der Krankheit A_1 oder der Krankheit A_2. Man weiß außerdem, daß die Wahrscheinlichkeit $P(A_1)$ für Krankheit A_1 gleich 0.8 und die Wahrscheinlichkeit $P(A_2)$ für Krankheit A_2 gleich 0.2 ist.

Um eine genaue Diagnose zu stellen, führt der Arzt eine Enzymbestimmung durch, von der er weiß, daß sie bei Krankheit A_1 in 90% aller Fälle positiv ist, bei A_2 dagegen nur in 20%.

Man nehme nun an, daß der Enzymtest bei einem Patienten negativ verläuft (= Ereignis B).

Welche Wahrscheinlichkeiten für A_1 bzw. A_2 resultieren aus diesem Befund?

Es ist $P(A_1) = 0.8$ und $P(A_2) = 0.2$. Man sagt auch, dies seien die sog. A-priori-Wahrscheinlichkeiten.

$P(\text{Test ist positiv}|A_1) = 0.9, \quad P(\text{Test ist negativ}|A_1) = 0.1$
$P(\text{Test ist positiv}|A_2) = 0.2, \quad P(\text{Test ist negativ}|A_2) = 0.8$

Unter Anwendung von Gleichung (5.33) erhält man für

$$P(A_1|\text{Test ist negativ}) = \frac{0.8 \cdot 0.1}{0.8 \cdot 0.1 + 0.2 \cdot 0.8} = \frac{1}{3}$$

$$P(A_2|\text{Test ist negativ}) = \frac{0.2 \cdot 0.8}{0.8 \cdot 0.1 + 0.2 \cdot 0.8} = \frac{2}{3}$$

Bei Anwendung des Bayesschen Satzes werden die Ereignisse $A_1, A_2, \ldots, A_n$ häufig als **Hypothesen** und ihre Wahrscheinlichkeiten $P(A_i)$ **A-priori-Wahrscheinlichkeiten** für die Hypothese bezeichnet.

$P(A_i|B)$ ist die Wahrscheinlichkeit für A_i aufgrund der Beurteilung, daß das Ereignis B eingetreten ist, und heißt daher auch **A-posteriori-Wahrscheinlichkeit** für die Hypothese A_i.

Die Bayessche Formel liefert damit eine Vorschrift, wie man A-priori-Wissen (z.B. wie häufig treten die Krankheiten A_1 und A_2 auf) aufgrund von Beobachtungen (Enzymbestimmung) zu einem A-posteriori-Wissen korrigieren kann. In diesem Zusammenhang spricht man auch häufig von "Lernen durch Erfahrung".

Die Größe $P(B|A_i)$ könnte man zunächst als bedingte Wahrscheinlichkeit für B unter der festen Bedingung A_i auffassen. Betrachtet man jedoch $P(B|A_i)$ bei festem Ereignis B als Funktion aller möglichen Ereignisse A_i, $i = 1, 2, \ldots, n$, dann stellen die $P(B|A_i)$ keine Wahrscheinlichkeiten für A_i dar, sondern sie werden als sog. **Mutmaßlichkeiten** oder **Likelihoods** für die A_i aufgefaßt und die Gesamtheit der $P(B|A_i)$ in Abhängigkeit der A_i wird als **Likelihoodfunktion** bezeichnet.

Diese Likelihoodfunktion gibt für jedes mögliche Ereignis A_i an, welche Wahrscheinlichkeit das Ereignis B unter der Hypothese A_i besitzt, aber sie gibt keine Wahrscheinlichkeiten sondern Mutmaßlichkeiten oder Plausibilitäten für A_i an, nachdem das feste Ereignis B beobachtet wurde. Man muß sich beim Übergang vom Begriff Wahrscheinlichkeit zur Likelihood vergegenwärtigen, daß man die Rollen von B und A_i in dem Ausdruck $P(B|A_i)$ einfach vertauscht.

Im obigen Beispiel besteht die Likelihoodfunktion unter der Maßgabe, daß die Beobachtung B (z.B. der Test ist negativ) gemacht wurde, aus den zwei Werten $P(B|A_1) = 0.1$ und $P(B|A_2) = 0.8$.

Mit Hilfe der Likelihoods kann man das Bayessche Theorem in Worten folgendermaßen formulieren:

Die A-posteriori-Wahrscheinlichkeit für A_i ist proportional zur A-priori-Wahrscheinlichkeit für A_i und der Likelihood von A_i, nachdem die Beobachtung B gemacht wurde.

5.11   Interpretation von Wahrscheinlichkeiten

Die mathematische Wahrscheinlichkeit ist eine rein formelle Größe, welche durch die Axiome (5.5) – (5.8) festgelegt wird. Die Wahrscheinlichkeitstheorie lehrt, wie man neue Wahrscheinlichkeiten aus gegebenen Wahrscheinlichkeiten berechnet, sie sagt jedoch nichts darüber aus, was unter Wahrscheinlichkeit zu verstehen ist.

Für den Anwender ist üblicherweise von großem Interesse, wie der Begriff Wahrscheinlichkeit zu interpretieren ist. So ergeben sich in diesem Zusammenhang Fragen, z.B. "Wie kommt man zu Wahrscheinlichkeitsaussagen?" oder "Wie überprüft man Wahrscheinlichkeitsaussagen?" oder "Warum lassen sich Wahrscheinlichkeitsaussagen auf Sachverhalte des täglichen Lebens anwenden?"

Es gibt im wesentlichen zwei miteinander konkurrierende Interpretationsmöglichkeiten, einmal die **frequentistische** und zweitens die **subjektivistische Interpretation**. Die Anhänger der ersten Theorie, die sog. Frequentisten, verstehen unter Wahrscheinlichkeit die relative Häufigkeit auf lange Sicht, die Subjektivisten dagegen verstehen unter Wahrscheinlichkeit den Grad der individuellen Überzeugung.

Beide Interpretationsversuche haben gewisse Schwierigkeiten. Im Rahmen dieser Einführung soll der erste Standpunkt, also der frequentistische, eingenommen werden. Dies hat seinen Grund in der bei Zufallsexperimenten gemachten Erfahrung folgender Art:

Man kann die nächste Realisation eines Experimentes nicht vorhersagen. Wenn man aber das Experiment unter gleichen Bedingungen sehr oft durchführt, so schwankt die relative Häufigkeit für ein bestimmtes Ereignis, z.B. eine 6 zu würfeln, umso weniger um eine gewisse Zahl zwischen 0 und 1, je häufiger man den Versuch durchführt. Diese Zahl kann man dem Ereignis, eine 6 zu würfeln, als charakteristisch zuordnen. Man versuchte sogar auf diese Weise den Begriff der Wahrscheinlichkeit als Grenzwert von relativen Häufigkeiten zu definieren.

Es sei hier nicht verschwiegen, daß es bei dem Versuch jedoch prinzipielle Schwierigkeiten gibt, weil es sich dabei nicht um eine Konvergenz im üblichen mathematischen Sinn handelt, sondern um eine Konvergenz der Wahrscheinlichkeiten, d.h. es wird versucht, den Begriff Wahrscheinlichkeit mit sich selbst zu erklären.

Die oben erwähnte Erfahrungstatsache, daß die relative Häufigkeit für hinreichend große Anzahlen von Versuchen eine beliebig gute Näherung für die unbekannte Wahrscheinlichkeit ist, nennt man auch das **empirische Gesetz der großen Zahlen**.

Die Häufigkeitsinterpretation der Wahrscheinlichkeit ist besonders dann sinnvoll, wenn man sie auf Experimente anwendet, die beliebig oft durchgeführt werden können. Daher ist der frequentistische Standpunkt für solche Anwender attraktiv, die mit großen Versuchsreihen zu tun haben. Dies trifft im wesentlichen auch auf den biologischen und landwirtschaftlichen Bereich (Feldversuche) zu. Die Häufigkeitsinterpretation hilft dagegen nicht weiter, wenn man Wahrscheinlichkeiten von Einzelereignissen betrachtet.

Die oben experimentell als Häufigkeit auf lange Sicht implizierte Wahrscheinlichkeit nennt man auch **statistische Wahrscheinlichkeit**, weil sie aufgrund statistischer Versuche bestimmt wird.

Viele statistische Methoden, z.B. Vertrauensintervalle und statistische Tests, gehen von der Häufigkeitsinterpretation aus.

5.12   Das Gesetz der großen Zahlen

Viele Lotto- oder Roulettespieler haben eine etwas "schiefe" Vorstellung vom sog. **Gesetz der großen Zahlen**. Die Auffassung besteht z.B. darin, zu glauben, daß, wenn zehnmal "rot" gekommen ist, nun bald "schwarz" kommen muß. Oder wenn beim Lotto einige Zahlen sehr lange nicht gezogen wurden, tippen viele Spieler solche Zahlen, denn nach ihrer Meinung sind diese Zahlen nun fällig. Die landläufige Auffassung über das Gesetz der großen Zahlen ist die des Ausgleichs und der Kompensation innerhalb endlicher Zeit oder endlich vieler Versuche. Wirft man eine Münze sehr oft hintereinander, so sollte etwa "Kopf" und "Wappen" gleich oft vorkommen. Das muß aber noch nicht bei 1000 Würfen oder bei 10000 Würfen der Fall sein. Grob formuliert verlangt das Gesetz der großen Zahlen eine Einstellung oder Einpendelung auf den erwarteten Wert nur "auf lange Sicht". Nach einer ungewöhnlich großen Anzahl von "Köpfen" ist es nicht wahrscheinlicher, daß "Wappen" als Ergebnis des nächsten Wurfs kommt. Diese Auffassung ist deshalb falsch, weil jeder Wurf der Münze vom vorhergehenden und nachfolgenden Wurf unabhängig ist. In Worten kann man das Gesetz der großen Zahlen etwa folgendermaßen formulieren:

Wiederholt man ein zufälliges Experiment genügend oft unter den gleichen Bedingungen, dann kommt die relative Häufigkeit eines bestimmten Ereignisses der theoretischen Wahrscheinlichkeit dieses Ereignisses beliebig nahe.

Bei einer einzigen Wurfserie von 1000 Würfen mit einer symmetrischen Münze braucht jedoch die relative Häufigkeit für "Kopf" noch nicht beliebig nahe bei $\frac{1}{2}$ liegen, auch noch nicht bei 10000 Würfen, sondern möglicherweise erst viel später. In mathematischer Form soll nun das Gesetz der großen Zahlen formuliert werden, das sog. **Bernoullische Gesetz der großen Zahlen**:

Es sei p die Wahrscheinlichkeit für den Eintritt eines Ereignisses A bei einem Versuch. In einer Serie von n unabhängigen Wiederholungen dieses Versuches trete m-mal das Ereignis A auf. $h_n(A) = \frac{m}{n}$ bezeichne dann die relative Häufigkeit für das Auftreten von A in einer solchen Serie. Gibt man nun eine beliebig kleine positive Zahl ε vor, dann strebt die Wahrscheinlichkeit dafür, daß $h_n(A)$ von p um weniger als ε nach oben oder unten abweicht, mit wachsendem n gegen 1, wie klein auch ε gewählt sein mag[1]:

$$\lim_{n \to \infty} P(p - \varepsilon < h_n(A) < p + \varepsilon) = 1 \qquad (5.34)$$

Gleichung (5.34) läßt sich mit den Axiomen und den Rechenregeln für die Wahrscheinlichkeit beweisen. Der Beweis soll hier übergangen werden. Dieser

---

[1]Der Limesbegriff wird in Band 2 erklärt.

Satz manifestiert die bereits früher erwähnten Erfahrungstatsachen. Man kann z.B. sagen, ein Ereignis, das eine sehr kleine Wahrscheinlichkeit hat, tritt sehr selten auf. Oder ein Ereignis mit einer sehr nahe bei 1 gelegenen Wahrscheinlichkeit tritt praktisch sicher auf. Das Gesetz der großen Zahlen schlägt sozusagen die Brücke von der Wahrscheinlichkeitsrechnung zur empirischen Wirklichkeit und bestätigt, daß die axiomatische Einführung der Wahrscheinlichkeit mit der Wirklichkeit in Einklang steht.

So werden die Eigenschaften für Wahrscheinlichkeiten, welche aus den Axiomen folgen, bekanntlich auch von den empirischen Häufigkeiten erfüllt. Damit ist eine Verbindung hergestellt zwischen der mathematischen Wahrscheinlichkeit und der relativen Häufigkeit. Die mathematische Wahrscheinlichkeit kann als theoretisches Gegenstück zu der empirischen Häufigkeit aufgefaßt werden.

Die Wahrscheinlichkeit kann also bei Zugrundelegung der Häufigkeitsinterpretation empirisch als sog. statistische Wahrscheinlichkeit bestimmt werden, und darin liegt die Bedeutung dieses Gesetzes der großen Zahlen.

5.13   Zufallsvariablen

Jedesmal wenn mit einer gegebenen Versuchsanordnung ein Zufallsexperiment einmal ausgeführt wird (z.B. indem man einmal mit einem Würfel würfelt), stellt sich ein bestimmtes Ergebnis ein. Es wird angenommen, daß dieses Ergebnis durch eine reelle Zahl x_i beschrieben werden kann. Wird das Zufallsexperiment ein zweites Mal realisiert (wenn man z.B. noch einmal würfelt), so stellt sich unter Umständen ein anderes Ergebnis x_j ein. Bei dem Würfelspiel ist offenbar, daß es sechs verschiedene Ergebnisse oder Elementarereignisse gibt, nämlich die Augenzahlen 1 bis 6.

Dieser Tatbestand, daß einem Elementarereignis eines zufälligen Versuches eine bestimmte reelle Zahl zugeordnet ist, soll mit dem Begriff **Zufallsvariable** oder **Zufallsgröße** umschrieben werden. Um auseinanderzuhalten, um welche Versuchsanordnung es sich jeweils handelt, wird die betrachtete Versuchsanordnung noch mit einem Namen belegt. In dem Würfelbeispiel hat man also die Zufallsvariable "Würfel" vor sich. Im allgemeinen werden die Namen der Zufallsvariablen mit großen Buchstaben X, Y, Z usw. abgekürzt. Ihre Realisationen werden mit entsprechenden kleinen Buchstaben x, y, z usw. bezeichnet. Die möglichen Werte oder Realisationen der Zufallsvariablen $X = $ "Würfel" lauten also:

$x_1 = 1$, $x_2 = 2$, $x_3 = 3$, $x_4 = 4$, $x_5 = 5$ und $x_6 = 6$

Kurz zusammengefaßt: Eine Zufallsvariable ist eine den Ausgang eines zufälligen Versuches kennzeichnende Größe.

Anders ausgedrückt:

Eine eindimensionale Zufallsvariable X ist eine Funktion, die jedem Elementarereignis aus der Menge Ω aller möglichen Elementarereignisse eine reelle Zahl zuordnet.

Diese Definition reicht z.B. ohne weiteres aus, solange die Menge aller möglichen Elementarereignisse endlich oder "abzählbar" ist. Wenn jedoch diese Menge "nicht abzählbar"[1] ist, kann man Schwierigkeiten mit dieser Definition haben. Von einer zufälligen Variablen X verlangt man üblicherweise, daß man die Wahrscheinlichkeit dafür angeben kann, daß diese Zufallsvariable X Werte annimmt, die kleiner oder gleich einem festen Wert x sind, d.h. die Größe $P(X \leq x)$ soll bestimmbar sein für alle beliebigen, aber festen Werte x.

---

[1] Eine Menge heißt "abzählbar", wenn man alle ihre Elemente mit den natürlichen Zahlen $1, 2, \ldots$ durchnumerieren kann. Eine Menge heißt "nicht abzählbar" oder "überabzählbar", wenn die natürlichen Zahlen $1, 2, \ldots$ nicht ausreichen, um sie durchzunumerieren. So ist z.B. die Menge der Punkte zwischen 0 und 1 auf der Zahlengeraden eine solche nicht abzählbare Menge. Es läßt sich zeigen, daß man zu jeder möglichen Numerierung immer neue reelle Zahlen aus diesem Intervall angeben kann, die nicht von der vorgeschlagenen Numerierung erfaßt werden.

Diese Forderung ist jedoch nicht immer im allgemeinsten Fall der Grundmenge Ω für alle möglichen Funktionen erfüllbar. Ohne hier auf die mathematische Begründung näher einzugehen, soll die Definition für eine Zufallsvariable etwas enger gefaßt werden. Das kann man mit gutem Gewissen tun, weil hier ausschließlich solche Zufallsvariablen betrachtet werden, bei denen die obigen Forderungen automatisch erfüllt sind.

Wenn hier von einer eindimensionalen Zufallsgröße die Rede ist, wird von nun an unterstellt, daß die Wahrscheinlichkeit für das Ereignis $X \in I$, d.h. X nimmt Werte aus dem Intervall I an, für jedes Intervall I der reellen Zahlenachse bestimmbar ist.

Die Intervalle können endlich abgeschlossen, endlich offen oder endlich halboffen sein. Außerdem dürfen diese Intervalle nach links oder rechts unbegrenzt sein, und schließlich wird noch zugelassen, daß ein Intervall zu einem einzigen Punkt auf der reellen Zahlenachse zusammenschrumpft.

Die angenommenen Werte heißen **Realisationen der Zufallsvariablen**. Sind nur endlich viele oder abzählbar unendlich viele Realisationen möglich, so heißt die Zufallsvariable **diskret**. In allen übrigen Fällen wird von einer **stetigen Zufallsvariablen** gesprochen. Eine stetige Zufallsvariable kann also als Realisation jeden beliebigen Wert aus einem Intervall annehmen.

Beispiele:

1. *Der Hektarertrag eines Weizenfelds kann als stetige Zufallsvariable aufgefaßt werden. Es interessieren folgende Wahrscheinlichkeiten:*

   $P(X > 50 \text{ dt/ha})$, $P(X \leq 30 \text{ dt/ha})$, $P(40 \text{ dt/ha} < X \leq 50 \text{ dt/ha})$

   Ist das Feld abgeerntet, dann weiß man den genauen Ertrag x des Weizenfelds. Man sagt dann, es ist die Realisation x eingetreten. Liegt nun die Realisation x von X im Intervall I, so ist das Ereignis $X \in I$ eingetreten, liegt x nicht in I, so ist das Ereignis $X \in I$ nicht eingetreten. Der Ernteertrag in einem bestimmten Jahr sei 42 dt/ha. Dann ist das erste obige Ereignis, nämlich $X > 50 \text{ dt/ha}$ nicht eingetreten, auch das zweite Ereignis $X \leq 30 \text{ dt/ha}$ ist nicht eingetreten. Das Ereignis $40 \text{ dt/ha} < X \leq 50 \text{ dt/ha}$ ist dagegen eingetreten.

2. *Wenn eine Abfüllmaschine das vorgeschriebene Füllgewicht (z.B. 1 kg) nicht exakt einhalten kann, sondern Packungen liefert, deren Füllgewicht vom Zufall beeinflußt um den Sollwert der Füllung schwankt, so kann man das Füllgewicht als stetige Zufallsvariable betrachten. Das Herausgreifen einer der gefüllten Packungen kann als Elementarereignis angesehen werden. Das dabei gemessene Gewicht ist die Realisation dieser stetigen Zufallsvariablen "Füllgewicht".*

3. Beispiele für diskrete Zufallsvariablen:

    a) Anzahl von Regentagen in einem Jahr. Ein Elementarereignis ist hier
        ein Jahr.

    b) Anzahl von Nichtrauchern in einer Gruppe von 50 Studenten. Ein Ele-
        mentarereignis ist eine Gruppe von 50 Studenten.

    c) Anzahl der Ferkel pro Wurf. Das einzelne Elementarereignis besteht hier
        im Herausgreifen einer abgeferkelten Sau aus einer Population.

4. Beispiele für stetige Zufallsvariablen:

    a) Gewichtszunahme eines Tieres innerhalb einer bestimmten Mastdauer.
        Elementarereignis ist ein Mastversuch.

    b) Milchmenge, die eine Kuh während ihrer ersten Laktation liefert. Ele-
        mentarereignis ist hier die Bestimmung der Milchleistung einer Kuh aus
        einer Population.

5.14   Die Verteilungsfunktion

Eine Zufallsvariable X kann man genügend genau beschreiben, wenn man ihre Verteilungsfunktion kennt. Damit kann man alle wahrscheinlichkeitstheoretisch interessanten Eigenschaften angeben.

Es sei X eine eindimensionale Zufallsvariable. Die durch

$$F(x) = P(X \leq x) \tag{5.35}$$

für alle reellen x-Werte definierte Funktion $F(x)$ heißt die **Verteilungsfunktion von X**.

$F(x)$ gibt also für ein festes x die Wahrscheinlichkeit dafür an, daß der bei Durchführung des betrachteten zufälligen Versuches von der Zufallsvariablen X angenommene Wert nicht größer als x ausfällt. Das Ereignis $X \leq x$ bedeutet, daß die Zufallsvariable X eine Realisation annimmt, die in dem nach links offenen Intervall $(-\infty \ldots x]$ liegt (vgl. Bild 5.4).

Bild 5.4: Intervall $(-\infty \ldots x]$

Für jedes beliebige, aber feste x kann die Wahrscheinlichkeit $P(X \leq x)$ ausgerechnet werden, denn nach der vorgestellten Definition einer Zufallsvariablen muß die Wahrscheinlichkeit angebbar sein, daß X Werte in einem z.B. nach links offenen Intervall annimmt.

Häufig will man die Wahrscheinlichkeit angeben, daß X Werte in einem endlichen Intervall annimmt, also $P(a < X \leq b)$. Es wird angenommen, daß b größer ist als a. Dann schließen sich die Ereignisse $X \leq a$ und $a < X \leq b$ gegenseitig aus, d.h. die beiden Ereignisse sind unvereinbar (vgl. Bild 5.5).

Aufgrund des Additionssatzes (5.7) für Wahrscheinlichkeiten gilt dann:

$$P(X \leq b) = P(X \leq a) + P(a < X \leq b) \tag{5.36}$$

Für $P(X \leq b)$ bzw. $P(X \leq a)$ kann man $F(b)$ bzw. $F(a)$ schreiben:

$$F(b) = F(a) + P(a < X \leq b) \qquad \text{oder} \tag{5.37}$$

$$P(a < X \leq b) = F(b) - F(a) \tag{5.38}$$

$$X \leq b$$

$$X \leq a \qquad a < X \leq b$$

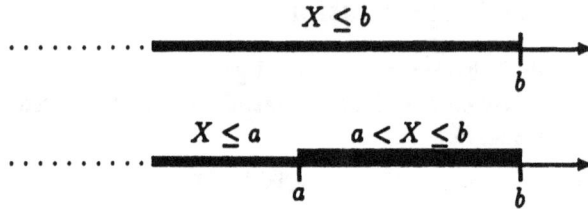

Bild 5.5: Veranschaulichung der Ereignisse $X \leq b$, bzw. $X \leq a \wedge a < X \leq b$

Die Wahrscheinlichkeit für irgendein Ereignis $a < X \leq b$ läßt sich also mit Hilfe der Verteilungsfunktion $F(x)$ bestimmen. Die Wahrscheinlichkeit eines beliebigen Ereignisses ist nach Definition der Wahrscheinlichkeit eine nichtnegative Größe. Daraus folgt:

$$\text{Für} \quad a < b \quad \text{gilt stets} \quad F(a) \leq F(b) \tag{5.39}$$

oder in Worten ausgedrückt:

Die Verteilungsfunktion $F(x)$ ist mit zunehmendem Argument x eine monoton nicht abnehmende Funktion. D.h. wenn die Variable x Werte von $-\infty$ bis $+\infty$ annimmt, wächst $F(x)$ monoton nichtabnehmend von 0 bis 1 (Bild 5.6).

Es ist leicht einzusehen, daß

$$F(-\infty) = 0 \qquad \text{und} \qquad F(\infty) = 1 \tag{5.40}$$

Eine Verteilungsfunktion kann auch stellenweise konstant bleiben oder um eine gewisse Höhe, die natürlich kleiner als 1 sein muß, springen (Bild 5.6 a).

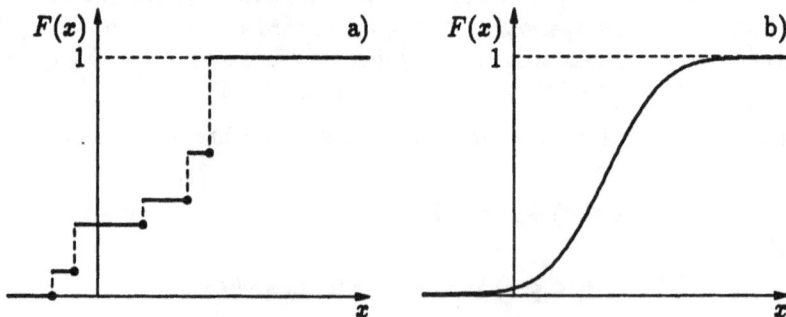

Bild 5.6: Verteilungsfunktionen

Beispiel:

Als einfache Zufallsgröße wird das Werfen einer Münze betrachtet. Der Ausgang dieses zufälligen Experiments wird mit der Zufallsgröße X beschrieben, indem folgende Zuordnung (willkürlich!) getroffen wird: X nimmt den Wert 0 an, wenn "Wappen" oben liegt, X nimmt den Wert 1 an, wenn "Kopf" oben liegt.

Vorausgesetzt wird eine symmetrische Münze. Dann gilt:

$$P(\text{Kopf}) = P(\text{Wappen}) = \frac{1}{2} \text{ oder } P(X = 1) = P(X = 0) = \frac{1}{2}$$

Wie sieht die Verteilungsfunktion $F(x)$ von X aus? Dazu wird die x-Achse in drei Bereiche unterteilt:

$x < 0$:

X kann per Definition keine negativen Werte x annehmen. Es ist also $P(X \leq x) = 0$ für alle negativen x-Werte.

$0 \leq x < 1$:

Von allen Werten des Intervalls $0 \leq x < 1$ nimmt die Zufallsvariable X nur den Wert des linken Eckpunkts $x = 0$ an. Es ist einmal $P(X = 0) = \frac{1}{2}$ (siehe oben).

Aber auch für alle anderen x-Werte die kleiner als 1 sind, gilt $P(X \leq x) = \frac{1}{2}$, weil eben nach 0 keine Realisationen von X in diesem Bereich mehr vorkommen. Also folgt: $F(x) = \frac{1}{2}$ für $0 \leq x < 1$.

$x \geq 1$:

Es ist $P(X = 1) = \frac{1}{2}$ und damit $P(X \leq 1) = 1$, denn X kann die Werte 0 oder 1 annehmen, beide jeweils mit der Wahrscheinlichkeit $\frac{1}{2}$. Nachdem beide Möglichkeiten unvereinbare Ereignisse darstellen gilt $P(X \leq 1) = 1$.

Für jedes andere x, das größer als 1 ist, gilt dieselbe Wahrscheinlichkeitsaussage. Das Ereignis $X \leq x$ für alle x-Werte mit $x \geq 1$ ist das sichere Ereignis.

Also ist $F(x) = 1$ für $x \geq 1$ (vgl. Bild 5.7).

Der Leser lasse sich nicht dadurch irritieren, daß die Verteilungsfunktion $F(x)$ für die ganze x-Achse von $-\infty$ bis $+\infty$ bestimmt wurde, obwohl die Zufallsvariable hier überhaupt nur zwei Werte, nämlich 0 und 1 annehmen kann. Es ist $F(0) = \frac{1}{2}$ und $F(1) = 1$. Darum wurden im Bild 5.7 die betreffenden Funktionswerte an den Stellen $x = 0$ und $x = 1$ besonders gekennzeichnet.

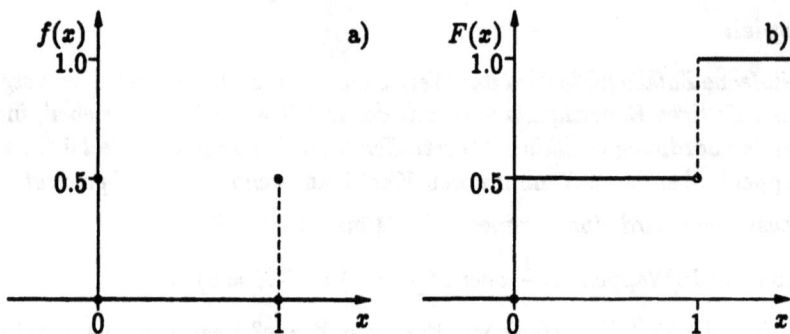

Bild 5.7: Verteilung der Zufallsvariablen "Münzwurf"

5.15 Zufallsvariablen und ihre Verteilungen

5.15.1 Diskrete Zufallsvariablen

Eine Zufallsvariable X und ihre Wahrscheinlichkeitsverteilung heißen **diskret**, wenn die Variable X nur endlich viele oder abzählbar unendlich viele reelle Werte mit positiver Wahrscheinlichkeit annehmen kann.

Die Werte, welche die Zufallsvariable annimmt, werden mit

$x_1,\ x_2,\ x_3, \ldots,\ x_{n-1},\ x_n$

bezeichnet. Die dazugehörigen Wahrscheinlichkeiten seien:

$p_1,\ p_2,\ p_3, \ldots,\ p_{n-1},\ p_n$

Es gilt also: $P(X = x_1) = p_1$, $P(X = x_2) = p_2$ usw.

Die Zufallsvariable X kann keine anderen Werte als die oben angeführten $x_1,\ x_2, \ldots,\ x_n$ annehmen, d.h. die Wahrscheinlichkeit für alle übrigen Werte ist jeweils 0.

Die **Wahrscheinlichkeitsfunktion** $f(x)$ einer Zufallsvariablen X gibt die Wahrscheinlichkeiten für die möglichen Realisationen von X an:

$$f(x) = \begin{cases} p_i & \text{für } x = x_i \ (i = 1, 2, \ldots, n) \\ 0 & \text{für alle übrigen } x \end{cases} \tag{5.41}$$

Da X bei Realisierung des Zufallsexperiments irgendeinen Wert annimmt, gilt:

$$p_1 + p_2 + \ldots + p_n = \sum_{i=1}^{n} p_i = 1 \tag{5.42}$$

$f(x)$ bestimmt die **Wahrscheinlichkeitsverteilung** oder kurz die **Verteilung** (vgl. Bild 5.8).

Beispiele:

1. *Es sei X die Zufallsvariable "Münzwurf" mit den Realisationen $x_1 = 0$, wenn beim Münzwurf "Wappen" kommt, $x_1 = 1$, wenn "Kopf" kommt.*

   Es ist $P(X = 0) = p_1 = 0.5$ und $P(X = 1) = p_2 = 0.5$ mit $p_1 + p_2 = 1$.

   Die Wahrscheinlichkeitsfunktion $f(x)$ und die Verteilungsfunktion $F(x)$ sind in Bild 5.9 gezeichnet.

2. *Die Zufallsvariable X sei die Augenzahl beim Wurf eines symmetrischen Würfels. Es gibt sechs mögliche Realisationen (vgl. Bild 5.10):*

   $x_1 = 1,\ x_2 = 2,\ x_3 = 3,\ x_4 = 4,\ x_5 = 5,\ x_6 = 6$

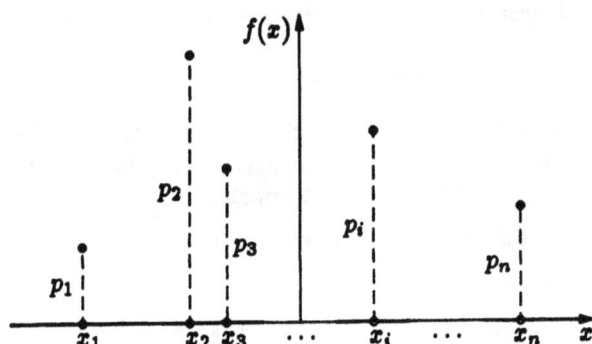

Bild 5.8: Wahrscheinlichkeitsfunktion einer diskreten Zufallsvariablen

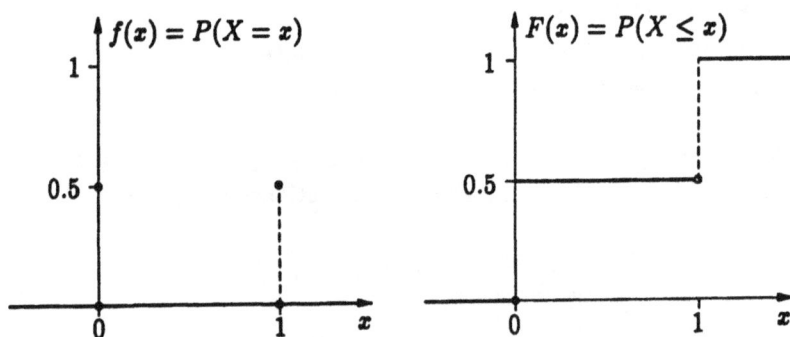

Bild 5.9: Wahrscheinlichkeits- und Verteilungsfunktion der Zufallsvariablen "Münzwurf"

Alle sechs Realisationen haben die gleiche Wahrscheinlichkeit:

$$p_1 = p_2 = p_3 = p_4 = p_5 = p_6 = \frac{1}{6}$$

Es ist also:

$$f(x) = \begin{cases} \dfrac{1}{6} & \text{für } x = 1,2,3,4,5,6 \\ 0 & \text{für alle übrigen } x \end{cases}$$

Nach Definition (5.35) der Verteilungsfunktion ist $F(x) = P(X \leq x)$.

Um die Wahrscheinlichkeit $P(X \leq x)$ zu bestimmen, muß man die Wahrscheinlichkeitsfunktion $f(x_i)$ für alle Realisationen x_i aufsummieren, die kleiner als x sind oder den Wert x noch annehmen, also:

$$F(x) = P(X \leq x) = \sum_{x_i \leq x} f(x_i) \tag{5.43}$$

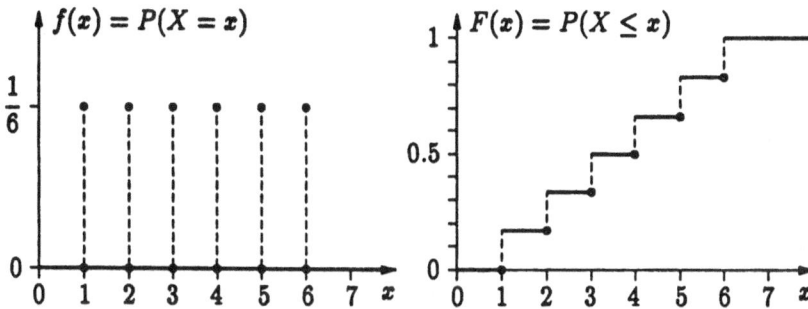

Bild 5.10: Wahrscheinlichkeits- und Verteilungsfunktion der Zufallsvariablen
"Augenzahl eines Würfels"

Die Verteilungsfunktion $F(x)$ einer diskreten Zufallsvariablen ist eine **Treppenfunktion**. Sie springt jeweils an den Stellen x_i, die die Zufallsvariable X annimmt, um das Stück p_i bzw. $f(x_i)$ nach oben. Zwischen zwei möglichen Werten verläuft die Verteilungsfunktion jeweils konstant. Fallen kann sie nicht, weil sie eine monoton nichtabnehmende Funktion ist (vgl. Bild 5.11).

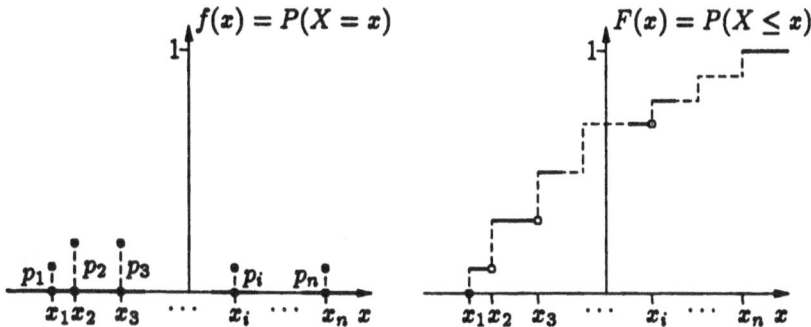

Bild 5.11: Wahrscheinlichkeits- und Verteilungsfunktion einer diskreten Zufallsvariablen

Will man die Wahrscheinlichkeit $P(a < X \leq b)$ angeben, so gilt:

$$P(a < X \leq b) = F(b) - F(a) = \sum_{a < x_i \leq b} f(x_i) \qquad (5.44)$$

Die Verteilungsfunktion $F(x)$ bestimmt ebenfalls wie die Wahrscheinlichkeitsfunktion $f(x)$ die Wahrscheinlichkeitsverteilung der Zufallsvariablen X. Die beiden Funktionen $F(x)$ und $f(x)$ enthalten also die gleiche Information, nur in verschiedenen Formen. Wenn eine der beiden bekannt ist, kennt man die Zufallsvariable X genügend genau. In vielen Fällen wird jedoch die Verteilungsfunktion bevorzugt.

5.15.2   Stetige Zufallsvariablen

Eine Zufallsvariable X und ihre Wahrscheinlichkeitsverteilung heißen **stetig**, wenn ihre Verteilungsfunktion $F(x) = P(X \leq x)$ in Integralform[1] dargestellt werden kann:

$$F(x) = \int_{-\infty}^{x} f(t)\, dt \tag{5.45}$$

Dabei ist der Integrand $f(t)$ eine nichtnegative bis auf höchstens endlich viele Punkte stetige Funktion.

Aus Definition (5.45) läßt sich folgende Eigenschaft stetiger Zufallsvariablen ableiten:

Eine stetige Zufallsvariable X hat die Eigenschaft, daß sie jeden beliebigen Wert innerhalb eines Intervalls der Zahlengeraden mit der Wahrscheinlichkeit Null annehmen kann.

Der Integrand $f(x)$ in (5.45) heißt **Wahrscheinlichkeitsdichte** oder auch nur **Dichte** der betreffenden Verteilung. $f(x)$ ist jedoch nicht die Wahrscheinlichkeit dafür, daß X den Wert x annimmt (wie bei einer diskreten Zufallsvariablen). Aber $f(x) \cdot \Delta x$ ist näherungsweise die Wahrscheinlichkeit dafür, daß X einen Wert zwischen x und $x + \Delta x$ annimmt[2]. Es gilt noch folgende Beziehung zwischen $F(x)$ und $f(x)$: Für jedes x, in dem $f(x)$ stetig ist, ist die Dichte $f(x)$ gleich der Ableitung $F'(x)$ der Verteilungsfunktion $F(x)$

$$F'(x) = f(x) \tag{5.46}$$

Die Dichtefunktion $f(x)$ ist so normiert, daß die Fläche zwischen der Kurve $f(x)$ und der x-Achse zwischen $-\infty$ und $+\infty$ den Wert 1 hat. Das sieht man folgendermaßen:

Irgendeinen Wert zwischen $-\infty$ und $+\infty$ muß die Zufallsvariable X annehmen. Also ist $-\infty < X \leq +\infty$ das sichere Ereignis:

$$P(-\infty < X \leq +\infty) = 1 \tag{5.47}$$

---

[1] Zum Integralbegriff siehe Band 2

[2] Daß $f(x) \cdot \Delta x$ angenähert gleich $P(x \leq X \leq x + \Delta x)$ ist, ergibt sich nach dem Mittelwertsatz der Integralrechnung: $P(x \leq X \leq x + \Delta x) = \int_{x}^{x + \Delta x} f(t)\, dt \approx \Delta x \cdot f(x)$

$$F(\infty) = P(X \leq +\infty) = \int\limits_{-\infty}^{+\infty} f(x)\, dx = 1 \tag{5.48}$$

Für endliche Intervalle $a < X \leq b$ gilt:

$$P(a < X \leq b) = F(b) - F(a) = \int\limits_{a}^{b} f(x)\, dx \tag{5.49}$$

Interpretiert man das Integral $\int\limits_{a}^{b} f(x)\, dx$ geometrisch, so heißt das:

Die Wahrscheinlichkeit $P(a < X \leq b)$ ist gleich dem Flächenstück zwischen der Dichtefunktion $f(x)$, der x-Achse und den beiden senkrechten Geraden $x = a$ und $x = b$ (vgl. Bild 5.12).

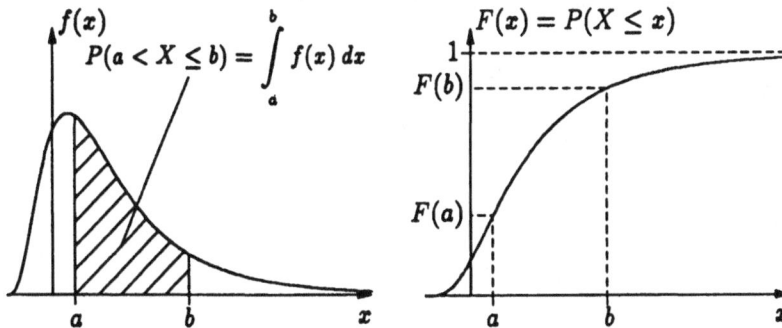

Bild 5.12: Dichte- und Verteilungsfunktion einer stetigen Zufallsvariablen

Bei stetigen Zufallsvariablen gilt, wie schon erwähnt, für jede reelle Zahl a:

$$P(X = a) = 0 \tag{5.50}$$

Die ganze Wahrscheinlichkeit von 1 ist hier über die ganze x-Achse sozusagen "verschmiert", so daß für einen einzelnen x-Wert keine positive Wahrscheinlichkeit mehr übrig bleibt.

Bei einer diskreten Verteilung ist die ganze Wahrscheinlichkeit von 1 dagegen in endlich vielen x-Werten konzentriert. Bei einer stetigen Zufallsvariablen, ist die Frage nach der Wahrscheinlichkeit, daß ein bestimmter Wert a angenommen wird, mehr oder weniger sinnlos. Man muß hier nach der Wahrscheinlichkeit fragen, daß X Werte in einem Intervall $a \dots b$ annimmt, um eine von Null verschiedene Wahrscheinlichkeit zu erhalten.

Wenn auch für jedes a gilt: $P(X = a) = 0$, so heißt das nicht, daß $X = a$ ein unmögliches Ereignis ist. Irgendeine reelle Zahl wird als Realisation angenommen. Nur muß man diese Realisation bzw. diese Wahrscheinlichkeit innerhalb eines Intervalls suchen bzw. bestimmen, um eine von Null verschiedene Wahrscheinlichkeit zu behalten.

Bei einer stetigen Zufallsvariablen ist es gleich, ob man bei Ungleichungen in Ereignissen das Gleichheitszeichen mit angibt oder nicht:

$$P(a < X \le b) = P(a < X < b) = P(a \le X < b) = P(a \le X \le b) \qquad (5.51)$$

Beispiele:

1. **Rechteck- oder Gleichverteilung** *(vgl. Bild 5.13)*

   Die Verteilungsdichte $f(x)$ einer Rechteck- oder Gleichverteilung ist innerhalb eines Intervalls von a bis b konstant, und zwar hat sie dort den Wert $\dfrac{1}{b-a}$ und außerhalb des Intervalls den Wert Null:

   $$f(x) = \begin{cases} \dfrac{1}{b-a} & \text{für } a \le x \le b \\ 0 & \text{für alle übrigen } x \end{cases}$$

   $$F(x) = \begin{cases} 0 & \text{für } x < a \\ \dfrac{x-a}{b-a} & \text{für } a \le x \le b \\ 1 & \text{für } x > b \end{cases}$$

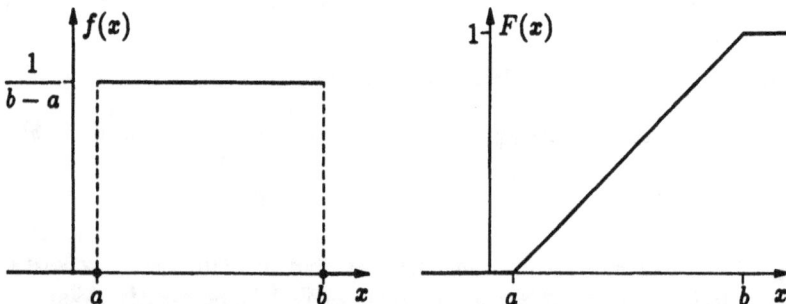

Bild 5.13: Dichte- und Verteilungsfunktion einer Gleichverteilung

2. *Gesucht ist die Verteilungsfunktion der Zufallsvariablen X mit der Dichte:*

   $$f(x) = \begin{cases} x & \text{für } 0 \le x \le 1 \\ 2 - x & \text{für } 1 < x \le 2 \\ 0 & \text{sonst} \end{cases}$$

   Die Dichtefunktion zeigt Bild 5.14 links.

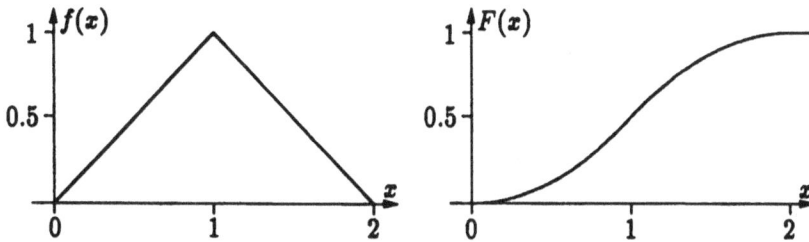

Bild 5.14: Dichte- und Verteilungsfunktion einer Dreieckverteilung

$f(x)$ ist tatsächlich Dichtefunktion, denn die Fläche A unter der Kurve ist die Fläche eines Dreiecks mit $A_\Delta = 0.5 \cdot 2 \cdot 1 = 1$. Dies kann man auch formal nach Gleichung (5.48) zeigen:

$$A = \int_{-\infty}^{\infty} f(x)\, dx = \int_{-\infty}^{0} 0\, dt + \int_{0}^{1} t\, dt + \int_{1}^{2} (2-t)\, dt + \int_{2}^{\infty} 0\, dt =$$

$$= 0 + \left[0.5t^2\right]_0^1 + \left[2t - 0.5t^2\right]_1^2 + 0 = 0.5 + (4-2) - (2-0.5) = 1$$

Die Verteilungsfunktion $F(x)$ hat an der Stelle x als Funktionswert den Flächeninhalt zwischen der x-Achse, der Kurve $f(x)$ und der senkrechten Geraden durch x. Bis zu $x = 0$ ist die Fläche 0. Zwischen $0 \le x \le 1$ ist:

$$F(x) = \int_0^x t\, dt = \left[0.5t^2\right]_0^x = 0.5x^2$$

Im Intervall $1 < x \le 2$ hat $F(x)$ den Wert des Integrals der Dichtefunktion in diesem Intervall zuzüglich zu der Fläche, die bei $x = 1$ bereits vorhanden ist. Die Fläche bei $x = 1$ ist $F(1) = 0.5 \cdot 1^2 = 0.5$. Es gilt also für $1 < x \le 2$:

$$F(x) = 0.5 + \int_1^x (2-t)\, dt = 0.5 + \left[2t - 0.5t^2\right]_1^x =$$

$$= 0.5 + (2x - 0.5x^2) - (2 - 0.5) = -0.5x^2 + 2x - 1$$

Der Wert von $F(x)$ an der Stelle $x = 2$ ist $F(2) = 1$. $F(x)$ darf auch nicht größer werden. Für $x > 2$ kommt keine weitere Fläche hinzu, da die Dichtefunktion in diesem Bereich den Wert 0 hat.

Damit lautet die Verteilungsfunktion:

$$F(x) = \begin{cases} 0 & \text{für } x < 0 \\ 0.5x^2 & \text{für } 0 \le x \le 1 \\ -0.5x^2 + 2x - 1 & \text{für } 1 < x \le 2 \\ 1 & \text{für } x > 2 \end{cases}$$

Die Verteilungsfunktion kann auch rein formal nach Gleichung (5.45) bestimmt werden, wenn man den Definitionsbereich von $f(x)$ in Teilintervalle *zerlegt:*

$x < 0$:

$$F(x) = \int\limits_{-\infty}^{x} f(t)\, dt = \int\limits_{-\infty}^{x} 0\, dt = 0$$

$0 < x \leq 1$:

$$F(x) = \int\limits_{-\infty}^{x} f(t)\, dt = \int\limits_{-\infty}^{0} f(t)\, dt + \int\limits_{0}^{x} f(t)\, dt =$$

$$= F(0) + \int\limits_{0}^{x} t\, dt = 0 + \left[0.5t^2\right]_0^x = 0.5x^2$$

$1 < x \leq 2$:

$$F(x) = \int\limits_{-\infty}^{x} f(t)\, dt = \int\limits_{-\infty}^{1} f(t)\, dt + \int\limits_{1}^{x} f(t)\, dt =$$

$$= F(1) + \int\limits_{1}^{x} (2 - t)\, dt = 0.5 + \left[2t - 0.5t^2\right]_1^x =$$

$$= 0.5 + (2x - 0.5x^2) - (2 - 0.5) = -0.5x^2 + 2x - 1$$

$x > 2$:

$$F(x) = \int\limits_{-\infty}^{x} f(t)\, dt = \int\limits_{-\infty}^{2} f(t)\, dt + \int\limits_{2}^{x} f(t)\, dt =$$

$$= F(2) + \int\limits_{2}^{x} 0\, dt = 1 + 0 = 1$$

5.15.3   Fraktile und Grenzen einer Verteilung

In vielen Fällen verlangt man nicht die Kenntnis der gesamten Verteilungsfunktion einer Zufallsvariablen. Es reicht meistens aus, gewisse charakteristische Größen zu kennen.

Betrachtet man die Fläche zwischen x-Achse und der Kurve der Wahrscheinlichkeitsdichte, dann heißt derjenige x-Wert, bei dem $K\%$ der Gesamtfläche links von diesem Wert liegt, das $K\%$-Fraktil, $K\%$-Quantil oder das K-te Perzentil (vgl. Bild 5.15). Dieser Wert wird als $x_{K\%}$ geschrieben. Es ist in der Praxis üblich, die Fraktile mit den entsprechenden Prozentzahlen anzugeben, also z.B. 90%-Fraktil oder 95%-Quantil. Häufig sind aber auch die Bezeichnungen Fraktil bzw. Quantil zum Wert 0.9 oder 0.95 zu finden.

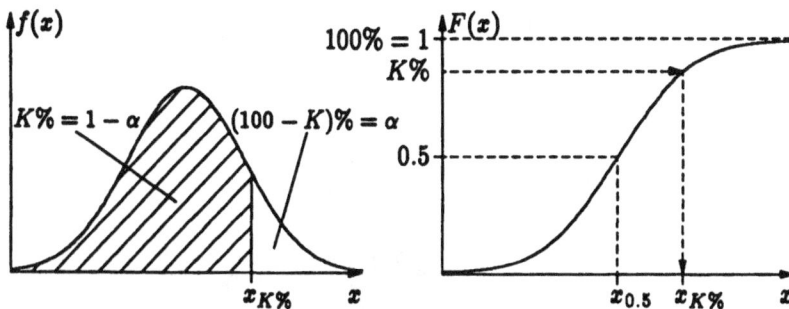

Bild 5.15: $K\%$-Fraktile einer stetigen Verteilung

Etwas mathematischer kann das Fraktil mit Hilfe der Verteilungsfunktion definiert werden. Das $K\%$-Fraktil ist Lösung folgender Gleichung:

$$F(x_{K\%}) = \int_{-\infty}^{x_{K\%}} f(x)\,dx = K\% = \frac{K}{100} \qquad (5.52)$$

Man sucht also auf der y-Achse den $K\%$-Wert und geht über die Verteilungsfunktion auf die x-Achse. Der abgelesene Wert ist das $K\%$-Fraktil $x_{K\%}$. Es wird häufig auch als $(1 - \alpha)$-Fraktil bezeichnet, wenn $(100 - K)\% = \alpha$ ist.

Die Wahrscheinlichkeit, daß die Zufallsvariable X einen Wert unterhalb von $x_{K\%}$ annimmt, beträgt $K\%$ (vgl. Bild 5.15). Ein 50%-Fraktil oder ein 0.5-Quantil heißt auch **Median**.

Bei diskreten Verteilungen ist die Definition der Fraktile etwas komplizierter, da keine Fläche unter der Wahrscheinlichkeitsfunktion existiert. Die zugehörige Verteilungsfunktion springt von einem Wert auf den nächsten. Für bestimmte $K\%$-Werte kann also kein $x_{K\%}$-Wert gefunden werden, so daß eine der Gleichung (5.52) analoge Beziehung

$$F(x_{K\%}) = \sum_{x \leq x_{K\%}} f(x) = K\% = \frac{K}{100} \qquad (5.53)$$

erfüllt ist. Andererseits existieren für $K\%$-Werte, bei denen dies möglich ist, unendlich viele $K\%$-Fraktile (vgl. Bild 5.16). Man nimmt häufig den kleinsten Wert des $K\%$-Fraktilintervalls als das $K\%$-Fraktil. Dies ist das Minimum aller x, bei denen $F(x)$ größer oder gleich $K\%$ ist:

$$x_{K\%} = \min\{x | F(x) \geq K\%\} \qquad (5.54)$$

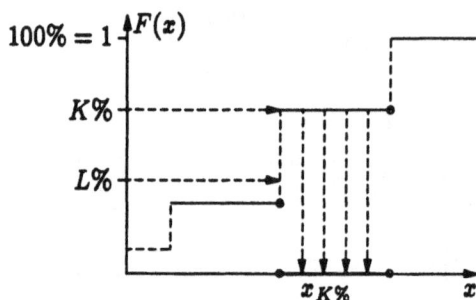

Bild 5.16: Existierende $K\%$- und nichtexistierende $L\%$-Fraktile einer diskreten Verteilung

Beispiele:

1. *Die Dichte- und Verteilungsfunktion einer stetigen Gleichverteilung zwischen den Grenzen 1 und 3 lauten:*

$$f(x) = \begin{cases} 0.5 & \text{für } 1 \le x \le 3 \\ 0 & \text{sonst} \end{cases} \qquad F(x) = \begin{cases} 0 & \text{für } x < 1 \\ 0.5x - 0.5 & \text{für } 1 \le x \le 3 \\ 1 & \text{für } x > 3 \end{cases}$$

Der Median ist das 50%-Fraktil, also derjenige x-Wert, bei dem die Fläche unter der Dichtefunktion halb so groß wie die Gesamtfläche ist. Da eine Rechteckverteilung vorliegt, ist das Median die Mitte zwischen den Grenzen 1 und 3, also $x_{0.5} = 2$. Dies folgt auch unmittelbar aus der Berechnung nach der Gleichung (5.52):

$$F(x_{0.5}) = 0.5x_{0.5} - 0.5 = 0.5 \quad \Leftrightarrow \quad x_{0.5} = \frac{1}{0.5} = 2$$

2. *Bild 5.17 zeigt die Verteilungsfunktion der Augenzahlen beim Würfeln. Das 50%-Fraktil oder der Median ist das gesamte Intervall [3, 4). Man nimmt meistens den keinsten Intervallwert als Fraktil, also $x_{0.5} = 3$. Das 90%-Fraktil existiert bei der vorliegenden Verteilung eigentlich nicht. Häufig wird jedoch derjenige Wert als Fraktil herangezogen, bei dem der $K\%$-Wert zum ersten mal überschritten wird, also $x_{0.9} = 6$.*

Bei **symmetrischen Verteilungen** mit der Symmetrieachse $x = 0$ ist es häufig sinnvoll, mit **$K\%$-Grenzen** zu operieren. Dies ist ein symmetrischer Bereich um den Symmetriepunkt 0 der Verteilung, in dem gerade $K\%$ der möglichen Realisationen liegen. Wenn $c_{K\%}$ die $K\%$-Grenze einer Verteilung und $f(x)$ die Wahrscheinlichkeitsdichte bezeichnet, so gilt nach Bild 5.18:

$$F(c_{K\%}) - F(-c_{K\%}) = \int_{-c_{K\%}}^{c_{K\%}} f(x)\, dx = K\% \qquad (5.55)$$

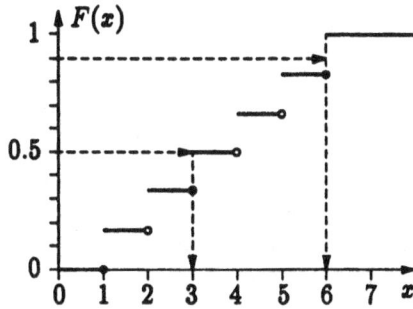

Bild 5.17: Fraktile der Augenzahl beim Würfeln

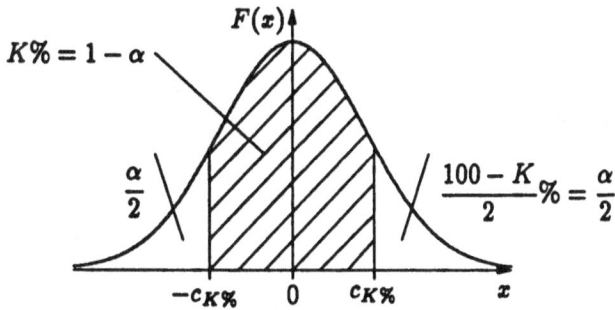

Bild 5.18: $K\%$-Grenzen einer symmetrischen Verteilung

5.16   Maßzahlen einer Verteilung

Die Verteilungsfunktion oder die Wahrscheinlichkeitsfunktion im diskreten Fall bzw. die Dichtefunktion im stetigen Fall charakterisieren eine Zufallsvariable X vollständig. Häufig genügt ein grober Überblick einer Verteilung, den man sich mit einigen charakteristischen **Maßzahlen** für eine Verteilung verschafft. Man unterscheidet im wesentlichen Mittelwerte bzw. **Erwartungswerte** und **Streuungsmaße**. Zusätzlich werden manchmal noch **Schiefheits-** und **Wölbungsmaße** berücksichtigt.

5.16.1   Der Mittelwert oder Erwartungswert einer Verteilung

Man bezeichnet den **Erwartungswert** oder **Mittelwert** einer Zufallsgröße X oder ihrer Verteilung mit $E(X)$ und schreibt manchmal auch kurz μ.

Bei einer diskreten Zufallsgröße X mit endlich vielen Realisationen ist der Erwartungswert definiert als:

$$E(X) = \sum_{i=1}^{n} x_i \cdot f(x_i) \qquad (5.56)$$

Bei unendlich vielen Realisationen muß man für die Existenz eines Erwartungswerts voraussetzen, daß die unendliche Summe konvergiert.

Bei einer stetigen Zufallsgröße X ist der Mittelwert definiert als:

$$E(X) = \int_{-\infty}^{+\infty} x \cdot f(x)\, dx \qquad (5.57)$$

Voraussetzung ist die Existenz des Integrals $\displaystyle\int_{-\infty}^{+\infty} |x| \cdot f(x)\, dx$.

Beispiele:

1. *Die Zufallsvariable X sei die Augenzahl beim Würfeln mit einem regelmäßigen Würfel.*

$$f(x) = \begin{cases} \dfrac{1}{6} & \text{für } x = 1,2,3,4,5,6 \\ 0 & \text{für alle anderen } x \end{cases}$$

$$\mu = 1 \cdot \frac{1}{6} + 2 \cdot \frac{1}{6} + 3 \cdot \frac{1}{6} + 4 \cdot \frac{1}{6} + 5 \cdot \frac{1}{6} + 6 \cdot \frac{1}{6} = \frac{21}{6} = 3.5$$

$\mu = 3.5$ ist keine mögliche Realisation der betrachteten Zufallsvariablen, sondern als Mittelwert der Augenzahl über eine unendlich lange Reihe von Würfelversuchen zu verstehen. *(Man sagt auch: Der auf lange Sicht durchschnittlich zu erwartende Wert).* Mit zunehmender Anzahl n von Würfelversuchen wird die Summe S aller erzielten Augenzahlen immer besser mit $n \cdot 3.5$ übereinstimmen. Dies kann man in der Praxis bestätigen.

Ein Simulationsversuch mit n Würfen zeigt z.B. folgendes Ergebnis:

n	S	$3.5 \cdot n$	Abweichung in %
10	41	35	17.14
100	337	350	3.71
1000	3417	3500	2.37
10000	34901	35000	0.28
100000	349667	350000	0.10

2. X sei eine gleichverteilte Zufallsvariable (Gleich- oder Rechteckverteilung).

$$f(x) = \begin{cases} \dfrac{1}{b-a} & \text{für } a \leq x \leq b \\ 0 & \text{sonst} \end{cases}$$

$$E(X) = \int\limits_{-\infty}^{+\infty} x \cdot f(x)\,dx = \int\limits_{a}^{b} \frac{x}{b-a}\,dx = \frac{1}{b-a} \int\limits_{a}^{b} x\,dx =$$

$$= \frac{1}{b-a} \cdot \frac{b^2 - a^2}{2} = \frac{(b+a)(b-a)}{2(b-a)} = \frac{a+b}{2}$$

In der Praxis kommen häufig sog. **symmetrische Verteilungen** vor. Dies sind Verteilungen, deren Wahrscheinlichkeitsfunktionen bzw. Dichten $f(x)$ symmetrisch bezüglich eines reellen Wertes a sind. Hat man nun eine symmetrische Verteilung, die symmetrisch bezüglich $x = a$ ist, so ist ihr Mittelwert μ gleich diesem Wert a (vgl. Bild 5.19).

Rechenregeln für Erwartungswerte

1. Der Erwartungswert einer Konstanten k ist trivialerweise wieder gleich dieser Konstanten:

$$E(k) = k \tag{5.58}$$

2. Einen konstanten Faktor k kann man vor den Erwartungswert setzen:

$$E(k \cdot X) = k \cdot E(X) \tag{5.59}$$

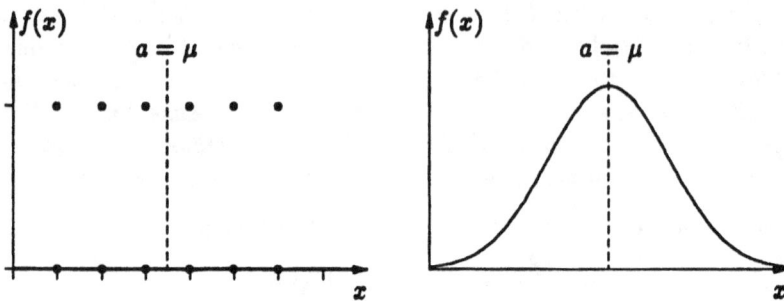

Bild 5.19: Diskrete und stetige symmetrische Verteilung

3. Der Erwartungswert der Summe aus mehreren betrachteten Zufallsvariablen
   $X_1, X_2, \ldots, X_n$ ist die Summe der Erwartungswerte der einzelnen Zufallsgrößen:

$$E(X_1 + X_2 + \ldots + X_n) = E(X_1) + E(X_2) + \ldots + E(X_n) \qquad (5.60)$$

4. Der Erwartungswert des Produkts zweier <u>unabhängiger</u> Zufallsgrößen X_1
   und X_2 ist das Produkt der Erwartungswerte von X_1 und X_2:

$$E(X_1 \cdot X_2) = E(X_1) \cdot E(X_2) \qquad (5.61)$$

5.16.2   Die Varianz einer Verteilung

Die **Varianz** σ^2 bzw. Var(X) einer Verteilung ist ein Maß für die Streuung
einer Zufallsgröße.

Sie ist für diskrete Zufallsvariablen definiert als:

$$\text{Var}(X) = \sum_{i=1}^{n}(x_i - \mu)^2 \cdot f(x_i) \qquad (5.62)$$

Bei stetigen Zufallsvariablen wird die Summe wie bei der Berechnung des Erwartungswerts durch das Integral ersetzt:

$$\text{Var}(X) = \int_{-\infty}^{+\infty} (x - \mu)^2 \cdot f(x)\, dx \qquad (5.63)$$

Die Größe $\sigma = \sqrt{\text{Var}(X)}$ heißt **Standardabweichung** der Verteilung.

Beispiele:

1. *Sei X die Augenzahl beim Würfeln mit einem regelmäßigen Würfel.*

$$\mu = E(X) = 3.5$$

$$\sigma^2 = \text{Var}(X) = \frac{(1-3.5)^2}{6} + \frac{(2-3.5)^2}{6} + \frac{(3-3.5)^2}{6} + \frac{(4-3.5)^2}{6} +$$

$$= +\frac{(5-3.5)^2}{6} + \frac{(6-3.5)^2}{6} =$$

$$= \frac{(6.25 + 2.25 + 0.25 + 0.25 + 2.25 + 6.25)}{6} =$$

$$= \frac{17.50}{6} = 2.9167$$

$$\sigma = \sqrt{\sigma^2} = 1.71$$

2. *Sei X eine zwischen a und b gleichverteilte Zufallsgröße.*

$$\mu = E(X) = \frac{a+b}{2}$$

$$\sigma^2 = \text{Var}(X) = \int_a^b \left(x - \frac{a+b}{2}\right)^2 \cdot \frac{1}{b-a}\, dx =$$

$$= \int_a^b \left(x^2 - (a+b)x + \frac{(a+b)^2}{4}\right) \cdot \frac{1}{b-a}\, dx =$$

$$= \left[\frac{x^3}{3(b-a)} - \frac{(a+b)x^2}{2(b-a)} + \frac{(a+b)^2 x}{4(b-a)}\right]_a^b = \frac{(b-a)^2}{12}$$

5.16.3   Momente einer Verteilung

Erwartungswert und Varianz einer Zufallsvariablen sind Sonderfälle der sog.
Momente einer Verteilung oder einer Zufallsvariablen.

Allgemein wird das **k-te Moment** $E(X^k)$ $(k = 1, 2, \ldots)$ einer diskreten Verteilung definiert:

$$E(X^k) = \sum_{i=1}^n x_i^k f(x_i) \tag{5.64}$$

Das k-te Moment $E(X^k)$ $(k = 1, 2, \ldots)$ einer stetigen Verteilung ist:

$$E(X^k) = \int_{-\infty}^{+\infty} x^k f(x)\, dx \tag{5.65}$$

Für $k = 1$ ergibt sich der Mittelwert oder Erwartungswert $E(X)$ als 1. Moment der Verteilung.

Man definiert das **k-te zentrierte Moment** $E(X - \mu)^k$ im diskreten Fall:

$$E((X - \mu)^k) = \sum_{i=1}^{n}(x_i - \mu)^k f(x_i) \tag{5.66}$$

Im stetigen Fall gilt:

$$E((X - \mu)^k) = \int_{-\infty}^{+\infty} (x - \mu)^k f(x)\, dx \tag{5.67}$$

Für $k = 2$ folgt das zweite zentrierte Moment oder die Varianz der Verteilung

$$E((X - \mu)^2) = \sigma^2 = \text{Var}(X) \tag{5.68}$$

Die zentrierten Momente lassen sich durch die Momente selbst ausdrücken:

$$\begin{aligned} E((X - \mu)^2) &= E(X^2 - 2 \cdot X \cdot \mu + \mu^2) = E(X^2) - 2\mu \cdot E(X) + \mu^2 = \\ &= E(X^2) - 2\mu^2 + \mu^2 = E(X^2) - \mu^2 \end{aligned} \tag{5.69}$$

Also folgt:

$$\sigma^2 = \text{Var}(X) = E((X - \mu)^2) = E(X^2) - \mu^2 = E(X^2) - \left(E(X)\right)^2 \tag{5.70}$$

Beispiel:

Man kann also die Varianz σ^2 der Zufallsvariablen X: Augenzahl beim Würfeln einfacher, d.h. ohne Differenzbildung und anschließendem Quadrieren ausrechnen:

$$\mu = E(X) = 3.5 = \frac{7}{2}$$

$$E(X^2) = \frac{1^2 + 2^2 + 3^2 + 4^2 + 5^2 + 6^2}{6} = \frac{91}{6}$$

$$\sigma^2 = \frac{91}{6} - \frac{49}{4} = \frac{182 - 147}{12} = \frac{35}{12} = 2.9167$$

5.16.4 Schiefe und Kurtosis

Die **Schiefe** einer Verteilung bzw. einer Zufallsvariablen X ist das dritte zentrierte Moment bezogen auf σ^3:

$$\text{Schiefe}(X) = \frac{\text{E}((X - \mu)^3)}{\sigma^3} \tag{5.71}$$

Der **Exzeß** oder die **Kurtosis** einer Verteilung bzw. einer Zufallsvariablen X ist das vierte zentrierte Moment bezogen auf σ^4 minus 3:

$$\text{Exzeß}(X) = \frac{\text{E}((X - \mu)^4)}{\sigma^4} - 3 \tag{5.72}$$

Zusätzlich zu Mittelwert und Varianz kann man mit den Maßzahlen für Schiefe und Kurtosis die Gestalt einer Dichtefunktion $f(x)$ etwas genauer angeben.

Man kann zeigen, daß symmetrische Verteilungen die Schiefe 0 haben. Verteilungen wie in Bild 5.20 a) links haben eine positive Verteilungen wie in Bild 5.20 a) rechts eine negative Schiefe.

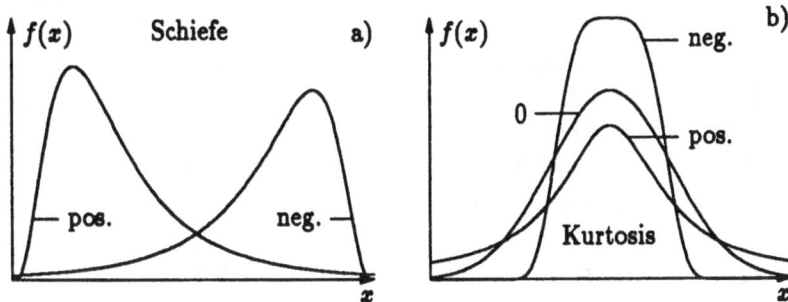

Bild 5.20: Schiefe und Kurtosis

Nun können sich aber symmetrische Verteilungen noch durch die Art der Wölbung ihrer Dichtefunktion voneinander unterscheiden. Diese Wölbung kann man in etwa mit der Maßzahl der Kurtosis oder des Exzesses erfassen. Eine positive Kurtosis haben spitze Kurven, bauchige Kurven besitzen eine negative Kurtosis (Bild 5.20 b).

Aufgaben

1. Eine Münze wird fünfmal geworfen. Wie groß ist die Wahrscheinlichkeit für das Ereignis, daß dreimal Kopf und zweimal Wappen oben liegt?

2. Wie groß ist die Wahrscheinlichkeit bei sechs Würfen mit einem regulären Würfel a) wenigstens eine 6, b) genau eine 6 zu würfeln?

3. Wie groß ist die Wahrscheinlichkeit, bei einem einzigen Wurf mit zwei regulären Würfeln gleichzeitig zwei gerade Zahlen zu würfeln?

4. Zwei unvereinbare Ereignisse A und B haben die Wahrscheinlichkeiten $P(A) = 0.4$ und $P(B) = 0.3$.
    Wie groß ist a) $P(A \cdot B)$ und b) $P(A + B)$?

5. Zwei unabhängige Ereignisse A und B haben die Wahrscheinlichkeiten $P(A) = 0.3$ und $P(B) = 0.6$.
    Wie groß ist a) $P(A \cdot B)$, b) $P(\overline{A} \cdot \overline{B})$ und c) $P(A + B)$?

6. Wieviele Personen muß eine Gruppe mindestens umfassen, wenn die Wahrscheinlichkeit, daß wenigstens eine Person an einem bestimmten (fest gewählten) Tag Geburtstag hat, größer als 0.5 sein soll?

7. Wie groß ist die Wahrscheinlichkeit, daß in einer Gruppe von 23 Personen mindestens zwei Personen am gleichen Tag Geburtstag haben?

8. Man nehme an, daß Knaben- und Mädchengeburten gleiche Wahrscheinlichkeit haben und Unabhängigkeit zwischen den verschiedenen Geburten besteht. Man berechne die Wahrscheinlichkeit $P(X = i)$, $i = 0, 1, 2, 3$. Dabei sei X die Anzahl der Knaben bei drei Einzelgeburten.

9. m Personen dürfen jeweils für sich eine natürliche Zahl aus der Menge $\{1, 2 \ldots n\}$ auswählen. Anschließend werden die Zahlen aufgedeckt und verglichen. Wie groß ist die Wahrscheinlichkeit dafür, daß m verschiedene Zahlen gewählt werden?

10. Von den Biologiestudenten der ersten vier Semester an einer Universität gehören 30% dem ersten, 25% dem zweiten, 25% dem dritten und 20% dem vierten Semester an. An einer bestimmten Vorlesung nehmen 50% der Studenten vom ersten, 30% vom zweiten, 10% vom dritten und 2% vom vierten Semester teil. Aus den Biologiestudenten soll eine beliebige Person ausgewählt werden. Wie groß ist die Wahrscheinlichkeit, daß sie an der Vorlesung teilnimmt? Man verwende dazu folgenden Satz:

$$P(B) = \sum_{i=1}^{n} P(A_i \cdot B) = \sum_{i=1}^{n} P(A_i) \cdot P(B|A_i), \qquad (5.73)$$

wobei die n unvereinbaren Ereignisse $A_1, A_2 \ldots A_n$ eine vollständige Ereignismenge bilden, d.h. $A_1 + A_2 + \ldots + A_n = \Omega$.

11. Bei der Kalkulation von Kälbermastbetrieben ist mit einer Verlustwahr-
scheinlichkeit von 11% zu rechnen ($p = 0.11$). Wie groß ist die Wahrscheinlichkeit dafür, daß in einem Betrieb mit 10 Tieren zwei Tiere verenden?
Man betrachte dazu das Aufziehen eines Kalbs als Zufallsexperiment, das
die komplementären Ereignisse $A =$ Verlust, $\overline{A} =$ Aufzucht mit den Wahrscheinlichkeiten $P(A) = p$ und $P(\overline{A}) = 1 - p$ zur Folge haben kann. Es
ist dann die Wahrscheinlichkeit zu berechnen, daß das Ereignis A bei 10
unabhängigen Versuchsdurchführungen genau zweimal auftritt.

12. Bei Rindern ist am Genlocus für die Fellfarbe das Allel C (schwarz) dominant über c (rot). Die Scheckung wird durch die Allele S (einfarbig) und s
(gescheckt) codiert. S ist dominant über s. Bei einem dihybriden Erbgang
werden in der Elterngeneration P die Genotypen CCss und ccSS gekreuzt.
Daraus resultiert folgendes Kreuzungsschema:

P	CCss		ccSS
	Cs	×	cS
F_1	CScs		

F_2	CS	Cs	cS	cs
CS	CCSS	CCSs	CcSS	CcSs
Cs	CCSs	CCss	CcSs	Ccss
cS	CcSS	CcSs	ccSS	ccSs
cs	CcSs	Ccss	ccSs	ccss

Genotypenverteilung:

1 CCSS	2 CcSS	1 ccSS	einfarbig
2 CCSs	4 CcSs	2 ccSs	einfarbig
1 CCss	2 Ccss	1 ccss	gescheckt
schwarz	schwarz	rot	

Phänotypenverteilung:

schwarz, einfarbig	C-S-	9
rot, einfarbig	ccS-	3
schwarz, gescheckt	C-ss	3
rot, gescheckt	ccss	1
		16

a) Wie groß ist die Wahrscheinlichkeit, daß ein schwarzes Kalb geboren
wird?

b) Wie groß ist die Wahrscheinlichkeit, daß ein gescheckter Kalb geboren
wird?

c) Wie groß ist die Wahrscheinlichkeit, daß ein rotes, einfarbiges Kalb geboren wird?

d) Berechnen Sie die Wahrscheinlichkeit, daß ein schwarzes Kalb geboren wird aus der Wahrscheinlichkeit des Komplementärereignisses.

e) Wie groß ist die Wahrscheinlichkeit, daß ein schwarzes Kalb gescheckt ist?

f) Wie groß ist die Wahrscheinlichkeit, daß ein schwarzes oder rotes Kalb geboren wird?

Lösungen

1. Die Anzahl der günstigen Ereignisse ist $\binom{5}{2} = \binom{5}{3} = 10$, Anzahl der möglichen Ereignisse: $2^5 = 32 \Rightarrow P = \dfrac{10}{32} \approx 0.313$.

2. a) $P(\text{mindestens eine 6}) = 1 - P(\text{keine 6}) = 1 - \left(\dfrac{5}{6}\right)^6 \approx 0.665$

    b) $P(\text{genau eine 6}) = 6 \cdot \dfrac{5^5}{6^6} \approx 0.402$

3. $P(\text{2 gerade Zahlen}) = P(\text{1. Würfel gerade und 2. Würfel gerade}) =$
    $= P(\text{1. Würfel gerade}) \cdot P(\text{2. Würfel gerade}) =$
    $= \dfrac{1}{2} \cdot \dfrac{1}{2} = \dfrac{1}{4} = 25\%$

4. a) $P(A \cdot B) = 0$
    b) $P(A + B) = P(A) + P(B) - P(A \cdot B) = P(A) + P(B) = 0.7$

5. a) $P(A \cdot B) = P(A) \cdot P(B) = 0.3 \cdot 0.6 = 0.18$
    b) $P(\overline{A} \cdot \overline{B}) = P(\overline{A}) \cdot P(\overline{B}) = 0.7 \cdot 0.4 = 0.28$
    c) $P(A + B) = P(A) + P(B) - P(A \cdot B) = 0.3 + 0.6 - 0.18 = 0.72$

6. $P(\text{mind. 1 Person hat an dem gewählten Tag Geburtstag}) =$
    $= 1 - P(\text{keine Person hat am gewählten Tag Geburtstag}) =$
    $= 1 - \left(\dfrac{364}{365}\right)^n$

    n so bestimmen, daß $1 - \left(\dfrac{364}{365}\right)^n = \dfrac{1}{2}$, $n = 252.7$. Nachdem n ganzzahlig sein soll, muß die Gruppe also mindestens 253 Personen umfassen.

7. Gesuchte Wahrscheinlichkeit: $1 - P(\text{alle 23 Geburtstage unterscheiden sich})$

$P(\text{2 Geburtstage unterscheiden sich}) = \dfrac{364}{365}$

$P(\text{ein 3. Geburtstag unterscheidet sich von den vorigen 2}) = \dfrac{363}{365}$

usw.

$P(\text{der 23. Geburtstag unterscheidet sich von den vorigen 22}) = \dfrac{343}{365}$

$P(\text{alle 23 Geburtstage unterscheiden sich voneinander}) =$

$= \dfrac{364}{365} \cdot \dfrac{363}{365} \cdot \ldots \cdot \dfrac{343}{365} \approx 0.493$

Die gesuchte Wahrscheinlichkeit beträgt also 0.507.

8. $P(K) = P(M) = 0.5$

$P(X = 0) = P(\text{1. Geb.} = M) \cdot P(\text{2. Geb.} = M) \cdot P(\text{3. Geb.} = M) =$

$$= \frac{1}{2} \cdot \frac{1}{2} \cdot \frac{1}{2} = \binom{3}{0} \cdot \left(\frac{1}{2}\right)^3 = \frac{1}{8}$$

$\begin{aligned}
P(X = 1) = & P(\text{1. Geb.} = K) \cdot P(\text{2. Geb.} = M) \cdot P(\text{3. Geb.} = M) + \\
& + P(\text{1. Geb.} = M) \cdot P(\text{2. Geb.} = K) \cdot P(\text{3. Geb.} = M) + \\
& + P(\text{1. Geb.} = M) \cdot P(\text{2. Geb.} = M) \cdot P(\text{3. Geb.} = K) =
\end{aligned}$

$$= \frac{1}{2} \cdot \frac{1}{2} \cdot \frac{1}{2} + \frac{1}{2} \cdot \frac{1}{2} \cdot \frac{1}{2} + \frac{1}{2} \cdot \frac{1}{2} \cdot \frac{1}{2} = \binom{3}{1} \cdot \left(\frac{1}{2}\right)^3 = \frac{3}{8}$$

$$P(X = 2) = \binom{3}{2} \cdot \left(\frac{1}{2}\right)^3 = \frac{3}{8}$$

$$P(X = 3) = \binom{3}{3} \cdot \left(\frac{1}{2}\right)^3 = \frac{1}{8}$$

9. Es gibt $n \cdot (n - 1) \cdot \ldots \cdot (n - m + 1)$ günstige Fälle. Also ist die gesuchte Wahrscheinlichkeit: $\dfrac{n \cdot (n - 1) \cdot \ldots \cdot (n - m + 1)}{n^m}$

10. B bedeute das Ereignis, an der Vorlesung teilzunehmen, A_i das Ereignis im i-ten Semester zu sein $(i = 1, 2, 3, 4)$.

$P(A_1) = 0.3, \ P(A_2) = 0.25, \ P(A_3) = 0.25, \ P(A_4) = 0.2$

$P(B|A_1) = 0.5, \ P(B|A_2) = 0.3, \ P(B|A_3) = 0.10, \ P(B|A_4) = 0.02$

$P(B) = 0.3 \cdot 0.5 + 0.25 \cdot 0.3 + 0.25 \cdot 0.1 + 0.2 \cdot 0.02 = 0.254$

11. Die Wahrscheinlichkeit, daß bei 10 unabhängigen Versuchsdurchführungen zwei Verluste in irgendeiner Reihenfolge auftreten ist $0.11^2 \cdot 0.89^8$. Es gibt $\binom{10}{2} = 45$ Anordnungen der zwei Verluste innerhalb der 10 Versuche. Alle entsprechenden Ereignisse haben die Wahrscheinlichkeit $0.11^2 \cdot 0.89^8$. Damit ist die gesuchte Wahrscheinlichkeit gleich $45 \cdot 0.11^2 \cdot 0.89^8 \approx 0.2143$.

12. vgl. Beispiel mit Mais S. 190

a) $P(\text{schwarz}) = P(C\text{-}) = \dfrac{12}{16} = \dfrac{3}{4} = 0.75$

b) $P(\text{gescheckt}) = P(ss) = \dfrac{4}{16} = \dfrac{1}{4} = 0.25$

c) $P(ccS\text{-}) = P(cc \wedge S\text{-}) = P(cc) \cdot P(S\text{-}) = \dfrac{1}{4} \cdot \dfrac{12}{16} = \dfrac{3}{16} = 0.1875$

d) $P(C\text{-}) = 1 - P(cc) = 1 - \dfrac{1}{4} = 0.75$

e) $P(ss \mid C\text{-}) = \dfrac{P(ss \wedge C\text{-})}{P(C\text{-})} = \dfrac{3/16}{3/4} = \dfrac{1}{4} = 0.25$

f) Das Ereignis schwarz oder rot ist das sichere Ereignis mit der Wahrscheinlichkeit 1. Dies folgt auch aus der Berechnung:

   $P(C\text{-} \vee cc) = P(C\text{-}) + P(cc) = 0.75 + 0.25 = 1$

Literatur

BACH G.: Mathematik für Biowissenschaftler
  Gustav Fischer Verlag, Stuttgart 1989

BATSCHELET E.: Einführung in die Mathematik für Biologen
  Springer-Verlag, Berlin 1980

KÖRTH H. U.A. (HRSG.): Lehrbuch der Mathematik für Wirtschaftswissenschaften
  Westdeutscher Verlag, Opladen 1975

LEUPOLD W. U.A.: Lehr- und Übungsbuch Mathematik, Band III
  Verlag Harri Deutsch, Frankfurt/M. 1973

PAPULA R.: Mathematik für Ingenieure 1 & 2
  Vieweg-Verlag, Braunschweig, Wiesbaden 1991

PRECHT M., KRAFT R.: Biostatistik 1 & 2
  Oldenbourg Verlag München, Wien 1992, 1993

SEARLE S.R.: Matrix Algebra for the Biological Sciences
  John Wiley & Sons, New York 1966

STÖPPLER S.: Mathematik für Wirtschaftswissenschaftler: Lineare Algebra
  und ökonomische Anwendung.
  Westdeutscher Verlag, Opladen 1972

TINHOFER G.: Mathematik für Studienanfänger
  Carl Hanser Verlag, München 1977

VAN DER WAERDEN B.L.: Mathematik für Naturwissenschaftler
  Bibliographisches Institut, Mannheim 1975

Sachregister

www.ingramcontent.com/pod-product-compliance
Lightning Source LLC
Chambersburg PA
CBHW080529220326

41599CB00032B/6251